高等职业教育规划教材

分析化学

张新海　张守花　主　编
马艳华　王跃强　副主编

化学工业出版社
·北京·

内容简介

《分析化学》共包括11个项目27个任务，主要内容有分析化学测定基础、酸碱滴定法、配位滴定法、氧化还原滴定法、沉淀滴定法、重量分析法、紫外-可见分光光度法、电位分析法、原子吸收分光光度法、气相色谱法和高效液相色谱法等。每个任务后面还添加了学习延展材料，以扩大学习者的知识面。每个项目均配有教学课件、动画、视频等数字化资源。每个任务均以实验操作为载体，以便学习者能更好地将理论知识与实践操作结合起来，提高动手能力、实践能力，提升岗位技能水平。同时每个项目和任务编写过程中采用活页式教材编写理念，教材章节内容自成体系，学习者可根据需要有选择性地使用相关内容。

本书可作为高等职业院校化学化工类及相关专业教材，也可供相关人员参考使用。

图书在版编目（CIP）数据

分析化学 / 张新海，张守花主编 .—北京：化学工业出版社，2022.2（2025.2重印）

ISBN 978-7-122-40512-8

Ⅰ.①分… Ⅱ.①张… ②张… Ⅲ.①分析化学-教材 Ⅳ.①O65

中国版本图书馆CIP数据核字（2021）第273024号

责任编辑：李 琰 宋林青

责任校对：王佳伟 装帧设计：关 飞

出版发行：化学工业出版社（北京市东城区青年湖南街13号 邮政编码100011）

印 装：北京科印技术咨询服务有限公司数码印刷分部

787mm×1092mm 1/16 印张15 字数378千字 2025年2月北京第1版第3次印刷

购书咨询：010-64518888 售后服务：010-64518899

网 址：http：//www.cip.com.cn

凡购买本书，如有缺损质量问题，本社销售中心负责调换。

定 价：45.00元

前言

分析化学是研究物质的组成、含量、结构和形态等化学信息的分析方法及理论的一门科学，是化学的一个重要分支。本书的编写以促进就业和适应产业发展需求为导向，以培养高素质劳动者和技术技能人才为目标，内容组织适应高职教育的新需求，满足互联网＋教育的新变化，按照以就业为导向、以能力为本位的指导思想，达到理论上“必须、够用”，技能上“能用、实用”。教材将理论知识体系与职业实践技能体系有机地结合起来，突出基础性、实用性，可整体使用也可部分选用。

本书共包括 11 个项目 27 个任务，主要内容包括分析化学测定基础、酸碱滴定法、配位滴定法、氧化还原滴定法、沉淀滴定法、重量分析法、紫外-可见分光光度法、电位分析法、原子吸收分光光度法、气相色谱法和高效液相色谱法等。每个任务后面还添加了学习延展材料，以扩大学习者的知识面。每个项目均配有教学课件、动画、视频等数字化资源。每个任务均以实验操作为载体，以便学习者能更好地将理论知识与实践操作结合起来，提高动手能力、实践能力，提升岗位技能水平。同时每个项目和任务编写过程中采用活页式教材编写理念，教材章节内容自成体系，学习者可根据需要有选择性地使用相关内容。

本书由鹤壁职业技术学院张新海、张守花担任主编，并负责编写组织工作、内容编排及最后的统稿和复核工作。濮阳职业技术学院马艳华、鹤壁职业技术学院王跃强担任副主编。参编人员有河南质量工程职业学院张条兰、鹤壁职业技术学院王艳珍、鹤壁职业技术学院杨玉红、鹤壁市农产品检验检测中心刘宏伟、国家镁工程中心鹤壁研发中心钱亚锋。全书编写分工为：绪论、项目一由张新海编写；项目二、项目三由张守花编写；项目四由王艳珍编写；项目五由王跃强编写；项目六、项目八由马艳华编写；项目七由钱亚锋编写；项目九由刘宏伟编写；项目十由张条兰编写；项目十一由杨玉红编写。

本书是河南省 2018 年度高职院校立体化教材立项项目、河南省高等教育教学改革研究与实践项目（2021SJGLX677）建设成果，鹤壁职业技术学院教育教学改革研究项目（2018JG018）建设成果，编写过程中得到了鹤壁市农产品检验检测中心、国家镁工程中心鹤壁研发中心、鹤壁市农业农村局、鹤壁市市场监督管理局、河南恒信环保检测有限公司等单位的郑丽敏、刘海琴、赵红霞、张力、常洋洋、郭建风等分析检测技术人员的大力支持和帮助。数字化资源制作过程中还得到王淑敏老师、李博老师、钟慎举、任灿灿等的支持。同时我们还参阅了许多国内外分析化学方面的教材，部分资料来自网络。在此一并表示感谢。

由于编者水平有限，书中疏漏之处在所难免，敬请各位专家和师生批评指正，在此致以最真诚的感谢。

编者

2021 年 11 月

目录

绪 论

一、分析化学的概念和作用

1. 分析化学的概念

分析化学是研究物质的组成、含量、结构和形态等化学信息的分析方法及理论的一门科学，是化学的一个重要分支。

分析化学的主要任务是鉴定物质的化学组成（元素、离子、官能团或化合物）、测定物质的有关组分的含量、确定物质的结构（化学结构、晶体结构、空间分布）和存在形态（价态、配位态、结晶态）及其与物质性质之间的关系等。

2. 分析化学的作用

作为化学的重要分支学科，分析化学发挥着重要作用，不仅对化学各学科的发展起到了重要作用，还具有极高的实用价值，对人类的物质文明发展做出了重要贡献，广泛地应用于冶金、材料、化学工业、生命科学、环境保护、商品检验等领域。

分析化学概述

二、分析方法的分类

根据分析目的和任务、分析对象、物质性质、测定原理、操作方法和具体要求的不同，分析方法有如下分类：

1. 定性分析、定量分析和结构分析

定性分析是鉴定物质的组成元素、原子团、官能团或化合物组成。定量分析是测定物质中相关组分的含量。结构分析是推测化合物分子结构或晶体结构。

2. 无机分析和有机分析

无机分析的分析对象为无机物，通常是鉴定物质的组成和测定各成分的含量。有机分析的分析对象为有机物，通常侧重于官能团分析和结构分析。

3. 化学分析和仪器分析

化学分析是依据物质所发生的化学反应来进行分析，如滴定分析、重量分析。仪器分析是依据物质的物理或化学性质来进行分析，因这类方法都需较特殊的仪器，故称仪器分析，如电化学分析、光谱分析、色谱分析。

4. 常量分析、半微量分析、微量分析和超微量分析

根据试样的用量及操作方法不同，可分为常量、半微量、微量和超微量分析。各种分析方法的试样用量如表 0-1 所示。在无机定性化学分析中，一般采用半微量操作法，而在经典定量化学分析中，一般采用常量操作法。另外，根据被测组分的质量分数不同，通常又粗略分为常量组分（>1%）、微量组分（0.01%～1%）和痕量组分（<0.01%）的分析。

表 0-1　各种分析方法的试样用量

方法	试样质量/g	试样体积/mL
常量分析	>0.1	>10
半微量分析	0.01～0.1	1～10
微量分析	0.01～0.0001	0.01～1
超微量分析	<0.0001	<0.01

5. 例行分析和仲裁分析

例行分析是一般化验室日常生产中的分析。仲裁分析是不同单位对分析结果有争议时，请权威的单位进行裁定的分析。

三、定量分析的一般步骤

定量分析是测定物质中相关组分含量的分析手段，一般包括下列步骤：试样的采集和制备、试样的分解、干扰组分的掩蔽和分离、定量测定和数据处理等。

1. 试样的采集和制备

在分析实践中，常需测定大量物料中某些组分的平均含量，但在实际分析时，只能称取几克甚至更少的试样进行分析，所以要求所采集试样能反映整批物料的真实情况，即试样应具有高度的代表性。否则分析结果再准确也是毫无意义的。

通常情况下，分析试样从形态上可分为气体、液体和固体三类，对于不同的形态和不同的物料，应采取不同的取样和制备方法。

2. 试样的分解

在定量分析中通常以湿法分析最为常用，即先要将试样分解，制成溶液，然后进行分离及测定。试样的分解是分析工作的重要步骤之一，由于试样性质的不同，分解的方法也有所不同，常用方法有溶解法和熔融法两种。在分解试样时必须注意：(1) 试样分解必须完全，处理后的溶液中不得残留原试样的细屑或粉末；(2) 试样分解过程中待测组分不应挥发；(3) 不应引入被测组分和干扰物质。

3. 干扰组分的掩蔽和分离

由于分析对象的复杂性，试样中往往含有干扰测定的其他组分，故应该设法消除干扰，常用的方法有掩蔽法和分离法。掩蔽法在操作上比较简单，可优先使用，但当掩蔽法不能完全消除干扰时，要采用分离法消除干扰。

4. 定量测定和数据处理

根据待测组分的性质、含量及对分析结果准确度的要求，选择合适的分析方法进行分析测定。根据所得分析数据进行计算，并对计算结果运用统计学的方法进行分析评价。

四、分析化学的发展趋势

分析化学学科的发展经历了三次巨大变革。第一次是随着分析化学基础理论，特别是物理化学的基本概念（如溶液理论）的发展，分析化学从一种技术演变成为一门科学。第二次变革是由于物理学和电子学的发展，改变了经典的以化学分析为主的局面，仪器分析获得蓬勃发展。目前，分析化学正处在第三次变革时期，生命科学、环境科学、新材料科学发展的要求，生物学、信息科学、计算机技术的引入，使分析化学进入了一个崭新的境界。现代分析化学的任务已不只限于测定物质的组成及含量，而是要对物质的形态（氧化-还原态、结晶态）、结构（空间分布）、微区、薄层及化学和生物活性等作出瞬时追踪、无损和在线监测等分析及过程控制。

今后，分析化学将在生命、环境、材料和能源等前沿领域，继续朝着高灵敏度、高选择性、准确、快速、简便、经济的方向发展，以解决更多、更深和更复杂的问题。

项目一 分析化学测定基础

【学习目标】

❖ **知识目标：**

1. 了解分析天平的分类和特点；
2. 熟悉分析化学常用玻璃仪器的操作要点；
3. 掌握分析化学常用玻璃仪器的操作注意事项。

❖ **能力目标：**

1. 能够熟练使用分析天平及常用分析玻璃仪器；
2. 能够准确、整齐、简明记录实验原始数据。

在分析化学中，通常用于精确称量试样质量的仪器为分析天平，用于准确量度液体的玻璃仪器有容量瓶、移液管、吸量管和滴定管等。正确使用这些仪器，是保证分析化学测定顺利进行的基础，掌握这些仪器的操作也是每位分析工作者的最基本技能。

任务 1. 分析天平的使用

【任务描述】

学习分析天平的基本操作和样品的称量方法，能熟练地使用分析天平称量实验试剂。

【任务目标】

1. 熟悉分析天平的原理和结构；
2. 掌握分析天平的使用注意事项；
3. 掌握不同称量法的操作要点；
4. 能够熟练使用分析天平称量实验试剂；
5. 能够准确、整齐、简明记录实验原始数据。

【知识准备】

一、概述

分析天平是分析化学实验中进行准确称量时最重要的仪器，分为机械类和电子类。机械类分析天平（图 1-1）可细分为普通分析天平、空气阻尼天平、半自动光电天平等，这类天平目前实验室使用较少，基本都被电子类天平取代。电子分析天平（图 1-2）是根据电磁力平衡原理，直接称量，全量程无需砝码。放上称量物后，在几秒钟内即可达到平衡，显示读数，称量速度快，精度高。与机械天平相比，电子天平的支承点用弹性簧片，取代机械天平的玛瑙刀口，用差动变压器取代升降枢装置，用数字显示代替指针刻度。因而，电子天平具有使用寿命长、性能稳定、操作简便和灵敏度高的特点。此外，电子天平还具有自动校正、自动去皮、超载指示、故障报警等功能以及具有质量电信号输出功能，且可与打印机、计算机联用，进一步扩展其功能，如统计称量的最大值、最小值、平均值及标准偏差等。目前化学实验室基本都采用电子分析天平作为实验准确称量设备，没有明显歧义的情况下统称为分析天平。

分析化学中常用的电子分析天平的精度为 0.1mg（又称为万分之一天平），最大称重一般不超过 200g。

图 1-1　机械分析天平

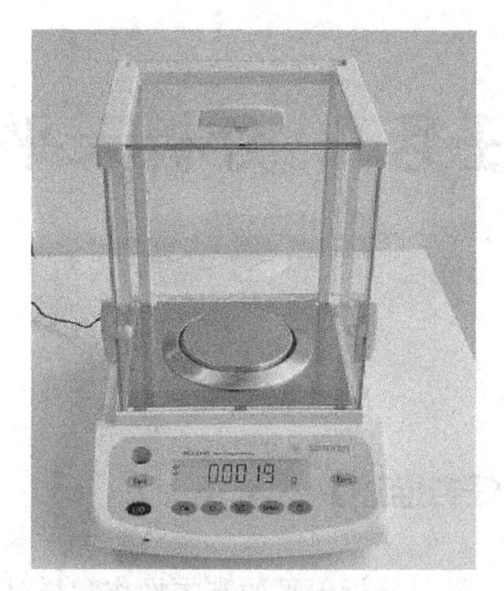

图 1-2　电子分析天平

二、分析天平的基本操作

1. 水平调节

观察水平仪，如水平仪气泡偏移，需调整水平调节脚，使气泡位于水平仪中心。

2. 预热

接通电源，预热至规定时间（一般至少 20min）后，开启显示器进行操作。

3. 开启显示器

轻按开机键（ON 键），显示器全亮，约 2s 后，显示天平的型号，然后是称量模式 0.0000g。

4. 校准

天平安装后，第一次使用前，应对天平进行校准。若天平存放时间较长、位置移动、环境变化或未获得精确测量，在使用前一般也应进行校准操作。

5. 称量

按清零键（或去皮键，许多天平上标注为 TAR 键），显示为 0.0000g 后，放置称量物于称量盘上，待数字稳定后，即可读出称量物的质量值。读数时应关上天平门。

6. 去皮称量

按清零键（TAR 键）清零，置容器于称量盘上，天平显示容器质量，再按清零键，显示 0.0000g，即去除皮重。再置称量物于容器中，或将称量物（固体或液体）逐步加入容器中直至达到所需质量，待显示器稳定后，这时显示的是称量物的净质量。将称量盘上的所有物品拿开后，天平显示负值，按清零键，天平显示 0.0000g。若称量过程中称量盘上的总质量超过最大载荷时，天平会提示错误或报警。

7. 称量结束

若较短时间内还使用天平（或其他人还使用天平），一般不用按关机键（OFF

键）关闭显示器。实验全部结束后，关闭显示器，切断电源，若短时间内（例如 2h 内）还使用天平，可不必切断电源，再用时可省去预热时间。

三、分析天平的称量方法

分析天平的称量方法一般有直接称量法、固定质量称量法和递减称量法三种。

分析天平的使用
—直接法称量

1. 直接称量法（又称直接法）

直接称量法（图 1-3）一般用于称量不吸水、在空气中性质稳定的固体（如坩埚、金属、矿石等）的准确质量。称量时，将称量物直接放在天平称量盘上称量物体的质量。例如，称量小烧杯的质量，容量器皿校正中称量某容量瓶的质量，重量分析实验中称量某坩埚的质量等，都使用这种称量法。

2. 固定质量称量法（又称增量法）

固定质量称量法（图 1-4）一般用于称取某一固定质量的试样（可以为液体或固体的极细粉末，且不吸水，在空气中性质稳定）。称量时先在称量盘中央放上干净且干燥的器皿（烧杯、坩埚或表面皿等），记录显示数值（或按清零键清零），再轻轻震动药匙使试样慢慢落入器皿中，直至其达到应称质量为止。

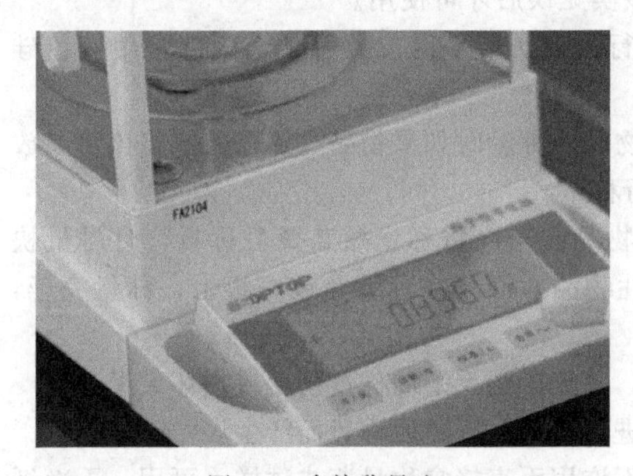

图 1-3　直接称量法

图 1-4　固定质量称量法

3. 递减称量法（又称差减法、减量法）

递减称量法多用于称取易吸水、易氧化或易与 CO_2 反应的物质。要求称取物的质量不是一个固定质量，而只要符合一定的质量范围既可。递减称量法常用称量瓶盛装试样，称量瓶有高型称量瓶和矮型称量瓶（图 1-5）。

分析天平的使用
—减量法称量

称量时首先将适量的试样装入称量瓶中，然后放入分析天平中称出其准确质量 m_1。取出称量瓶，移至小烧杯或锥形瓶上方，将称量瓶倾斜，用称量瓶盖轻敲瓶口上部，使试样慢慢落入容器中，如图 1-6 所示。当倾出的试样已接近所需要的质量后，慢慢地将瓶竖起，再用称量瓶盖轻敲瓶口上部，使黏在瓶口的试样落在称量瓶中，然后盖好瓶盖将称量瓶放回分析天平中，称出其质量。如果这时倾出的试样质量不足，则继续按上法倾出，直至合适为止，称得其质量 m_2，两次质量之差 m_1-m_2 即为倾出的试样质量。

图 1-5　高型称量瓶和矮型称量瓶

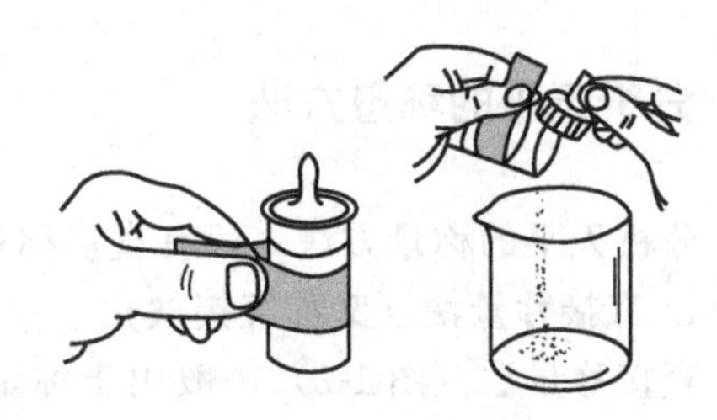

图 1-6　递减称量法操作

四、分析天平的使用注意事项

1. 将分析天平置于稳定的工作台上，避免振动、气流及阳光照射。分析天平应按计量部门规定定期校正，并由专人保管，负责维护保养。

2. 使用前调整水平仪气泡至中间位置。搬动过的电子分析天平必须重新调节水平，并对天平的计量性能作全面检查核实无误后才可使用。

3. 电子天平应按说明书的要求进行预热，天平内应放置干燥剂（常用变色硅胶），并定期更换。

4. 电子天平不能直接称量过热的物品，称量时如果物品过热，需要将该物品放置于干燥器中，待冷却至室温后再进行称量。

5. 称取吸湿性、挥发性或腐蚀性物品时，应将称量瓶盖紧后称量，且尽量快速，注意不要将被称物（特别是腐蚀性物品）洒落在称量盘或底板上，称量完毕，被称物应及时移出天平。

6. 称量不得超过天平的最大载荷，以免影响天平的称量精度或损坏天平。

7. 同一个实验应使用同一台天平进行称量，以免因称量而产生误差。

8. 不管使用哪一种称量方法，都不许用手直接拿称量瓶或试样，可用一干净纸条等套住称量瓶拿取，取放称量瓶瓶盖也要用小纸条垫着拿取。或者戴上乳胶手套，再拿取称量瓶。

【任务实施】

分析试样称量练习

一、实验器材

分析天平、烧杯（100mL）、表面皿、称量瓶、纸条、乳胶手套、药匙等。

二、实验试剂

粗盐固体。

三、实验步骤

1. 分析天平准备

（1）查看分析天平水平仪，如不水平，可通过水平调节脚调至水平。

（2）接通电源，预热 30min 后，开启分析天平准备称量操作。

2. 直接称量法

（1）轻按开机键（ON 键）后，出现 0.0000g 称量模式后可称量。

（2）将洁净干燥的表面皿轻放在称量盘中央，待显示器上数字稳定后即可读数，记录称量结果。

（3）取 0.5g 左右粗盐置于表面皿中，将盛有粗盐的表面皿轻放在称量盘中央，待显示器上数字稳定后，即可读数，记录称量结果。

（4）平行称量 3 次。

3. 固定质量称量法

（1）取一干净表面皿，放入分析天平内，待显示准确质量后，按清零键（TAR 键）。

（2）直接用药匙向表面皿中慢慢加入粗盐，至天平屏幕上显示 0.5000g，记录称量结果。

（3）平行称量 3 次。

4. 递减称量法

（1）用纸条（或戴上乳胶手套）取一干净的称量瓶，加入约 2g 粗盐，在分析天平上准确称重（准确至 0.1mg），记下其质量 m_1。

（2）用纸条套在称量瓶上（或戴上乳胶手套），取出称量瓶后，再用一小片纸条（或戴上乳胶手套）包住瓶盖，将称量瓶打开，用盖轻轻敲击称量瓶，转移粗盐 0.3～0.4g 于小烧杯中，并准确称出称量瓶和剩余粗盐的质量 m_2。则试样的质量为 m_1-m_2。

（3）平行称量 3 次。

四、实验记录及结果处理

实验记录及结果处理如表 1-1 至表 1-3 所示。

表 1-1　直接称量法练习

记录项目	1	2	3
表面皿质量 m_1/g			
表面皿＋试样质量 m_2/g			
试样质量 m/g			

表 1-2　固定质量称量法练习

记录项目	1	2	3
试样质量 m/g			

表 1-3　递减称量法练习

记录项目	1	2	3
称量瓶＋试样的质量 m_1/g			
称量瓶＋试样的质量 m_2/g			
试样质量 m/g			

五、注意事项

1. 称量瓶、表面皿、小烧杯需洁净、干燥。

2. 所有数据必须直接记录在原始记录单上，分析天平称量记录位数应为四位小数，如××.××××g。

【学习延展】

化学实验室的安全防护

在化学实验室中，经常与易燃烧或具有毒性、腐蚀性、爆炸性的化学药品直接接触，常使用易碎的玻璃和瓷质器皿以及在有燃气或高温电热设备的环境下进行化学实验，因此，学习和了解化学实验室的安全防护知识具有非常重要的意义。

一、实验室安全

1. 进入实验室前应了解电开关、水开关、燃气开关等。离开实验室时，一定要将室内检查一遍，应将水、电、燃气的开关关好，门窗锁好。

2. 给试管加热时，不要把拇指按在试管夹的短柄上；切不可使试管口对着自己或旁人；液体的体积一般不要超过试管容积的三分之一。

3. 浓酸、浓碱使用时必须小心，防止溅出。用移液管量取这些试剂时，必须使用洗耳球，绝对不能用口吸取。若不慎溅在实验台上或地面，必须及时用湿抹布擦洗干净。如果触及皮肤，应用大量水冲洗，必要时应立即送医治疗。

4. 使用可燃物，特别是易燃物（如乙醚、丙酮、乙醇、苯、金属钠等）时，应特别小心。不要大量放在桌上，更不要靠近火焰处。只有在远离火源时，或将火焰熄灭后，才可大量倾倒易燃液体。低沸点的有机溶剂不准在火上直接加热，只能在水浴上利用回流冷凝管加热或蒸馏。

5. 使用电器设备（如烘箱、恒温水浴、离心机、电炉等）时，严防触电；绝不可用湿手开关电闸和电器开关。

二、实验室急救

1. 受玻璃割伤及其他机械损伤：首先必须检查伤口内有无玻璃或金属等物的碎片，然后用硼酸水洗净，再擦碘酒或紫药水，必要时用纱布包扎。若伤口较大或过深而大量出血，应迅速在伤口上部和下部扎紧血管止血，立即到医院诊治。

2. 烫伤：一般用酒精（浓度90%～95%）消毒后，涂上苦味酸软膏。如果伤处红痛或红肿（一级灼伤），可用橄榄油或用棉花沾酒精敷盖伤处；若皮肤起泡（二级灼伤），不要弄破水泡，防止感染；若伤处皮肤呈棕色或黑色（三级灼伤），应用干燥而无菌的消毒纱布轻轻包扎好，急送医院治疗。

3. 强碱（如氢氧化钠、氢氧化钾）、钠、钾等触及皮肤而引起灼伤时，要先用大量自来水冲洗，再用5%硼酸溶液或2%乙酸溶液涂洗。

4. 强酸、溴等触及皮肤而致灼伤时，应立即用大量自来水冲洗，再以5%碳酸氢钠溶液或5%氢氧化铵溶液洗涤。

5. 如酚触及皮肤引起灼伤，应用大量的水清洗，并用肥皂和水洗涤，忌用乙醇。

6. 若煤气中毒时，应到室外呼吸新鲜空气，若严重时应立即到医院诊治。

三、实验室灭火

1. 冷却灭火法

冷却灭火法的原理是将灭火剂直接喷射到燃烧的物体上，以降低燃烧的温度，使燃烧停止。或者将灭火剂喷洒在火源附近的物质上，使其不因火焰热辐射作用而形成新的火点。冷却灭火法是灭火的一种主要方法，常用水和二氧化碳作为灭火剂冷却降温灭火。

2. 隔离灭火法

隔离灭火法的原理是将正在燃烧的物质和周围未燃烧的可燃物质隔离或移开，中断可燃物质的供给，使燃烧因缺少可燃物而停止。具体方法有：把火源附近的可燃、易燃、易爆和助燃物品搬走；关闭可燃气体、液体管道的阀门，以减少和阻止可燃物质进入燃烧区；设法阻拦流散的易燃、可燃液体。

3. 窒息灭火法

窒息灭火法的原理是阻止空气流入燃烧区或用不燃物质冲淡空气，使燃烧物得不到足够的氧气而熄灭。具体方法有：用砂土、水泥、湿麻袋、湿棉被等不燃或难燃物质覆盖燃烧物；把不燃的气体或不燃液体（如二氧化碳、氮气、四氯化碳等）喷洒到燃烧物区域内或燃烧物上。

任务 2 容量瓶的使用

【任务描述】

学习利用容量瓶配制溶液的基本操作，能熟练地使用容量瓶配制分析化学常用溶液。

【任务目标】

1. 熟悉容量瓶的结构和使用注意事项；
2. 掌握容量瓶的使用操作要点；
3. 能够正确检查容量瓶是否漏水和熟练进行捆绑瓶塞操作；
4. 能够利用容量瓶准确配制溶液；
5. 能够准确、整齐、简明记录实验原始数据。

【知识准备】

一、概述

容量瓶（图 1-7）是一种细长颈、梨形的平底玻璃瓶，其全称为“单标线容量瓶”，通常配有磨口塞或塑料塞。瓶颈上刻有标线，当瓶内液体在所指定温度（一般为 20℃）达到标线处时，其体积即为瓶上所注明的容积数。容量瓶主要用于配制标准溶液或试样溶液，也可以用于将一定量的浓溶液稀释成准确体积的稀溶液。常用的容量瓶有 25mL、50mL、100mL、250mL、500mL、1000mL 等多种规格，此外还有 1mL、2mL、5mL、10mL 等小容量瓶，但用得较少。容量瓶有无色和棕色两种类型，见光易分解或发生反应的试剂应在棕色容量瓶中配制。

图 1-7 容量瓶

二、容量瓶配制溶液的操作

1. 试漏

容量瓶使用前应检查瓶塞处是否漏水。具体操作方法（图 1-8）是：在容量瓶内装入自来水至标线，塞紧瓶塞，用右手食指顶住瓶塞，另一只手五指托住容量瓶底，将其倒立 2min（瓶口朝下），用干滤纸沿瓶口缝隙处检查有无水渗出。若不漏水，将瓶正立且将瓶塞旋转 180°后，再次倒立 2min，检查是否漏水，若两次操作，容量瓶瓶塞周围皆无水漏出，即表明容量瓶不漏水。经检查不漏水的容量瓶才能使用。

2. 洗涤

容量瓶洗涤时可先用自来水涮洗，如内壁有油污，则应倒尽残水，加入适量的铬酸洗液，倾斜转动，使洗液充分润洗内壁，再倒回原洗液瓶中，用自来水冲洗干净后再用蒸馏水（或超纯水、去离子水等）润洗 2～3 次备用，洗涤干净的容量瓶内壁不挂水珠。

3. 固体试样的溶解与转移

把准确称量好的固体试样放入干净的烧杯中，用少量溶剂溶解（如果放热，要放置使其降温到室温）。如使用非水溶剂，则小烧杯及容量瓶都应事先用该溶剂润洗 2～3 次。然后把溶液转移到容量瓶里，转移时要用玻璃棒引流。方法是将玻璃棒一端靠在容量瓶颈内壁上，注意不要让玻璃棒其他部位触及容量瓶瓶口，防止液体流到容量瓶外壁上，如图 1-9 所示。转移时烧杯嘴要紧靠玻璃棒，使溶液沿玻璃棒和内壁流入，溶液全部转移后，将玻璃棒稍向上提起，同时使烧杯直立，将玻璃棒放回烧杯。

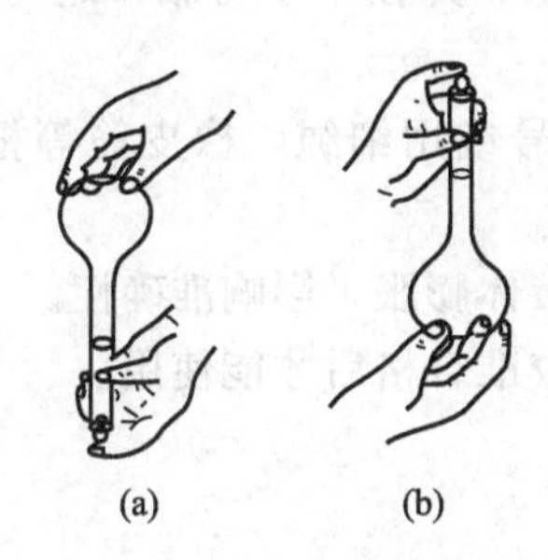

图 1-8 容量瓶试漏操作

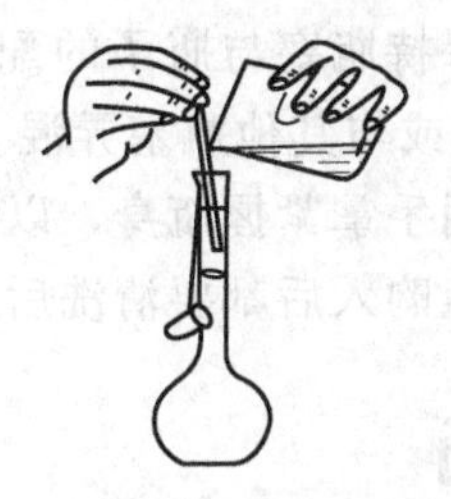

图 1-9 容量瓶转移溶液操作

4. 淋洗

为保证试样能全部转移到容量瓶中，要用蒸馏水淋洗玻璃棒和烧杯内壁，将洗涤液也转移至容量瓶中，转移时要用玻璃棒引流。如此重复洗涤多次（至少 3 次）。完成定量转移后，加水至容量瓶容积的 3/4 左右时，将容量瓶摇动几周（勿倒转，溶液上沿勿超过标线），使溶液初步混匀。

5. 定容

继续向容量瓶内加入溶剂直到液体液面离标线大约 1cm 时，等待 1～2min，使粘附在瓶颈内壁的溶液流下。改用胶头滴管小心滴加溶剂，最后使液体的弯月面底部与标线正好相切。若加水超过标线，则需重新配制。

6. 摇匀

盖紧瓶塞，用倒转和摇动的方法使瓶内的液体混合均匀。静置后如果发现液面低于标线，这是因为容量瓶内极少量溶液在瓶颈处润湿所损耗，所以并不影响所配制溶液的浓度，故不要在瓶内添水，否则，将使所配制的溶液浓度降低。若配制的溶液需长期存放，应将溶液转移至试剂瓶中，贴上标签。

三、容量瓶使用注意事项

1. 容量瓶的容积是特定的，瓶身上只有一个标线，所以一种型号的容量瓶只能配制同一体积的溶液。在配制溶液前，先要弄清楚需要配制的溶液的体积，然后再选用相同规格的容量瓶。若配制见光易分解物质的溶液，应选择棕色容量瓶。

2. 易溶解且不发热的液体可直接加入容量瓶中溶解或稀释，其他物质不能在容量瓶里进行试样的溶解或稀释，应将试样在烧杯中溶解或稀释后再转移到容量瓶中。

3. 用于洗涤烧杯的溶剂总量不能超过容量瓶的标线。

4. 容量瓶不能进行加热。如果试样在溶解过程中放热，要待溶液冷却后再进行转移，因为一般的容量瓶是在20℃的温度下标定的，若将温度较高或较低的溶液注入容量瓶，容量瓶则会热胀冷缩，所量体积就会不准确，导致所配制的溶液浓度不准确。

5. 容量瓶只能用于配制溶液，不能储存溶液，因为溶液可能会对瓶体进行腐蚀，从而使容量瓶的精度受到影响。

容量瓶和瓶塞的绑法

6. 容量瓶用毕应及时洗涤干净，塞上瓶塞，并在塞子与瓶口之间夹一条纸条，防止瓶塞与瓶口粘连。

7. 必须保持瓶塞与瓶子的配套，标以记号或用细绳、橡皮筋等把它系在瓶颈上，以防跌碎或与其他瓶塞弄混。

8. 不能用手掌紧握瓶身，以免体温造成液体膨胀，影响准确性。

9. 容量瓶购入后都要清洗后进行校准，校准合格后才能使用。

【任务实施】

0.1mol·L^{-1} 氯化钠溶液的配制

一、实验器材

分析天平、称量瓶、容量瓶（100mL）、烧杯（100mL）、玻璃棒、吸水纸、乳胶手套、药匙、胶头滴管、试剂瓶等。

二、实验试剂

氯化钠、蒸馏水等。

三、实验步骤

1. 容量瓶准备

(1) 检查容量瓶是否漏水。

(2) 将容量瓶洗涤干净。

(3) 用橡皮筋将瓶塞捆绑到瓶身上。

2. 固体氯化钠溶解

(1) 在分析天平上利用递减称量法称量氯化钠固体 5.8g（精确至 0.1mg）左右于烧杯中。

(2) 用 20mL 左右蒸馏水将氯化钠溶解。

3. 转移

(1) 用玻璃棒引流，将配制好的氯化钠溶液转移至容量瓶中。

(2) 利用少量蒸馏水淋洗玻璃棒和烧杯 3 次，将洗涤液按照同样方法也转移至容量瓶中。

4. 定容

(1) 向容量瓶中加蒸馏水至四分之三处时，平摇几次，让溶液初步混匀。

(2) 继续加蒸馏水至近标线 1cm 时，改用胶头滴管加蒸馏水直至液体的弯月面底部与标线正好相切。

(3) 盖紧瓶塞，用倒转和摇动的方法使瓶内的液体混合均匀。

(4) 将溶液转移至试剂瓶中，计算所配制氯化钠溶液的物质的量浓度，贴上标签，标上溶液浓度、配制时间和配制人姓名等信息。

四、结果计算

氯化钠的物质的量浓度计算参考公式如下：

$$c=\frac{m/M}{V}$$

式中，c 为氯化钠的物质的量浓度，$mol\cdot L^{-1}$；m 为称取的氯化钠固体的质量，g；M 为氯化钠的摩尔质量，$g\cdot mol^{-1}$；V 为容量瓶的容积，L。

五、注意事项

1. 溶解氯化钠固体和淋洗玻璃棒、烧杯时，一定要注意使用蒸馏水的量，以免总体积超过容量瓶的容积。

2. 一定要先用橡皮筋或细绳将瓶塞捆绑到瓶身上。

3. 从烧杯中转移溶液时必须使用玻璃棒引流，单独向容量瓶中加蒸馏水时不需要玻璃棒引流。

4. 溶液定容后，再摇匀溶液。

【学习延展】

基准物质与标准溶液

一、基准物质

能用于直接配制或标定标准溶液的物质，称为基准物质或基准试剂。作为基准物质必须符合下列要求：

1. 试剂必须具有足够高的纯度，一般要求其纯度在99.9%以上，所含的杂质应不影响滴定反应的准确度。

2. 物质的实际组成与它的化学式完全相符，若含有结晶水，如硼砂 $Na_2B_4O_7\cdot 10H_2O$，其结晶水的数目也应与化学式完全相符。

3. 试剂应该稳定。例如不易吸收空气中的水分和二氧化碳，不易被空气氧化，加热干燥时不易分解等。

4. 试剂最好有较大的摩尔质量，这样可以减少称量误差。

5. 试剂参加滴定反应时，应严格按反应式定量进行，没有副反应。

常用的基准物质有纯金属和某些纯化合物，如Cu、Zn、Al、Fe和 $K_2Cr_2O_7$、Na_2CO_3、MgO、$KBrO_3$ 等，它们的含量一般在99.9%以上，甚至可达99.99%。应注意，有些高纯试剂和光谱纯试剂虽然纯度很高，但只能说明其中杂质含量很低，由于可能含有组成不定的水分和气体杂质，使其组成与化学式不一定严格相符，致使主要成分的含量可能达不到99.9%，这时就不能用作基准物质。一些常用的基准物质及其应用范围见表1-4。

表1-4 常用基准物质的干燥条件和应用

基准物质		干燥后的组成	干燥条件/℃	标定对象
名称	化学式			
碳酸氢钠	$NaHCO_3$	Na_2CO_3	270～300	酸
十水合碳酸钠	$Na_2CO_3\cdot 10H_2O$	Na_2CO_3	270～300	酸
硼砂	$Na_2B_4O_7\cdot 10H_2O$	$Na_2B_4O_7\cdot 10H_2O$	* *	酸
二水合草酸	$H_2C_2O_4\cdot 2H_2O$	$H_2C_2O_4\cdot 2H_2O$	室温、空气干燥	碱或 $KMnO_4$
邻苯二甲酸氢钾	$KHC_8H_4O_4$	$KHC_8H_4O_4$	110～120	碱
重铬酸钾	$K_2Cr_2O_7$	$K_2Cr_2O_7$	140～150	还原剂
溴酸钾	$KBrO_3$	$KBrO_3$	130	还原剂
草酸钠	$Na_2C_2O_4$	$Na_2C_2O_4$	105～110	氧化剂
碳酸钙	$CaCO_3$	$CaCO_3$	110	EDTA
锌	Zn	Zn	室温、干燥器中保存	EDTA

续表

基准物质		干燥后的组成	干燥条件/℃	标定对象
名称	化学式			
氯化钠	$NaCl$	$NaCl$	500～600	$AgNO_3$
硝酸银	$AgNO_3$	$AgNO_3$	220～250	氯化物

* *——放在装有 NaCl 和蔗糖饱和溶液的密闭器皿中。

二、标准溶液和标准物质

标准溶液是指已知准确浓度的溶液，它是滴定分析中进行定量计算的依据之一。不论采用何种滴定方法，都离不开标准溶液。因此，正确地配制标准溶液，确定其准确浓度，妥善地贮存标准溶液，都关系到滴定分析结果的准确性。标准溶液可根据溶质的性质、特点，按不同方法配制，配制方法有直接配制法和间接配制法两种。

标准物质是一种已经确定了具有一个或多个足够均匀的特性值的物质或材料，其使用注意事项有以下几点。

1. 标准物质应根据不同的用途、目的，选择不同的标准来源，如，从相应的标准品供应处购买或从特殊途径获得。

2. 目的不同，标准品级别要求则不同。应根据标准物质特性与使用预期选用测试值水平相适应的标准物质。不应选用不确定度超过测量值与预期应用测量程序所容许水平的标准物质，一般工作场所可以选用满足要求的标准物质。对实验室认证、方法验证、产品评价与仲裁等可以选用高水平的标准物质。

3. 在使用标准物质前应仔细、全面地阅读标准物质证书，只有认真阅读证书中所给出的信息，才能保证正确使用标准物质。

4. 选用的标准物质稳定性应满足整个实验计划的需要。凡已超过稳定性的标准物质切不可随便使用。

5. 应特别注意证书中所给该标准物质的最小取样量。最小取样量是标准物质均匀性的重要条件，不重视或者忽略了最小取样量，会影响测量结果的准确性和可信度。

6. 所选用的标准物质数量应满足整个实验计划使用，必要时应保留一些储备，供实验计划后必要的使用。

7. 选用标准物质除考虑其不确定度水平外，还要考虑标准物质的供应状况、价格以及化学和物理的适用性。

三、标准溶液的配制

1. 直接配制法

用分析天平准确地称取一定量的试样（通常为基准物质），溶于适量水后定量转入容量瓶中，稀释至标线，定容并摇匀。根据试样的质量和容量瓶的容积计算该溶液的准确浓度。

2. 间接配制法（又称标定法）

用来配制标准溶液的许多试剂不能完全符合基准物质必备的条件，例如：NaOH 极易吸收空气中的二氧化碳和水分，纯度不高；市售盐酸中 HCl 的准确含量难以确定，且易挥发；$KMnO_4$ 和 $Na_2S_2O_3$ 等均不易提纯，且见光分解，在空气中不稳定等。因此这类试剂不能用直接法配制标准溶液，只能用间接法配制，即先配制成接近于所需浓度的溶液，然后用基准物质（或另一种物质的标准溶液）来测定其准确浓度。这种确定其准确浓度的操作称为标定。

例如欲配制 $0.1mol \cdot L^{-1}$ HCl 标准溶液，先用一定量的浓 HCl 加水稀释，配制成浓度约为 $0.1mol \cdot L^{-1}$ 的稀溶液，然后用该溶液滴定经准确称量的无水 Na_2CO_3 基准物质，直至两者定量反应完全，再根据滴定中消耗 HCl 溶液的体积和无水 Na_2CO_3 的质量，计算出 HCl 溶液的准确浓度。大多数标准溶液的准确浓度是通过标定的方法确定的。

在常量组分的测定中，标准溶液的大致浓度范围为 $0.01 \sim 1mol \cdot L^{-1}$，通常根据待测组分含量的高低来选择标准溶液浓度的大小。

四、标准溶液的标定

1. 基准物质标定法

称取一定量的基准物质，溶解后用待标定的溶液滴定。根据基准物质的质量和溶液的消耗体积，计算待标定溶液的准确浓度。

2. 标准溶液标定法

准确吸取一定量的待标定溶液，用另一种已知准确浓度的标准溶液滴定；或准确吸取一定量的已知准确浓度的标准溶液，用待标定的溶液滴定。根据两种溶液的消耗体积及已知的标准溶液浓度，计算待标定溶液的准确浓度。若标准溶液浓度不准确，会直接影响待标定溶液浓度的准确性。因此，标定时应尽量采用基准物质标定法。

为了提高标定的准确度，标定时应注意以下几点：

(1) 标定应平行测定至少三次，并要求测定结果的相对偏差不大于 0.2%。

(2) 为了减少测量误差，称取基准物质的量不应太少，最少应称取 0.2g 以上；同样滴定到终点时消耗标准溶液的体积也不能太小，最好在 20mL 以上。

(3) 配制和标定溶液时使用的量器，如滴定管、容量瓶和移液管等，在必要时应校正其体积，并考虑温度的影响。

(4) 标定好的标准溶液应该妥善保存，避免因水分蒸发而使溶液浓度发生变化；有些不够稳定，如见光易分解的 $AgNO_3$ 和 $KMnO_4$ 等标准溶液应贮存于棕色瓶中，并置于暗处保存；能吸收空气中二氧化碳并对玻璃有腐蚀作用的强碱溶液，最好装在塑料瓶中，并在瓶口处装一碱石灰管，以吸收空气中的二氧化碳和水。对不稳定的标准溶液，久置后，在使用前还需重新标定其浓度。

任务3. 移液管和吸量管的使用

【任务描述】

学习移液管和吸量管的基本操作，能熟练地使用移液管和吸量管吸取转移液体试样。

【任务目标】

1. 熟悉移液管和吸量管的结构和使用注意事项；
2. 掌握移液管和吸量管的操作要点；
3. 能够熟练使用移液管和吸量管吸取转移液体试样；
4. 能够准确、整齐、简明记录实验原始数据。

【知识准备】

一、概述

吸量管分为单标线吸量管和分度吸量管两类，单标线吸量管又称移液管，用来准确移取一定体积的溶液。分度吸量管是带有分刻度的移液管，又称吸量管，用于准确移取所需不同体积的液体。移液管是中间有一膨大部分（称为球部）的玻璃管，球的上部和下部均为较细窄的管颈，出口缩至很小，以防过快流出溶液而引起误差。移液管的管颈上部刻有一环形标线，表示在一定温度（一般为20℃）下移出的体积。常用的移液管有5mL、10mL、15mL、20mL、25mL、50mL等规格。吸量管是具有分刻度的玻璃管，两头直径较小，中间管身直径相同，可以转移不同体积的液体。常用的吸量管有1mL、2mL、5mL、10mL等规格。移液管和吸量管如图1-10所示。移液管标线部分管直径较小，准确度较高；吸量管读数的刻度部分管直径较大，准确度稍差，因此当量取整数体积的溶液时，常用相应大小的移液管而不用吸量管，吸量管在仪器分析中配制系列溶液时应用较多。

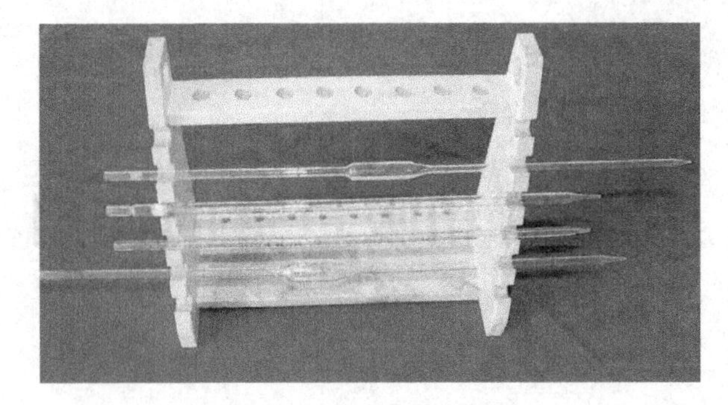

图 1-10　移液管和吸量管

二、移液管和吸量管的操作

移液管和吸量管的操作完全相同，下面以移液管为例，介绍移液管和吸量管的操作。

1. 检查

使用前要检查移液管的上口和排液嘴，必须完整无损，要看一下移液管标记、准确度等级、刻度标线位置等。

2. 洗涤

移液管可用自来水洗涤，再用蒸馏水洗净。较脏时（内壁挂水珠）可用铬酸洗液洗净。其洗涤方法是：右手拿移液管，管的下口插入洗液中，左手拿洗耳球（也称作吸耳球），先把球内空气压出，然后把球的尖端接在移液管的上口，慢慢松开左手手指，将洗液慢慢吸入管内直至上升到刻度以上部分，停放 1～2min，将洗液放回原瓶中。如果需要比较长时间浸泡在洗液中时（一般吸量管需要这样做），应准备一个高型玻璃筒或大量筒，将吸量管直立于筒中，筒内装满洗液，筒口用玻璃片盖上。浸泡一段时间后，取出吸量管，沥尽洗液，用自来水冲洗，再用蒸馏水淋洗干净。洗净的标志是内壁不挂水珠。干净的移液管应放置在移液管架上。

3. 吸取溶液

如图 1-11 所示，用右手的拇指和中指捏住移液管的上端，将管的下口插入待吸取的溶液中，插入不要太浅或太深，太浅会产生吸空，把溶液吸到洗耳球内弄脏溶液，太深又会使管外壁沾附溶液过多。左手拿洗耳球，接在管的上口把溶液慢慢吸入，先吸入移液管容量的 1/3 左右，取出，横持，并转动管子使溶液接触到标线以上部位，以置换内壁的水分，然后将溶液从管的下口放出并弃去，如此用待吸取溶液淋洗 2～3 次后，即可吸取溶液至标线以上，立即用右手的食指按住管口（右手的食指应稍潮湿，便于调节液面）。

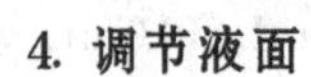

4. 调节液面

如图 1-12 所示，将移液管向上提升离开液面，用吸水纸擦去下端外壁液体，另取一个烧杯调节液面，管的末端靠在烧杯的内壁上，管身保持直立，轻轻放松食指（有时可微微转动移液管），使管内溶液慢慢从下口流出，直至溶液的弯月面底部与标线相切为止，立即用食指压紧管口。

5. 放出溶液

承接溶液的器皿如为锥形瓶，应使锥形瓶倾斜，移液管直立，管下端紧靠锥形瓶内壁，如图 1-13 所示，放开食指，让溶液沿瓶壁流下。流完后管尖端接触瓶内壁约 15s 后，再将移液管移去。残留在管末端的少量溶液，不可用外力强使其流出，因校准移液管时已考虑了末端保留溶液的体积。

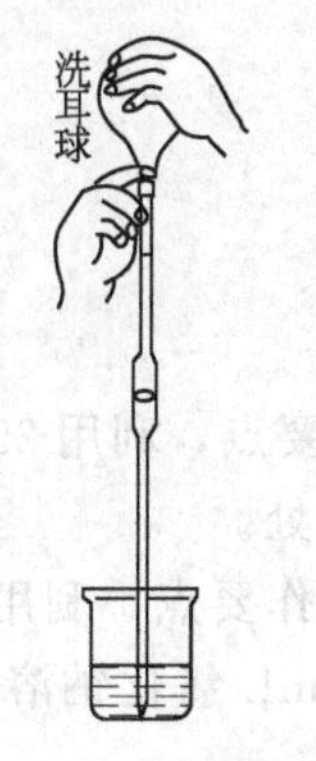

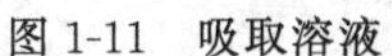
图 1-11 吸取溶液

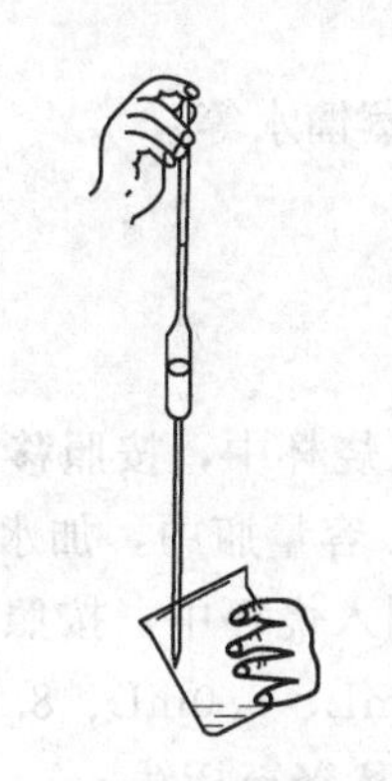
图 1-12 调节液面

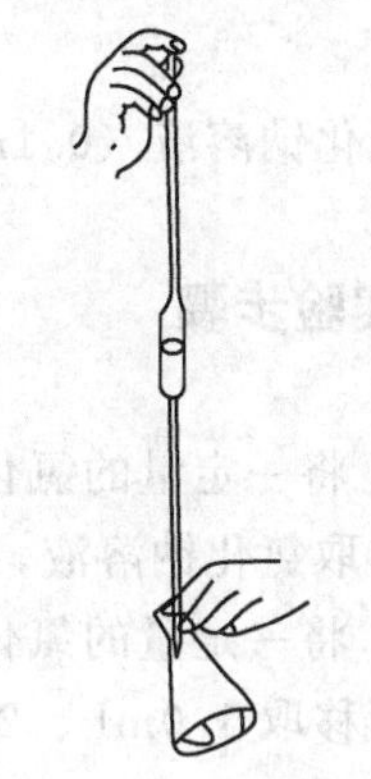
图 1-13 放出溶液

但如果管口上刻有“吹”字（图 1-14），使用时必须使管内的溶液全部流出，末端的溶液也需吹出，不允许保留。

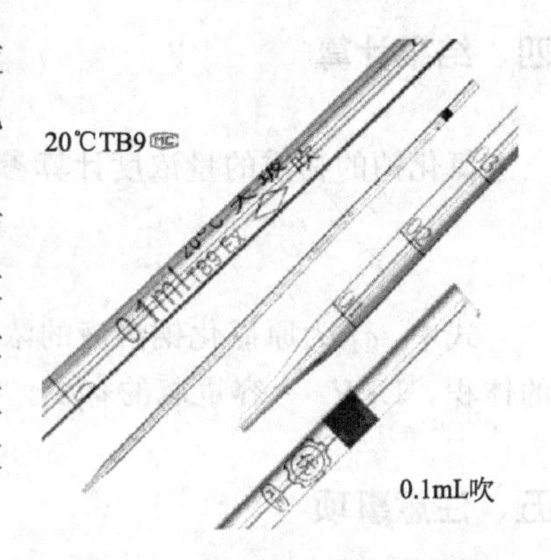

图 1-14 带“吹”字的吸量管

使用吸量管放出一定量溶液时，通常是液面由某一刻度下降到另一刻度，两刻度之差就是放出的溶液的体积。实验中应尽可能使用同一吸量管的同一区段的体积。移液管和吸量管用完后应立即用自来水冲洗，再用蒸馏水冲洗干净，放在移液管架上备用。

三、移液管和吸量管的使用注意事项

1. 在精密分析中使用的移液管或吸量管都不允许在烘箱中烘干。

2. 移液管或吸量管与容量瓶常配合使用，因此使用前常作两者的相对体积的校准。

3. 为了减少测量误差，吸量管每次都应从最上面刻度为起始点，往下放出所需体积，而不是放出多少体积就吸取多少体积。

4. 移液管或吸量管使用后，应洗净放在移液管架上。

5. 移液管或吸量管在实验中应与溶液一一对应，不应串用，以避免交叉污染。

【任务实施】

稀释配制不同浓度氯化钠溶液

一、实验器材

移液管（25mL）、吸量管（10mL）、容量瓶（50mL、100mL）、烧杯（100mL）、

玻璃棒、吸水纸、乳胶手套、胶头滴管等。

二、实验试剂

氯化钠溶液（0.1mol·L^{-1}）、蒸馏水等。

三、实验步骤

1. 将一定量的氯化钠溶液倒入烧杯中，按照移液管的操作要点，利用25mL移液管移取氯化钠溶液，放入100mL容量瓶中，加水稀释至标线处。

2. 将一定量的氯化钠浓溶液倒入烧杯中，按照吸量管的操作要点，利用10mL吸量管移取1.0mL、2.0mL、4.0mL、6.0mL、8.0mL、10.0mL氯化钠溶液，分别放入6个50mL容量瓶中，加水稀释至标线。

四、结果计算

氯化钠的物质的量浓度计算参考公式：

$$c_2=\frac{c_1V_1}{V_2}$$

式中，c_1为原氯化钠溶液的浓度，mol·L^{-1}；V_1为移液管或吸量管移取氯化钠的体积，L；V_2为容量瓶的容积，L。

五、注意事项

1. 移取氯化钠溶液时，一定要润洗移液管或吸量管，可以和烧杯一起润洗。

2. 容量瓶定容时按照容量瓶的操作要点进行。

【学习延展】

化学实验室用水

化学实验室中用来配制化学试剂的水，纯度非常重要，如果水中污染物质对实验检测造成影响，就必须除去这些物质。此外，为了取得具有良好再现性的结果，也必须使用水质稳定的纯水作为实验用水。

一、实验室常见水的种类

1. 蒸馏水

用蒸馏方法制备的纯水通常称为蒸馏水，是实验室最常用的一种纯水，虽然制备设备便宜，但极其耗能和费水且速度慢。蒸馏水能去除自来水内大部分的污染物，但挥发性的杂质无法去除，如二氧化碳、氨以及一些有机物。新鲜的蒸馏水是无菌的，但储存后细菌易繁殖。

2. 去离子水

用离子交换树脂去除水中的阴离子和阳离子的纯水称为去离子水，但水中仍然存在可溶性的有机物，可能污染离子交换柱从而降低其功效，去离子水存放后也容易引起细菌的繁殖。

3. 反渗水

反渗水（也称 RO 水）的生成原理是水分子在压力的作用下，通过反渗透膜成为纯水，水中的杂质被反渗透膜截留排出。反渗水克服了蒸馏水和去离子水的许多缺点，利用反渗透技术可以有效地去除水中的溶解盐、胶体、细菌、病毒、细菌内毒素和大部分有机物等杂质。

4. 超纯水

超纯水又称 UP 水，是指电阻率达到 18MΩ·cm（25℃）的水。这种水中除了水分子外，几乎没有什么杂质，更没有细菌、病毒、含氯二噁英等有机物，也没有人体所需的矿物质微量元素，也就是几乎去除氧和氢以外所有原子的水。

二、分析实验室用水级别

1. 一级水

用于有严格要求的分析实验，包括对颗粒有要求的实验。如高效液相色谱分析用水。可用二级水经过石英设备蒸馏或离子交换混合床处理后，再经微孔滤膜过滤来制取。

2. 二级水

用于无机痕量分析等实验，如原子吸收光谱分析用水。可用多次蒸馏或离子交换等方法制取。

3. 三级水

用于一般化学分析实验。可用蒸馏或离子交换等方法制取。

任务 4. 滴定管的使用

【任务描述】

学习滴定管的基本操作，能熟练地使用滴定管进行滴定操作。

【任务目标】

1. 熟悉滴定管的结构和使用注意事项；
2. 掌握滴定管的操作要点；
3. 能够熟练使用滴定管进行滴定操作；
4. 能够准确、整齐、简明记录实验原始数据。

【知识准备】

一、概述

滴定管是滴定时用来准确测量流出滴定剂体积的量器。常量分析用的滴定管容积通常为50mL和25mL，最小分度值为0.1mL，读数可估计到0.01mL。实验室最常用的滴定管有两种：一种是下部带有磨口玻璃活塞的酸式滴定管（也称具塞滴定管）；另一种是碱式滴定管，它的下端连接乳胶管，内放玻璃珠，乳胶管下端再连尖嘴玻璃管，如图1-15所示。滴定管有无色和棕色两种，使用见光易分解或发生反应试剂时，应选用棕色滴定管。

酸式滴定管只能用来盛放酸性、中性或氧化性溶液，不能盛放碱性溶液，否则磨口玻璃活塞会被碱性溶液腐蚀，放置久了会粘连。碱式滴定管用来盛放碱性溶液，不能盛放氧化性溶液如$KMnO_4$、I_2或$AgNO_3$等，避免腐蚀乳胶管。另外还有聚四氟乙烯酸碱通用滴定管（图1-16），其旋塞是用聚四氟乙烯材料做成的，耐腐蚀、不用涂油、密封性好。

二、滴定管使用前的准备

1. 洗涤

无明显油污的滴定管，直接用自来水冲洗。若有油污，则用洗涤剂和滴定管刷洗涤，或用铬酸洗液洗涤。使用洗液洗涤后，先用自来水将管中附着的洗液冲净，再用蒸馏水润洗几次。洗净的滴定管的内壁应完全被水均匀润湿而不挂水珠。

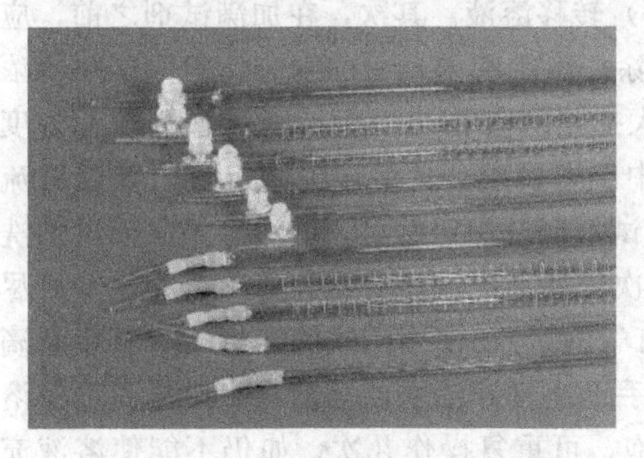

图 1-15　酸式滴定管和碱式滴定管

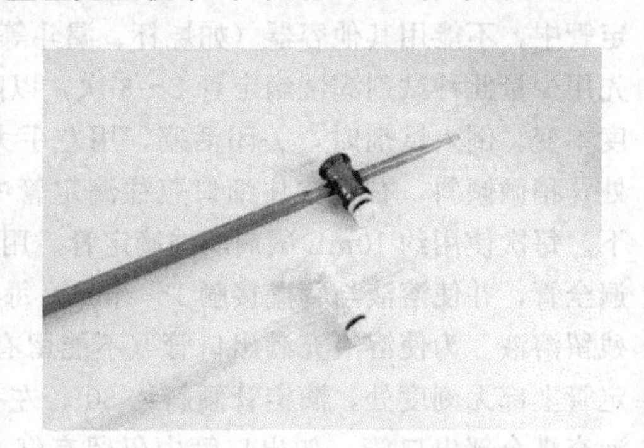

图 1-16　聚四氟乙烯酸碱通用滴定管

2. 活塞涂油和试漏

酸式滴定管使用前，应检查活塞转动是否灵活、是否漏液。如不符合要求，则取下活塞，用滤纸擦干净活塞及塞座。如图 1-17 所示，用手指蘸取少量（切勿过多）凡士林，在活塞大头端涂极薄的一层凡士林（注意远离活塞孔，切勿堵住塞孔），在塞座小端内涂少量凡士林。把活塞径直插入塞座内，向同一方向转动活塞（不要来回转），直到从外面观察到凡士林均匀透明为止。如果滴定管的出口管尖被凡士林堵塞，可先用水充满全管，将出口管尖浸入热水中，温热片刻后，打开活塞，使管内的水流快速冲下，将溶化的油脂带出。最后用小孔胶圈套在玻璃旋塞小头槽内，防止塞子滑出而损坏。

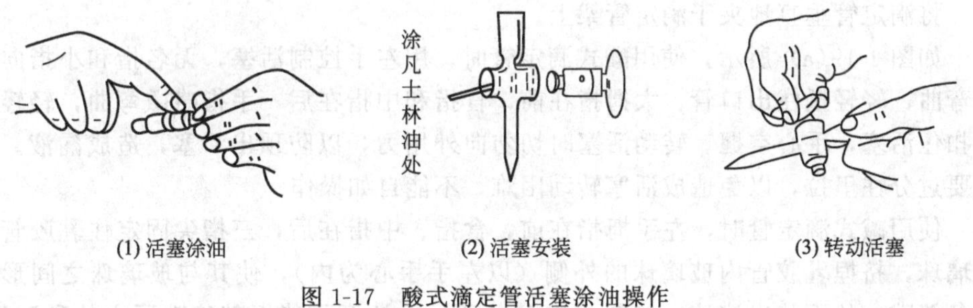

图 1-17　酸式滴定管活塞涂油操作

碱式滴定管使用前应检查乳胶管长度是否合适，是否老化变质。要求乳胶管内玻璃珠的大小合适，能灵活控制液滴。如发现不合要求，应重新装玻璃珠和乳胶管。

滴定管使用之前必须严格检查，确保不漏。检查时，将酸式滴定管装满蒸馏水，把它垂直夹在滴定管架上，放置 2min。观察管尖是否有水滴滴下，活塞缝隙处是否有水渗出，若不漏，将活塞旋转 180°，静置 2min，再观察一次，无漏水现象即可使用。碱式滴定管只需装满蒸馏水直立 2min，若管尖处无水滴滴下即可使用。

检查发现漏液的滴定管，必须重新装配，直至不漏，滴定管才能使用。试漏合格的滴定管，需用蒸馏水洗涤 3～4 次。

3. 装入溶液和赶气泡

首先将试剂摇匀，使凝结在瓶内壁上的液珠混入溶液。试剂应小心地直接倒入滴定管中，不能用其他容器（如烧杯、漏斗等）转移溶液。其次，在加满试剂之前，应先用少量此种试剂润洗滴定管 2～3 次，以除去滴定管内残留的水分，确保试剂的浓度不变。倒入试剂时，关闭活塞，用左手大拇指和食指与中指持滴定管上端无刻度处，稍微倾斜，右手拿住细口瓶往滴定管中倒入试剂，让溶液沿滴定管内壁缓缓流下。每次使用约 10mL 试剂润洗滴定管。用试剂润洗滴定管时，要注意务必使试剂洗遍全管，并使溶液与管壁接触 1～2min，每次都要冲洗滴定管出口管尖，并尽量放尽残留溶液。为使溶液充满出口管（不能留有气泡），在使用酸式滴定管时，右手拿滴定管上部无刻度处，滴定管倾斜约 30°，左手迅速打开活塞使溶液冲出，从而可使溶液充满全部出口管。如出口管中仍留有气泡，可重复操作几次。如仍不能使溶液充满，可能是出口管部分未洗涤干净，必须重新洗涤。对于碱式滴定管，应注意玻璃珠下方的洗涤。用试剂洗涤完后，将其装满溶液垂直地夹在滴定管架上，如图 1-18 所示，左手拇指和食指放在稍高于玻璃珠所在的部位，并使管向上弯曲，出口管斜向上，往一旁轻轻提高挤捏乳胶管，使溶液从管口喷出，再一边捏乳胶管，一边将其放直，这样可排出出口管的气泡，并使溶液充满出口管。注意，乳胶管放直再松开拇指和食指，否则出口管仍会有气泡。排尽气泡后，加入试剂使之在“0”刻度以上，再调节液面在 0.00mL 刻度处，备用。如液面不在 0.00mL 时，则应记下初读数。

三、滴定管的使用

1. 滴定操作

将滴定管垂直地夹于滴定管架上。

如图 1-19(a) 所示，使用酸式滴定管时，用左手控制活塞，无名指和小指向手心弯曲，轻轻抵住出口管，大拇指在前，食指和中指在后，手指略微弯曲，轻轻向内扣住活塞，手心空握。转动活塞时切勿向外用力，以防顶出活塞，造成漏液。也不要过分往里拉，以免造成活塞转动困难，不能自如操作。

使用碱式滴定管时，左手拇指在前，食指、中指在后，三指尖固定住乳胶管中玻璃珠，挤捏乳胶管内玻璃珠的外侧（以左手手心为内），使其与玻璃珠之间形成一条缝隙，从而放出溶液，如图 1-19(b) 所示。注意不能捏玻璃珠下方的乳胶管，当松开手时空气会进入而形成气泡，也不要用力捏玻璃珠，或使玻璃珠上下移动。

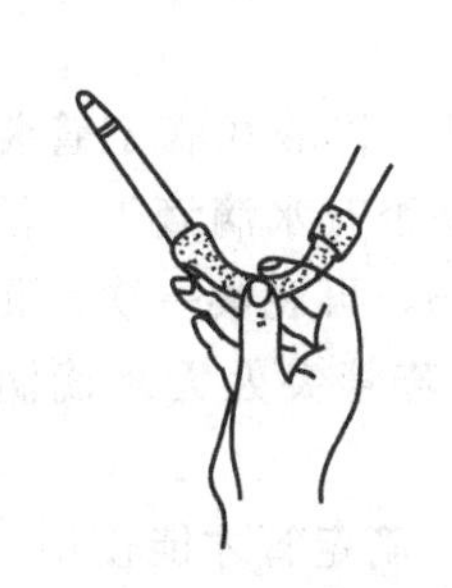

图 1-18 碱式滴定管排气泡

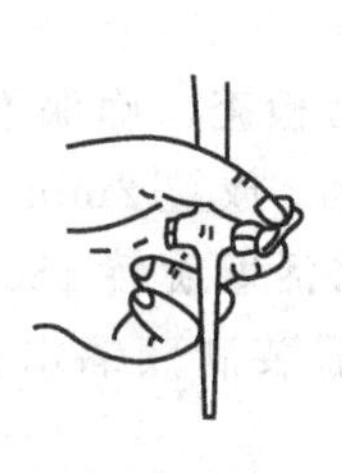

(a) 酸式滴定管

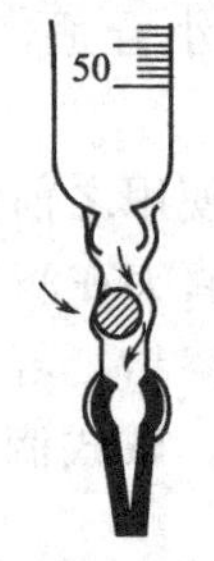

(b) 碱式滴定管

图 1-19 滴定管的放液操作

要能熟练自如地控制滴定管内溶液流速：①使溶液逐滴连续滴出；②只放出一滴溶液；③使液滴悬而未落（滴定管的管尖在瓶内靠下时即为半滴）。

滴定通常在锥形瓶（也可用烧杯）中进行，锥形瓶下垫白瓷板作为背景，右手拇指、食指和中指捏住瓶颈，瓶底离瓷板约 2～3cm。调节滴定管高度，使其下端伸入瓶口约 1cm。左手按前述方法操作滴定管，右手用手腕的力量摇动锥形瓶，使瓶内液体做水平圆周运动，边滴加溶液边摇动锥形瓶（注意不要用大臂带动小臂摇，在整个滴定过程中，大臂始终处于放松状态），如图 1-20 所示。

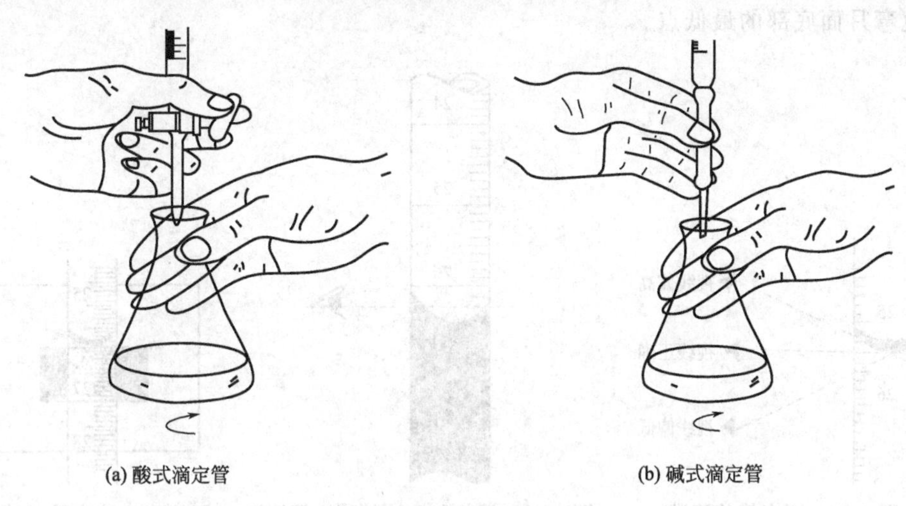

(a) 酸式滴定管　　(b) 碱式滴定管

图 1-20　滴定的操作

在整个滴定过程中，左手一直不能离开活塞使溶液自流。摇动锥形瓶时，要注意勿使溶液溅出、勿使瓶口碰滴定管口，也不要使瓶底碰白瓷板，不要前后振动。一般在滴定开始时，无可见的变化，滴定速度可稍快，一般为 $10mL \cdot min^{-1}$，即每秒 3～4 滴。滴定到一定时候，滴落点周围出现暂时性的颜色变化。在离滴定终点较远时，颜色变化立即消逝。临近终点时，变色甚至可以暂时地扩散到全部溶液，不过在摇动 1～2 次后变色完全消失。此时，应改为滴 1 滴，摇几下。等到必须摇 2～3 次后，颜色变化才完全消失时，表示离终点已经很近。微微转动活塞使溶液在出口管嘴上形成半滴，但未落下，用锥形瓶内壁将其沾下。然后用洗瓶把附于壁上的溶液洗入瓶中，再摇匀溶液。如此重复直至刚刚出现达到终点时出现的颜色而又不再消失为止。一般 30s 内不再变色即达到滴定终点。

每次滴定最好都从读数 0.00 开始，也可以从 0.00 附近的某一读数开始，这样在重复测定时，使用同一段滴定管，可减小误差，提高精密度。

滴定完毕，弃去滴定管内剩余的溶液，不得倒回原瓶。用自来水、蒸馏水冲洗滴定管，将滴定管倒置夹在滴定管架上。

2. 滴定管读数

滴定开始前和滴定结束都要读取数值。读数时将滴定管从管夹上取下，用右手大拇指和食指捏住滴定管上部无刻度处，使滴定管自然下垂，滴定管保持垂直。在滴定管中的溶液形成一个弯月面，无色或浅色溶液的弯月面底部比较清晰，易于读数。读数时，使弯月面的最低点与分度线上边缘的水平面相切，视线与分度线上边缘在同一水平面上，以防止误差。因为液面是球面，改变眼睛的位置会得到不同的读数，如图 1-21 所示。

当溶液颜色太深而无法观察到弯液面时，也可以读取弯液面上边缘与分度线上边缘水平相切的位置，如图 1-22 所示。但要注意，读数时一定要确保初读数和终读数采用相同的标准。

为了便于读数，可在滴定管后衬读数卡（图 1-23）。读数卡可用黑纸或涂有黑长方形（约 3cm×1.5cm）的白纸制成。读数时，手持读数卡在滴定管背后，使黑色部分在弯月面下约 1mm 处，此时即可看到弯月面的反射层成为黑色，然后读此黑色弯月面底部的最低点。

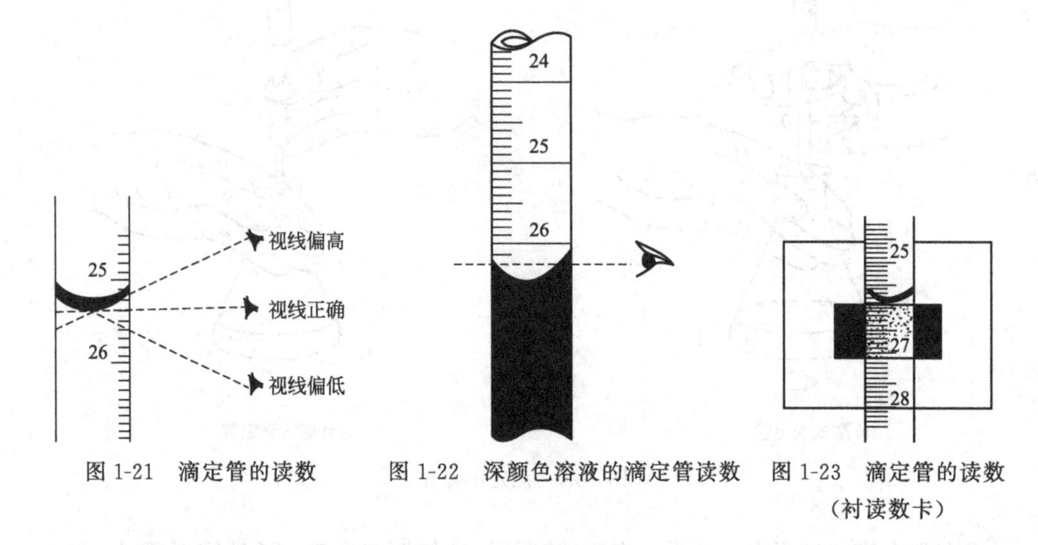

图 1-21 滴定管的读数　　图 1-22 深颜色溶液的滴定管读数　　图 1-23 滴定管的读数（衬读数卡）

在使用带有蓝色衬背的滴定管时，液面呈现三角交叉点，应读取交叉点与刻度相交之点的读数。

颜色太深的溶液，如 $KMnO_4$、I_2 溶液等，弯月面很难看清楚，可读取液面两侧的最高点，此时视线应与该点成水平。

必须注意，初读数与终点读数应采用同一读数方法。刚刚添加完溶液或刚刚滴定完毕，不要立即调整零点或读数，而应等 0.5～1min，以使管壁附着的溶液流下来，使读数准确可靠。读数须准确至 0.01mL。读取初读数前，若滴定管尖悬挂液滴时，应该用小烧杯将液滴沾去。在读取终读数前，如果出口管尖悬有溶液，此次读数不能取用。

四、滴定管使用的注意事项

1. 必须注意，滴定管下端不能有气泡。快速放液，可赶走酸式滴定管中的气泡；轻轻抬起尖嘴玻璃管，并用手指挤捏玻璃珠，可赶走碱式滴定管中气泡。

2. 酸式滴定管不得用于装碱性溶液，因为玻璃的磨口部分易被碱性溶液腐蚀，使塞子无法转动。

3. 碱式滴定管不宜装对乳胶管有腐蚀性（强氧化性或酸性）的溶液，如高锰酸钾、硝酸银和盐酸等。

4. 使用碱式滴定管时用力方向要平，以避免玻璃珠上下移动。不要捏到玻璃珠下侧部分，否则有可能使空气进入管尖形成气泡。挤捏胶管过程中不可过分用力，以避免溶液流出过快。

5. 滴定时目光应集中在锥形瓶内的颜色变化上，不要因注视刻度变化而忽略反应的进行。

6. 滴定时，手不允许离开活塞，以免放任溶液自行流下。

7. 每次滴定最好从零刻度开始，以使每次测定结果能抵消滴定管的刻度误差。

8. 滴定管有无色、棕色两种，一般需避光的滴定液（如硝酸银标准溶液、硫代硫酸钠标准溶液等），需用棕色滴定管。

9. 滴定管的读数自上而下由小变大。

10. 滴定也可在烧杯中进行，方法同上，但要用玻璃棒或电磁搅拌器搅拌。

11. 滴定管用后应立即洗净，倒置夹在滴定管架上备用。

12. 长期不用的酸式滴定管活塞和塞座中间应夹一小条纸条，以防活塞粘连无法打开。

【任务实施】

滴定管操作练习

一、实验器材

滴定台（带滴定管夹）、酸式滴定管（50mL）、碱式滴定管（50mL）、锥形瓶（250mL）、碘量瓶（250mL）、吸水纸等。

二、实验试剂

洗涤剂、蒸馏水、铬酸洗液、凡士林等。

三、实验步骤

1. 酸式滴定管操作练习

（1）活塞涂油

（2）洗涤

（3）试漏

（4）装液

（5）滴定操作

（6）读数

2. 碱式滴定管练习

（1）更换乳胶管和玻璃珠

（2）洗涤

（3）试漏

（4）装液

(5) 滴定操作

(6) 读数

四、注意事项

1. 铬酸洗液可以反复利用，使用后需放回原瓶中。

2. 铬酸洗液具有强氧化性，使用时要注意，避免洒落到衣服或皮肤上。

3. 摇瓶时应微动腕关节，使溶液向同一方向做圆周运动，但勿使瓶口接触滴定管。

4. 摇瓶时不得前后上下振动，以免溶液溅出。

5. 使用酸式滴定管时左手不能离开旋塞，让溶液自行流下。

【学习延展】

滴定分析法

滴定分析法

一、滴定分析法的特点与分类

滴定分析法是将一种已知准确浓度的试剂溶液，通过滴定管滴加到被测物质的溶液中，或者被测物质的溶液滴加到已知准确浓度的溶液中，直到所加的试剂溶液与被测物质按化学计量关系完全反应为止，根据所用试剂溶液的浓度和消耗的体积，计算被测物质含量的方法。这种分析方法的操作手段主要是滴定，因此称为滴定分析法。又因这一类分析方法是以测量容积为基础的分析方法，所以又称容量分析法。

已知准确浓度的试剂溶液称为标准溶液（又称为滴定剂或滴定液）。将标准溶液从滴定管中滴加到被测物质溶液中的操作过程称为滴定。当加入的标准溶液物质的量与被测组分物质的量恰好符合化学反应式所表示的化学计量关系时，称为反应达到化学计量点（亦称等量点或等当点）。

许多滴定反应在到达化学计量点时外观上没有明显的变化，为了确定化学计量点的到达，在实际滴定操作时，常在被测物质的溶液中加入一种辅助试剂，借助其颜色变化，作为化学计量点到达的标志，这种能通过颜色变化指示到达化学计量点的辅助试剂称为指示剂。

在滴定过程中，指示剂发生颜色变化的转变点称为滴定终点。化学计量点是根据化学反应的计量关系求得的理论值，而滴定终点是实际滴定时的测量值，只有在理想情况下化学计量点与滴定终点才能完全一致。在实际测定中，指示剂往往不是恰好在到达化学计量点的一瞬间变色，两者不一定完全符合，这种由滴定终点与化学计量点不一定恰好符合而造成的分析误差称为终点误差或滴定误差。它的大小取决于化学反应进行的完全程度和指示剂的选择是否恰当。因此，为了减小终点误差，应选择合适的指示剂，使滴定终点尽可能接近化学计量点。

滴定分析法通常适用于被测组分的含量在1%以上的常量组分的分析，具有操作简便、快速，所用仪器简单、准确、价格便宜的特点。一般情况下相对平均偏差在0.2%以下，各测量值及分析结果的有效数字位数为四位。

根据标准溶液与被测物质间所发生的化学反应类型不同，将滴定分析法分为酸碱滴定法、配位滴定法、氧化还原滴定法和沉淀滴定法四大类。

二、滴定分析的基本条件

滴定分析是以化学反应为基础的分析方法，在各种类型的化学反应中，并不都能用于滴定分析，适用于滴定分析的化学反应，必须具备以下四个条件。

1. 反应要完全

标准溶液与被测物质之间的反应要按一定的化学反应方程式进行，反应定量完成的程度要达到99.9%以上，无副反应发生，这是定量计算的基础。

2. 反应速度要快

滴定反应要求瞬间完成，对于速度较慢的反应，需通过加热或加入催化剂等方法提高反应速率。

3. 反应选择性要高

标准溶液只能与被测物质反应，被测物质中的杂质不得干扰主要反应，否则必须用适当的方法分离或掩蔽以去除杂质的干扰。

4. 能用方便的方法确定终点

要有适宜的指示剂或其他简便可靠的方法确定滴定终点。

三、滴定分析方式

滴定分析法中常用的滴定方式有四种。

1. 直接滴定法

如果滴定反应符合上述滴定分析反应必须具备的条件就可用标准溶液直接滴定被测物质，这种滴定方法称为直接滴定法。如以 NaOH 标准溶液测定食用醋中总酸度，以 $KMnO_4$ 标准溶液测定双氧水试样中过氧化氢等，都属于直接滴定法。当标准溶液与被测组分的反应不完全符合上述要求时，则应考虑下述几种滴定方式。

2. 返滴定法

当反应速率慢或反应物难溶于水时，加入等量的标准溶液后，反应不能立即定量完成或没有合适指示剂的那些滴定反应，可先在被测物质的溶液中加入定量、过量的标准溶液（A），待反应完成后，再用另一种标准溶液（B）滴定剩余的标准溶液（A），根据两种标准溶液的浓度和用量，即可求得被测物质的含量，这种滴定方式称为返滴定法或称剩余滴定法。例如，用 EDTA 标准溶液测定 Al^{3+} 时，Al^{3+} 与 EDTA 配位反应的速度很慢，故不能用 EDTA 标准溶液直接滴定，可于 Al^{3+} 溶液中先加入一定量且过量的 EDTA 标准溶液并将溶液加热煮沸，待 Al^{3+} 与 EDTA 完全反应，冷却后以二甲酚橙为指示剂，再用 Zn^{2+} 标准溶液返滴剩余的 EDTA，从而计算试样中的铝含量。对于固体 $CaCO_3$ 的滴定，可先加入一定量且过量的 HCl 标准溶液，待反应完全后，剩余的 HCl 用 NaOH 标准溶液返滴定。

3. 置换滴定法

对于不按确定的反应方程式进行（伴有副反应）的反应，不能直接滴定被测物质，而是先用适当的试剂与被测物质反应，使之定量地置换生成另一种可直接滴定的物质，再用标准溶液滴定此类生成物，这种滴定方法称为置换滴定法。例如，用 $K_2Cr_2O_7$ 标定 $Na_2S_2O_3$ 标准溶液的浓度时，不能采用直接滴定法，因为在酸性介质中，$K_2Cr_2O_7$ 不仅将 $Na_2S_2O_3$ 氧化为 $Na_2S_4O_6$，还有一部分 $Na_2S_2O_3$ 被氧化为 Na_2SO_4，$Na_2S_2O_3$ 与 $K_2Cr_2O_7$ 的反应没有一定的计量关系。但是，如果在 $K_2Cr_2O_7$ 的酸性介质中加入过量的 KI，$K_2Cr_2O_7$ 与 KI 定量反应生成 I_2，再用 $Na_2S_2O_3$ 标准溶液来滴定生成的 I_2，从而可通过计算求得 $Na_2S_2O_3$ 标准溶液的浓度。

滴定反应过程如下：

$$Cr_2O_7^{2-}+6I^-+14H^+ = 2Cr^{3+}+3I_2+7H_2O$$

生成的 I_2 与 $Na_2S_2O_3$ 标准溶液反应，即：

$$I_2+2S_2O_3^{2-} = 2I^-+S_4O_6^{2-}$$

4. 间接滴定法

当被测物质不能与标准溶液直接反应时，可将试样转换成另一种能和标准溶液作用的物质反应后，再用适当的标准溶液滴定反应产物。这种滴定方式称为间接滴定。例如 $KMnO_4$ 标准溶液不能直接滴定 Ca^{2+}，可先将 Ca^{2+} 沉淀为 CaC_2O_4，用 H_2SO_4 溶解，再用 $KMnO_4$ 标准溶液滴定与 Ca^{2+} 结合的 $C_2O_4^{2-}$，从而间接测定 Ca^{2+}。

在滴定分析中由于采用了返滴定、置换滴定、间接滴定等滴定方式，大大扩展了滴定分析的应用范围。

任务 5. 玻璃容量仪器的校准

【任务描述】

学习玻璃容量仪器校准的原理、操作及注意事项，能熟练地利用绝对校准法或相对校准法对玻璃容量仪器进行校准。

【任务目标】

1. 熟悉玻璃容量仪器校准的原理和意义；
2. 掌握玻璃容量仪器校准的操作要点；
3. 能够利用绝对校准法进行玻璃容量仪器校准；
4. 能够利用相对校准法进行玻璃容量仪器校准；
5. 能够准确、整齐、简明记录实验原始数据并进行计算。

移液管的绝对校正

【知识准备】

一、概述

滴定管、移液管和容量瓶等是分析实验中常用的玻璃量器，都具有刻度和标称容量。量器产品都允许有一定的容量误差。在准确度要求较高的分析测试中，对自己使用的一套量器进行校准是完全必要的。校准的方法有绝对校准法（或称量法）和相对校准法。

酸碱通用滴定管的绝对校正

二、绝对校准法原理

绝对校准法（称量法）校准玻璃容量仪器时，用分析天平称量被校量器中量入和量出的纯水的质量 m，再根据纯水的密度 ρ 计算出被校量器的实际容量。由于玻璃的热胀冷缩，所以在不同温度下，量器的容积也不同。因此，规定使用玻璃量器的标准温度为 20℃。各种量器上标出的刻度和容量，称为在标准温度 20℃量器时的标称容量，但是，在实际校准工作中，容器中水的质量是在室温下和空气中称量的。因此必须考虑如下三方面的影响：

容量瓶的绝对校准

1. 由于空气浮力使质量改变的校正；

2. 由于水的密度随温度而改变的校正；

3. 由于玻璃容器本身容积随温度而改变的校正。

考虑了上述的影响，可得出20℃容量为1L的玻璃容器，在不同温度时所盛水的质量，见表1-5。根据表1-5计算量器的校正值十分方便。

表1-5 不同温度下1L纯水的质量（在空气中用黄铜砝码称量）

温度/℃	质量/g	温度/℃	质量/g	温度/℃	质量/g
10	998.39	19	997.34	28	995.44
11	998.33	20	997.18	29	995.18
12	998.24	21	997.00	30	994.91
13	998.15	22	996.80	31	994.64
14	998.04	23	996.60	32	994.34
15	997.92	24	996.38	33	994.06
16	997.78	25	996.17	34	993.75
17	997.64	26	995.93	35	993.45
18	997.51	27	995.69		

需要特别指出的是：校准不当和使用不当都是产生容积误差的主要原因，其误差甚至可能超过允许或量器本身的误差。因而在校准时务必正确、仔细地进行操作，尽量减小校准误差。凡是使用校准值的，其允许次数不应少于两次，且两次校准数据的偏差应不超过该量器允许的1/4，并取其平均值作为校准值。

三、相对校准法原理

在某些实验过程中只要求两种容器之间有一定的比例关系，而不需要知道它们各自的准确体积，这时可用容量相对校准法。经常配套使用的移液管和容量瓶，采用相对校准法更为重要。例如，用25mL移液管取蒸馏水于干燥洁净的100mL容量瓶中，到第4次重复操作后，观察瓶颈处水的弯月面底部是否刚好与标线相切，若不相切，应重新作一记号为标线，以后此移液管和容量瓶配套使用时就用校准的标线。经相对校准的移液管和容量瓶在实验过程中应配套使用。

【任务实施】

玻璃容量仪器的校准

一、实验器材

分析天平、酸式滴定管（50mL）、移液管（25mL）、容量瓶（100mL）、带磨口玻璃塞的锥形瓶（100mL）、温度计（0～50℃）、滴定台（带滴定管夹）、洗耳球、乳胶手套、吸水纸等。

二、实验试剂

纯水。

三、实验步骤

1. 滴定管的绝对校准

将已洗净且外表干燥的带磨口玻璃塞的锥形瓶放在分析天平上称量，记录空瓶质量 $m_{瓶}$，准确至 0.001g。

再将已洗净的酸式滴定管盛满纯水，调至 0.00mL 刻度处，从滴定管中放出一定体积（记为 V_0，如放出 5mL）的纯水于已称量的锥形瓶中，塞紧塞子，称出“瓶＋水”的质量，两次质量之差即为放出水的质量 $m_{水}$。用同样方法称量滴定管从 0～10mL、0～15mL、0～20mL、0～25mL 等刻度间的 $m_{水}$，用 $m_{水}$ 除以校准操作温度下纯水的密度，即可得到滴定管各部分的实际容量 V_{20}。重复校准一次，两次相应区间的水质量相差应小于 0.02g，求出平均值，并计算校准值 ΔV（即 $V_{20}-V_0$）。以 V_0 为横坐标，ΔV 为纵坐标，绘制滴定管校准曲线。移液管、吸量管和容量瓶也可用称量法进行校准。

2. 移液管和容量瓶的相对校准

用洁净的 25mL 移液管移取纯水于干燥洁净的 100mL 容量瓶中，重复操作 4 次，观察液面的弯月面底部是否恰好与标线相切，如不相切，则用胶布在瓶颈上另作标记，以后实验中，此移液管和容量瓶配套使用时，应以新标记为准。

四、数据记录与处理

滴定管的校准原始数据记录表如表 1-6 所示。

表 1-6 滴定管的校准原始数据记录表

V_0/mL	$m_{水+瓶}$/g	$m_{瓶}$/g	$m_{水}$/g	V_{20}/mL	ΔV/mL
0.00～5.00					
0.00～10.00					
0.00～15.00					
0.00～20.00					
0.00～25.00					
0.00～30.00					
0.00～35.00					
0.00～40.00					
0.00～45.00					
0.00～50.00					

五、注意事项

1. 拿取锥形瓶时，应用纸条套取或戴上乳胶手套。

2. 测量实验水温时，须将温度计插入水中稳定后再读数，读数时温度计球部位应仍浸在水中。

3. 校正容量仪器所用蒸馏水应预先放在天平室，使其与天平室的温度达到平衡。

4. 待校正的仪器，应仔细洗涤至内壁完全不挂水珠。

5. 容量瓶校正时，注意刻度上方的瓶内壁不得挂水珠；校正时所用锥形瓶，必须干净，瓶外须干燥。

6. 一般每个仪器应校正两次，即做平行试验两次。

【学习延展】

分析化学中的数据处理

定量分析的目的是通过一系列的分析步骤，来获得被测组分的准确含量。但是，即使最可靠的分析方法，使用最精密的仪器，由技术最熟练的分析人员操作，也难获得绝对准确的结果。由同一个人，在同样条件下对同一试样进行多次测定，所得结果也不一定是一致的。即分析过程中误差是客观存在的。所以我们应根据实际需要对分析结果的可靠性和精确程度作出合理的评价和正确的表示。同时还应查明产生误差的原因及其规律性，采取减免误差的有效措施，从而不断提高分析测定的准确程度。

精密度与准确度

一、分析化学中的误差

根据误差的来源和性质，可将误差分为系统误差和偶然误差两类。

1. 系统误差

系统误差又称可测误差，是由某种固定的原因引起的误差。它们的突出特点如下所述：

（1）单向性：系统误差对分析结果的影响比较固定，可使测定结果系统地偏低或偏高。

（2）重现性：当重复测定时，系统误差会重复出现。增加测定次数不能使系统误差减小。

（3）可测性：一般来说产生系统误差的具体原因都是可以找到的。因此也就能够测定它的大小、正负，至少在理论上说是可以测定的，所以又称为可测误差。

根据系统误差产生的具体原因，又可把系统误差分为以下几种：

（1）方法误差：是由分析方法本身不够完善或有缺陷而造成的，如滴定分析中所选用的指示剂指示的终点与计量点不相符；分析中干扰离子的影响未清除；重量分析中沉淀的溶解损失等。

（2）仪器误差：由仪器本身不准确造成。如天平两臂不等，滴定管刻度不准，砝码未经校正。

（3）试剂误差：所使用的试剂或蒸馏水不纯而造成的误差。

（4）主观误差（操作误差）：由操作人员一些生理上或习惯上的主观原因造成

的。如终点颜色的判断；重复滴定时，有人总想第二份滴定结果与第一份相吻合，在判断终点读数时，就有“先入为主”的影响。

2. 偶然误差（或称随机误差、未定误差）

偶然误差是由无法避免和无法控制的偶然因素造成的。如测定时环境温度、湿度、仪器性能的微小变化，或个人一时的辨别的差异而使读数不一致等。如天平和滴定管最后一位读数的不确定性。偶然误差的大小和方向都不固定，也无法测量和校正，但多次测定也有规律性。

偶然误差具有以下特点：

(1) 对称性：经过多次重复测定，随机误差大小相等的正负误差出现的概率相等。

(2) 单峰性：小误差出现的机会多，大误差出现的机会少。

(3) 有界性：超出一定界限的误差出现的机会很少，应属于过失。

由于分析人员工作上粗枝大叶、不遵守操作规程等造成的过失，不属于误差的范畴。如器皿不洁净、丢损试液、加错试剂、看错砝码、记录或计算错误等。一旦出现过失，只能重做实验，这种结果决不能纳入计算过程中。

二、误差的减免或消除

1. 系统误差的消除

可以采用一些校正的办法和制定标准规程的办法加以校正，做对照试验可以检查测定过程中或分析方法是否存在系统误差。可采用标准品、标准方法或加标回收试验等方法。

若对照试验后确定有系统误差存在，可采用以下方法加以消除。

(1) 空白试验：空白试验是在不加入试样的情况下，按与测定试样相同的步骤和条件进行的试验。试验所得结果称为空白值。从试样的测定结果中扣除空白值，就可得到比较可靠的分析结果。空白试验可消除或减少由试剂、蒸馏水或器皿带入的杂质所造成的系统误差。

(2) 校准仪器：在要求精确的分析中，必须对计量仪器进行校准，并在计算结果时采用校正值。例如分析天平、容量瓶、移液管、滴定管等。校准仪器可以减小或消除由仪器不准确引起的系统误差。

(3) 方法校正：由于方法不完善引入的系统误差可以用其他方法进行校正。

2. 偶然误差的消除

由于多次测定后，偶然误差呈现一定规律性，故在消除系统误差的情况下，增加测定次数，取其平均值来消除或减小偶然误差。一般平行测定3～5次。

三、准确度和精密度

1. 准确度和误差

准确度指测定值 x_i 和真实值 x_t 之间接近的程度，两者越接近，准确度越高。用误差来衡量准确度的高低。

绝对误差：测定值与真值之差。$E_a = x_i - x_t$

相对误差：绝对误差在真值中所占百分数。$E_r=\frac{E_a}{x_t}\times100\%$

绝对误差只反映误差的大小，而不能反映误差在真值中所占的百分率，所以相对误差更便于比较各种情况下测定结果的准确度。准确度的高低体现了在分析过程中，系统误差和随机误差对测定结果综合影响的大小，它决定了测定值的正确性。

在实际工作中，真实值常常是不知道的，无法求出分析结果的准确度，因此常采用精密度来判断分析结果的好坏。

2. 精密度和偏差

精密度指各次分析结果相互接近的程度，它反映了测定值的再现性。精密度的高低用偏差来衡量。偏差越小，精密度越高。常用以下几种方法表示偏差。

（1）偏差

绝对偏差：单次测定值与平均值之差。

$$d_i=x_i-\overline{x}$$

$$\overline{x}=\frac{1}{n}\sum_{i=1}^{n}x_i$$

相对偏差：绝对偏差在平均值中所占百分数。

$$d_r=\frac{x_i-\overline{x}}{\overline{x}}\times100\%=\frac{d_i}{\overline{x}}\times100\%$$

绝对偏差和相对偏差可衡量单次测定值与平均值的偏离程度，其数值有正负之分。

平均偏差：各次测定偏差的绝对值的平均值。

$\overline{d}=\frac{|d_1|+|d_2|+\cdots+|d_n|}{n}=\frac{1}{n}\sum|x_i-\overline{x}|$，平均偏差无正负之分。

相对平均偏差：平均偏差在平均值中所占百分数。

$$\overline{d}_r=\frac{\overline{d}}{\overline{x}}\times100\%$$

平均值虽然不是真值，但比单次测定结果更接近真值。而且平均值反映了测定数据的集中趋势，测定值与平均值之差体现了精密度的高低，因此通常以测定结果的相对平均偏差来衡量。

（2）标准偏差与相对标准偏差

使用平均偏差表示精密度比较简单，但这个表示方法有不足之处，因为在一系列的测定中，小偏差的测定总是占多数，大偏差的测定占少数，按总的测定次数去求平均偏差，则大偏差得不到反映。因此，数理统计中，常采用标准偏差（又称标准差）来反映精密度。

在数理统计中，将一定条件下无限多次测定值称为总体，从总体中随机抽出的一组测定值称为样本，样本所含测定值的数目称为样本的大小或容量。

若样本容量为 n，平行测定数据为 x_1，x_2，…，x_n，则此样本平均值为 $\overline{x}=\frac{1}{n}\sum_{i=1}^{n}x_i$。

当测定次数无限增多时，所得的平均值为总体平均值，可用下式表示：

$$\mu = \lim_{n \to \infty} \overline{x}$$

当消除了系统误差后，得到的总体平均值 μ（$n>30$）即为待测组分的真值 x_t。

当测定次数无限时，总体标准偏差 σ 表示了各测定值 x_i 对总体平均值的偏离程度。

$$总体标准偏差\ \sigma = \sqrt{\frac{\sum_{i=1}^{n}(x_i - \mu)^2}{n}}。$$

一般测定次数 $n<20$，μ 总体平均值不知道，则采用样本标准偏差来衡量该组数据的精密度：

$$s = \sqrt{\frac{\sum_{i=1}^{n}(x_i - \overline{x})^2}{n-1}} = \sqrt{\frac{\sum_{i=1}^{n} d_i^2}{n-1}}$$

式中，$n-1$ 为自由度，表示在 n 次测量中只有 $n-1$ 个可变的偏差。

样本的相对标准偏差（RSD 又称变异系数）：$RSD = \frac{s}{\overline{x}} \times 100\%$

（3）极差

当平行测定次数较小时，偏差也可以用极差来表示。

极差：一组测定数据中的最大值与最小值之差。$R = x_{max} - x_{min}$

相对极差：极差在平均值中所占百分数。$R_r = \frac{R}{\overline{x}} \times 100\%$

偏差和极差的数值都在一定程度上反映了测定中随机误差影响的大小。

3. 准确度与精密度的关系

准确度用误差来表示，反映了测定结果的正确性，它与系统误差和随机误差都有关系，体现了系统误差和随机误差对测定结果综合影响的大小。

精密度用偏差来表示，反映了测定值的再现性，偏差的大小仅与随机误差有关，体现了随机误差对测定结果的影响。

显然，精密度好，是保证准确度高的先决条件。但精密度好却不一定准确度高。只有在消除了系统误差的前提下，精密度好，其准确度才会高。

四、有效数字及运算规则

1. 有效数字

为了得到准确的分析结果，不仅要准确地测量，而且还要正确地记录和运算，即记录的数字不仅表示数量的大小，而且要正确地反映测量的精密程度。有效数字是指分析工作中实际能测量到的数字。有效数字位数确定方法见表 1-7。

表 1-7　有效数字位数确定方法

测量到的数字	1.0005	0.5000	0.540	0.0054	0.5
有效数字位数	5	4	3	2	1

如某物重 0.5180g，其中 0.518 是准确的，“0”位可疑，即其有上下一个单位的误差，也就是说此物质量的绝对误差为±0.0001g。

相对误差为 $E_r=\frac{\pm 0.0001}{0.5180}\times 100\%=\pm 0.02\%$

若写成 0.518g，则绝对误差为±0.001g。

相对误差为 $E_r=\frac{\pm 0.001}{0.518}\times 100\%=\pm 0.2\%$ 。

因此可见测定数据多一位或少一位零，从数字角度看关系不大，却反映准确程度相差 10 倍。有效数字的位数与测量仪器的准确度有关，不仅表示数量的大小，还表示测量的准确度，测定数据要准确记录，不可随意增减。

数字与数字之后的“0”是有效数字。如 0.2100，有效数字为 4 位；而数字前面的“0”只起定位作用，不是有效数字，如 0.0758，有效数字为 3 位。

2. 数字的修约原则

计算结果要按有效数字的计算规则保留适当位数，修约去多余数字。

分析化学中常采用四舍六入五成双规则，即当尾数≤4 时舍去，尾数≥6 时进位；当尾数为 5 时，则看留下来的末位数是偶数还是奇数。末位数是奇数时，5 进位，是偶数时，5 舍去。如：4.175、4.165，处理为三位有效数字时则为：4.18、4.16

当被修约的 5 后面还有数字时，该数总比 5 大，这种情况下修约时均进位。如：2.4501 修约为 2.5，83.0059 修约为 83.01。

注意：在修约数字时，只能对原始数据一次修约到所需位数，而不能连续多次修约。如：要把 17.46 修约为两位，只能一次修约为 17。而不能进行如下修约 17.46 → 17.5 → 18。

对有效数字记录与运算，要注意以下几点：

（1）记录时保留一位可疑数字。

（2）运算中，先修约，后计算。若用计算器运算，也可最后修约。

（3）首位数字大于或等于 8 的，则有效数字位数可多算一位（主要指乘除计算），如：8.37 是三位数，可看作四位。0.9812 是四位数，可看作五位。

（4）对于一些分数、常数、自然数可视为足够有效，不考虑其位数。

（5）高含量组分（一般≥10%）一般保留四位；中含量组分（1%～10%）一般保留三位；低含量组分（≤1%）一般保留两位。

（6）对数的有效数字位数仅取决于尾数部分的位数。如：$\lg K=9.32$，有效数字位数为 2 位，pH=4.37 为两位有效数字。

3. 有效数字的运算规则

（1）加减法

几个数相加减时，和或差的有效数字的保留，应以小数点后位数最少的数据为根据，即取决于绝对误差最大的那个数据。

例如：0.0121+25.64+1.05782=26.70992，应以 25.64 为依据，即：原式=26.71。

（2）乘除法

几个数相乘除时，其积或商的有效数字应与参加运算的数字中，有效数字位数最少的那个数字相同。即所得结果的位数取决于相对误差最大的那个数字。

例如：$\frac{0.0325\times 5.103\times 60.06}{139.8}=0.0712504=0.0713$。

结果应与 0.0325 在同一水平上，即取 3 位有效数字。

项目二

酸碱滴定法

【学习目标】

知识目标：

1. 熟悉酸碱滴定过程中 pH 的变化规律；
2. 熟悉酸碱滴定曲线的意义和用途；
3. 掌握常用酸碱标准溶液的配制和标定方法；
4. 掌握酸碱滴定法测定的原理、方法和相关计算。

能力目标：

1. 能够准确配制和标定酸碱滴定法所用标准溶液；
2. 能够熟练应用酸碱滴定法进行测定分析；
3. 能够准确、整齐、简明记录实验原始数据并进行计算。

酸碱滴定法

酸碱滴定法是利用酸和碱在水中以质子转移反应为基础的滴定分析方法，可用于测定酸、碱和两性物质，是一种利用酸碱反应进行容量分析的方法。用酸作为滴定剂可以测定碱，用碱作为滴定剂可以测定酸，是一种用途极为广泛的分析方法。

酸碱滴定过程中，随着滴定剂的加入，被测溶液的 pH 将不断变化，根据滴定过程中溶液 pH 的变化规律，选择合适的指示剂，就能正确地指示滴定终点。利用此时消耗的滴定剂体积，可以计算得到被测溶液浓度，达到酸碱滴定的目的。下面以强碱滴定强酸为例讨论滴定过程中溶液 pH 的变化及滴定曲线形状和滴定突跃情况。

一、强碱滴定强酸过程中溶液 pH 的变化

强碱滴定强酸的过程相当于：$H^+ + OH^- = H_2O$。

这种类型的酸碱滴定，其反应程度是最高的，也最容易得到准确的滴定结果。下面以 $0.1000mol \cdot L^{-1}$ NaOH 标准溶液滴定 20.00mL $0.1000mol \cdot L^{-1}$ HCl 溶液为例来说明强碱滴定强酸过程中 pH 的变化与滴定曲线的形状。该滴定过程可分为四

个阶段：

1. 滴定开始前

溶液的 pH 由此时 HCl 溶液的酸度决定。

即 $[H^+]=0.1000mol \cdot L^{-1}$

$pH=-\lg[H^+]=1.00$。

2. 滴定开始至化学计量点前

溶液的 pH 由剩余 HCl 溶液的酸度决定。

例如，当滴入 NaOH 溶液 18.00mL 时，溶液中 $[H^+]$ 的浓度为：

$$[H^+]=\frac{0.1000\times 2.00}{20.00+18.00}mol \cdot L^{-1}=5.26\times 10^{-3}mol \cdot L^{-1}$$

$pH=-\lg[H^+]=2.28$。

当滴入 NaOH 溶液 19.80mL 时，溶液中 $[H^+]$ 的浓度为：

$$[H^+]=\frac{0.1000\times 0.20}{20.00+19.80}mol \cdot L^{-1}=5.03\times 10^{-4}mol \cdot L^{-1}$$

$pH=-\lg[H^+]=3.30$。

当滴入 NaOH 溶液 19.98mL 时，溶液中 $[H^+]$ 的浓度为：

$$[H^+]=\frac{0.1000\times 0.02}{20.00+19.98}mol \cdot L^{-1}=5.00\times 10^{-5}mol \cdot L^{-1}$$

$pH=-\lg[H^+]=4.30$。

3. 化学计量点时

当达到化学计量点时，溶液中的 HCl 全部被 NaOH 中和，其产物为 NaCl 与 H_2O，因此溶液呈中性，即 $[H^+]=[OH^-]=1.00\times 10^{-7}mol \cdot L^{-1}$，$pH=-\lg[H^+]=7.00$。

4. 化学计量点后

溶液的 pH 由过量的 NaOH 浓度决定。

例如，加入 NaOH 20.02mL 时，NaOH 过量 0.02mL，此时溶液中 $[OH^-]$ 为

$$[OH^-]=\frac{0.1000\times 0.02}{20.00+20.02}mol \cdot L^{-1}=5.00\times 10^{-5}mol \cdot L^{-1}$$

$$pOH=-\lg[OH^-]=4.30;\ pH=14-4.30=9.70$$

用类似的方法可以计算出整个滴定过程中加入任意体积 NaOH 时溶液的 pH，其结果如表 2-1 所示。由表中数据可知，滴定的突跃范围为 4.3～9.7。

表 2-1　$0.1000mol \cdot L^{-1}$ NaOH 溶液滴定 20.00mL $0.1000mol \cdot L^{-1}$ HCl 溶液时 pH 的变化

加入 NaOH 的体积/mL	HCl 被滴定百分数	剩余 HCl 的体积/mL	过量 NaOH 的体积/mL	$[H^+]$	pH
0.00	0.00	20.00		1.00×10^{-1}	1.00
18.00	90.00	2.00		5.26×10^{-3}	2.28
19.80	99.00	0.20		5.03×10^{-4}	3.30
19.98	99.90	0.02		5.00×10^{-5}	4.30
20.00	100.00	0.00		1.00×10^{-7}	7.00
20.02	100.10		0.02	2.00×10^{-10}	9.70
20.20	101.00		0.20	2.01×10^{-11}	10.70

续表

加入 NaOH 的体积/mL	HCl 被滴定百分数	剩余 HCl 的体积/mL	过量 NaOH 的体积/mL	$[H^+]$	pH
22.00	110.00		2.00	2.10×10^{-12}	11.68
40.00	200.00		20.00	5.00×10^{-13}	12.52

二、滴定曲线和滴定突跃

1. 滴定曲线

利用表 2-1 数据，以溶液的 pH 为纵坐标，NaOH 的滴定百分数为横坐标，可绘制出强碱滴定强酸的滴定曲线，如图 2-1 中的实线所示。

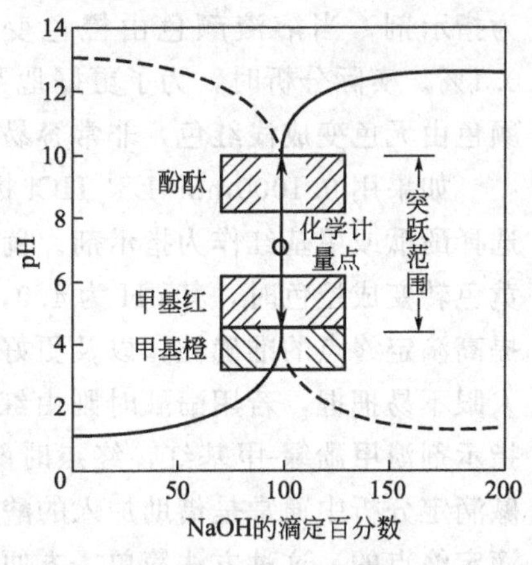

图 2-1 强碱滴定强酸的滴定曲线
(0.1000mol·L^{-1} NaOH 标准溶液滴定 20mL 0.1000mol·L^{-1} HCl 溶液)

由表 2-1 与图 2-1 可以看出，从滴定开始到加入 19.98mL NaOH 溶液，溶液的 pH 仅改变了 3.30 个 pH 单位，曲线比较平坦。而在化学计量点附近，加入 1 滴 NaOH 溶液（相当于 0.04mL，即从溶液中剩余 0.02mL HCl 到过量 0.02mL NaOH）就使溶液的酸度发生巨大的变化，其 pH 由 4.30 急增至 9.70，增幅达 5.4 个 pH 单位，相当于 $[H^+]$ 降低了 25 万倍，溶液也由酸性突变到碱性，溶液的性质由量变引起了质变。

如果用 0.1000mol·L^{-1} HCl 标准溶液滴定 20.00mL 0.1000mol·L^{-1}NaOH 溶液，其滴定曲线如图 2-1 中的虚线所示。显然滴定曲线形状与 NaOH 溶液滴定 HCl 溶液相似，只是 pH 不是随着滴定溶液的加入逐渐增大，而是逐渐减小。

2. 滴定突跃

从图 2-1 也可看到，在化学计量点前后 0.1%，此时曲线呈现近似垂直的一段，称为滴定突跃，而突跃所在的 pH 范围也称之为滴定突跃范围。此后，再继续滴加 NaOH 溶液，则溶液的 pH 变化越来越小，曲线又趋平坦。

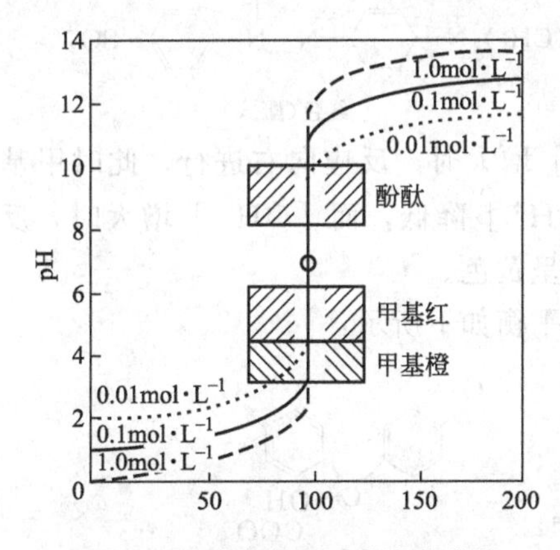

图 2-2 强碱滴定强酸的滴定曲线
(不同浓度 NaOH 溶液滴定不同浓度 HCl 溶液)

值得注意的是：从滴定过程 pH 的计算中我们可以知道，滴定的突跃大小还必然与被滴定物质及标准溶液的浓度有关。一般说来，酸碱浓度增大 10 倍，则滴定突跃范围就增加 2 个 pH 单位；反之，若酸碱浓度减小 10 倍，则滴定突跃范围就减少 2 个 pH 单位。如用 1.000mol·L^{-1} NaOH 溶液滴定 1.000mol·L^{-1} HCl 溶液时，其滴定突跃范围就增大为 3.30～10.70；若用 0.01000mol·L^{-1} NaOH 溶液滴定 0.01000mol·L^{-1} HCl 溶液时，其滴定突跃范围就减小为 5.30～8.70。不同浓度的强碱滴定强酸的滴定曲线如图 2-2 所示。

滴定突跃具有非常重要的意义，它是选择指示剂的依据。

3. 指示剂的选择

选择指示剂的原则为：①指示剂的变色范围全部或部分地落入滴定突跃范围内；②指示剂的变色点尽量靠近化学计量点。

例如用 $0.1000 mol \cdot L^{-1}$ NaOH 溶液滴定 $0.1000 mol \cdot L^{-1}$ HCl 溶液，其突跃范围为 4.30～9.70，则可选择甲基红、甲基橙或酚酞作为指示剂。如果选择甲基橙作为指示剂，当溶液颜色由橙色变为黄色时，溶液的 pH 为 4.4，滴定误差小于 0.1%。实际分析时，为了更好地判断终点，通常选用酚酞作为指示剂，因其终点颜色由无色变成浅红色，非常容易辨别。

如果用 $0.1000 mol \cdot L^{-1}$ HCl 标准溶液滴定 $0.1000 mol \cdot L^{-1}$ NaOH 溶液，则可选择酚酞或甲基红作为指示剂。倘若仍然选择甲基橙作为指示剂，则当溶液颜色由黄色转变成橙色时，其 pH 为 4.0，滴定误差将有 0.2%。实际分析时，为了进一步提高滴定终点的准确性，以及更好地判断终点（如用甲基红时终点颜色由黄变橙，人眼不易把握，若用酚酞时则由红色褪至无色，人眼也不易判断），通常选用混合指示剂溴甲酚绿-甲基红，终点时颜色由绿色经浅灰色变为暗红色，容易观察。酸碱滴定分析中通常是借助加入的酸碱指示剂在化学计量点附近的颜色的变化来确定滴定终点的。这种方法简单、方便，是确定滴定终点的基本方法。

三、酸碱指示剂

1. 作用原理

酸碱指示剂一般是有机弱酸或弱碱，当溶液的 pH 发生变化时，酸碱指示剂获得质子转化为酸式，或失去质子转化为碱式，由于指示剂的酸式与碱式具有不同的结构因而具有不同的颜色，起到了确定酸碱滴定终点的作用。下面以最常用的甲基橙、酚酞为例简单说明：

甲基橙指示剂

甲基橙是一种有机弱碱，也是一种双色指示剂，它在溶液中的解离平衡可用下式表示：

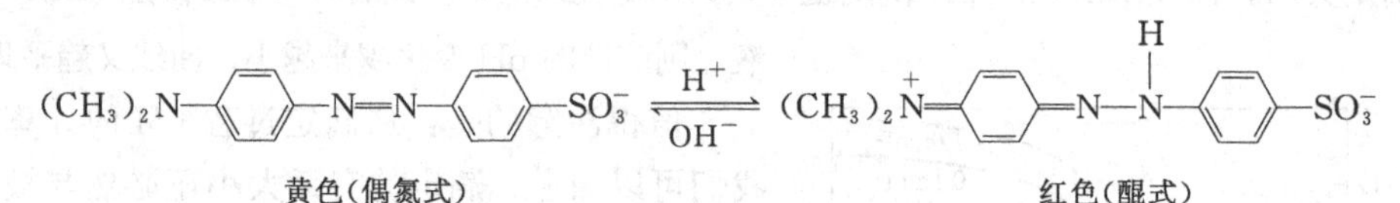

由平衡关系式可以看出：当溶液中 $[H^+]$ 增大时，反应向右进行，此时甲基橙主要以醌式存在，溶液呈红色；当溶液中 $[H^+]$ 降低，而 $[OH^-]$ 增大时，反应向左进行，甲基橙主要以偶氮式存在，溶液呈黄色。

酚酞指示剂

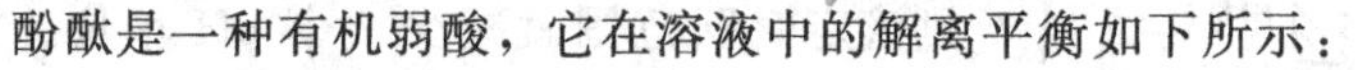
酚酞是一种有机弱酸，它在溶液中的解离平衡如下所示：

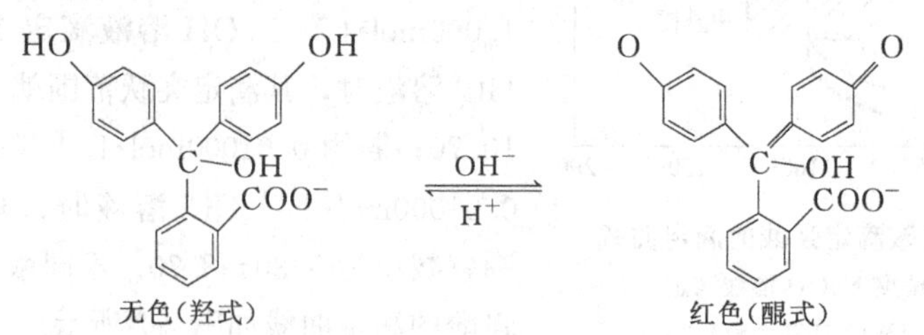

在酸性溶液中，平衡向左移动，酚酞主要以羟式存在，溶液呈无色；在碱性溶液中，平衡向右移动，酚酞则主要以醌式存在，因此溶液呈红色。

由此可见，当溶液的 pH 发生变化时，由于指示剂结构的变化，颜色也随之发生变化，因而可通过酸碱指示剂颜色的变化来确定酸碱滴定的终点。

2. 变色范围

若以 HIn 代表酸碱指示剂的酸式（其颜色称为指示剂的酸式色），其解离产物 In^- 就代表酸碱指示剂的碱式（其颜色称为指示剂的碱式色），则解离平衡可表示为：$HIn \rightleftharpoons H^+ + In^-$

当解离达到平衡时：

$$K_{HIn}=\frac{[H^+][In^-]}{[HIn]}$$

则：$\frac{[In^-]}{[HIn]}=\frac{K_{HIn}}{[H^+]}$ 或：$pH=pK_{HIn}+\frac{[In^-]}{[HIn]}$

一般说来，当一种形式的浓度大于另一种形式浓度 10 倍时，人眼则通常只看到较浓形式物质的颜色。

即 $\frac{[In^-]}{[HIn]}\leqslant\frac{1}{10}$，看到的是 HIn 的颜色（即酸式色）。

若 $\frac{[In^-]}{[HIn]}\geqslant\frac{10}{1}$，看到的是 In^- 的颜色（即碱式色）。

若 $\frac{[In^-]}{[HIn]}$ 在 $\frac{1}{10}\sim\frac{10}{1}$ 时，看到的是酸式色与碱式色复合后的颜色。

因此，当溶液的 pH 由 $pK_{HIn}-1$ 向 $pK_{HIn}+1$ 逐渐改变时，理论上人眼可以看到指示剂由酸式色逐渐过渡到碱式色。这种理论上可以看到的引起指示剂颜色变化的 pH 间隔，我们称之为指示剂的理论变色范围。

当指示剂中酸式的浓度与碱式的浓度相同时（即 $[HIn]=[In^-]$），溶液便显示指示剂酸式与碱式的混合色。此时溶液的 $pH=pK_{HIn}$，这一点，我们称之为指示剂的理论变色点。例如，甲基红 $pK_{HIn}=5.0$，所以甲基红的理论变色范围为 pH＝4.0～6.0。常用酸碱指示剂在室温下水溶液中的变色范围见表 2-2。

表 2-2 常用酸碱指示剂在室温下水溶液中的变色范围

指示剂	变色范围(pH)	颜色变化	pK_{HIn}	指示剂的配制
百里酚蓝（第一次变色）	1.2～2.8	红～黄	1.6	$1g \cdot L^{-1}$ 的 20% 乙醇溶液
甲基黄	2.9～4.0	红～黄	3.3	$1g \cdot L^{-1}$ 的 90% 乙醇溶液
甲基橙	3.1～4.4	红～黄	3.4	$0.5g \cdot L^{-1}$ 的水溶液
溴酚蓝	3.1～4.6	黄～紫	4.1	$1g \cdot L^{-1}$ 的 20% 乙醇溶液或其钠盐水溶液
溴甲酚绿	3.8～5.4	黄～蓝	4.9	$1g \cdot L^{-1}$ 的 20% 乙醇溶液或其钠盐水溶液

续表

指示剂	变色范围(pH)	颜色变化	pK_{HIn}	指示剂的配制
甲基红	4.4～6.2	红～黄	5.2	$1g \cdot L^{-1}$的60%乙醇溶液或其钠盐水溶液
溴百里酚蓝	6.0～7.6	黄～蓝	7.3	$1g \cdot L^{-1}$的20%乙醇溶液或其钠盐水溶液
中性红	6.8～8.0	红～黄橙	7.4	$1g \cdot L^{-1}$的60%乙醇溶液
苯酚红	6.8～8.4	黄～红	8.0	$1g \cdot L^{-1}$的60%乙醇溶液或其钠盐水溶液
百里酚蓝（第二次变色）	8.0～9.6	黄～蓝	8.9	$1g \cdot L^{-1}$的20%乙醇溶液
酚酞	8.0～9.6	无色～红	9.1	$1g \cdot L^{-1}$的90%乙醇溶液
百里酚酞	9.4～10.6	无色～蓝	10.0	$1g \cdot L^{-1}$的90%乙醇溶液

3. 混合指示剂

由于指示剂具有一定的变色范围，因此只有当溶液pH的改变超过一定数值，也就是说只有在酸碱滴定的化学计量点附近pH发生突跃时，指示剂才能从一种颜色突变为另一种颜色。但在某些酸碱滴定中，由于化学计量点附近pH突跃小，使用单一指示剂确定终点无法达到所需要的准确度，这时可考虑采用混合指示剂。常用的混合指示剂见表2-3。

表2-3 几种常见的混合指示剂

指示剂溶液的组成	变色时pH	颜色		备注
		酸式色	碱式色	
一份0.1%甲基黄乙醇溶液 一份0.1%亚甲基蓝乙醇溶液	3.25	蓝紫	绿	pH=3.2,蓝紫色； pH=3.4,绿色
一份0.1%甲基橙水溶液 一份0.25%靛蓝二磺酸水溶液	4.1	紫	黄绿	
一份0.1%溴甲酚绿钠盐水溶液 一份0.2%甲基橙水溶液	4.3	橙	蓝绿	pH=3.5,黄色； pH=4.05,绿色； pH=4.3,浅绿
三份0.1%溴甲酚绿乙醇溶液 一份0.2%甲基红乙醇溶液	5.1	酒红	绿	
一份0.1%溴甲酚绿钠盐水溶液 一份0.1%氯酚红钠盐水溶液	6.1	黄绿	蓝绿	pH=5.4,蓝绿色； pH=5.8,蓝色； pH=6.0,蓝带紫； pH=6.2,蓝紫
一份0.1%中性红乙醇溶液 一份0.1%亚甲基蓝乙醇溶液	7.0	紫蓝	绿	pH=7.0,紫蓝

续表

指示剂溶液的组成	变色时 pH	颜色		备注
		酸式色	碱式色	
一份 0.1%甲酚红钠盐水溶液 三份 0.1%百里酚蓝钠盐水溶液	8.3	黄	紫	pH=8.2,玫瑰红; pH=8.4,清晰的紫色
一份 0.1%百里酚蓝 50%乙醇溶液 三份 0.1%酚酞 50%乙醇溶液	9.0	黄	紫	从黄到绿,再到紫
一份 0.1%酚酞乙醇溶液 一份 0.1%百里酚酞乙醇溶液	9.9	无色	紫	pH=9.6,玫瑰红; pH=10,紫色
二份 0.1%百里酚酞乙醇溶液 一份 0.1%茜素黄 R 乙醇溶液	10.2	黄	紫	

任务1. 食用白醋中总酸度的测定

【任务描述】

学习酸碱滴定法测定食用白醋中总酸度的原理、操作及注意事项，能熟练地使用滴定分析仪器进行食用白醋中总酸度的测定操作。

【任务目标】

1. 熟悉酸碱滴定法测定食用白醋中总酸度的原理、特点；
2. 掌握酸碱滴定法测定食用白醋中总酸度的操作要点；
3. 能够准确配制和标定氢氧化钠标准溶液；
4. 能够熟练应用酸碱滴定法进行食用白醋中总酸度的测定；
5. 能够准确、整齐、简明记录实验原始数据并进行计算。

【知识准备】

一、食用白醋中总酸度

食醋中含有多种有机酸如乙酸、酒石酸、乳酸等，其中最主要的成分是乙酸，食醋中一般含有3%～5%的乙酸，乙酸俗称醋酸，是一种弱酸，化学式为CH_3COOH，通常被简写为HAc，是弱电解质。食醋的酸味强度的高低主要由其中所含醋酸量的大小所决定。

乙酸在水溶液中存在电离平衡$HAc \rightleftharpoons H + Ac^-$，它是以HAc和$Ac^-$两种形式存在。乙酸的质量是指食醋中已经解离的和未解离的乙酸的总质量。

氢氧化钠溶液滴定乙酸属于强碱滴定弱酸，产物为乙酸钠，是一种强碱弱酸盐，显弱碱性，因此这个反应的化学计量点应该在碱性范围内，经过计算，pH为8.72，在化学计量点前后，氢氧化钠溶液由滴定不足0.1%到过量0.1%，溶液的pH会从7.74增加到9.70，变化2个pH单位，形成滴定突跃。因此可用酸碱滴定法测定食用白醋中的总酸度。

二、测定原理

食醋主要成分是 HAc（有机弱酸，$K_a=1.8\times10^{-5}$），与 NaOH 反应的产物为强碱弱酸盐 NaAc：

$$HAc+NaOH=NaAc+H_2O$$

HAc 与 NaOH 反应，产物为强碱弱酸盐 NaAc，化学计量点时 pH≈8.7，滴定突跃在碱性范围内，该反应化学计量点时溶液呈弱碱性，因此选择在碱性范围内变色的指示剂酚酞（8.0～9.6），利用 NaOH 标准溶液测定 HAc 含量。

【任务实施】

食用白醋中总酸度的测定

一、实验器材

分析天平、滴定台（带滴定管夹）、碱式滴定管（50mL）、移液管（5mL）、量筒（50mL）、锥形瓶（250mL）、烧杯、称量瓶、乳胶手套等。

二、实验试剂

邻苯二甲酸氢钾（基准物质）、NaOH 标准溶液（$0.1mol\cdot L^{-1}$）、酚酞指示剂等。

三、实验步骤

1. 氢氧化钠标准溶液的标定

用减量法准确称取在 110～120℃烘至恒重的基准邻苯二甲酸氢钾 0.6～0.7g（准确至 0.1mg），放入锥形瓶中，以 50mL 不含 CO_2 的蒸馏水溶解，加入酚酞指示剂 3 滴，用 NaOH 标准溶液滴定至溶液由无色变为粉红色，且 30s 不褪色为终点。平行测定 3 次，同时做空白试验。

2. 食用白醋中总酸度的测定

用移液管吸取食用白醋试样 4.0mL，移入锥形瓶中，加入 20mL 蒸馏水稀释，加入酚酞指示剂 3 滴，用标定好的 NaOH 标准溶液滴定至试液呈粉红色，且 30s 内不褪色即为终点。平行测定 3 次，同时做空白试验，记录 NaOH 标准溶液的用量。

四、实验记录及结果处理

1. NaOH 标准溶液的标定

NaOH 标准溶液的标定如表 2-4 所示。

表 2-4 NaOH 标准溶液标定

记录项目		1	2	3	空白
$m(KHC_8O_4H_4)/g$					
NaOH 滴定管读数/mL	起点				
	终点				
NaOH 标准溶液用量	NaOH 标准溶液用量 V/mL				
	减去空白后 NaOH 标准溶液用量 V/mL				
$c(NaOH)/mol \cdot L^{-1}$					
$c_{平均值}/mol \cdot L^{-1}$					
相对平均偏差					

2. 食用白醋中总酸度的测定

食用白醋中总酸度的测定如表 2-5 所示。

表 2-5 食用白醋中总酸度的测定

记录项目		1	2	3	空白
吸取醋样体积 V_s/mL					
NaOH 滴定管读数/mL	起点				
	终点				
NaOH 标准溶液用量	NaOH 标准溶液用量 V/mL				
	减去空白后 NaOH 标准溶液用量 V/mL				
总酸度 $\rho/mg \cdot L^{-1}$					
平均值/$mg \cdot L^{-1}$					
相对平均偏差					

计算参考公式：

(1) NaOH 标准溶液浓度的计算公式

$$c=\frac{m\times 1000}{(V_1-V_0)\times 204.22}$$

式中，m 为邻苯二甲酸氢钾的质量，g；V_1 为氢氧化钠标准溶液的用量，mL；V_0 为空白试验氢氧化钠标准溶液的用量，mL；204.22 为邻苯二甲酸氢钾的摩尔质量，$g \cdot mol^{-1}$；c 为氢氧化钠标准溶液的浓度，$mol \cdot L^{-1}$。

(2) 食用白醋中总酸度的计算公式

$$\rho=\frac{c_{NaOH}V_{NaOH}M}{V_s}$$

式中，c_{NaOH} 为氢氧化钠标准溶液的浓度，$mol \cdot L^{-1}$；V_{NaOH} 为减去空白后氢氧化钠标准溶液的用量，mL；M 为醋酸的摩尔质量，$g \cdot mol^{-1}$；V_s 为吸取白醋的体积，L；ρ 为白醋的总酸度，$mg \cdot L^{-1}$。

五、注意事项

1. 注意食用白醋量取后应立即将试剂瓶盖好，防止挥发。

2. 滴定时，不要只看滴定管上部的刻度，而不顾下面锥形瓶中滴定反应的进行。

3. 滴定速度不能过快，不要滴成水流，以免溶液局部过浓，反应不完全。

4. 开始时应边摇边滴，滴定速度控制为每秒3～4滴，接近终点时应改为每加1滴摇几下，最后每加半滴摇动锥形瓶，加半滴溶液的方法是先松开拇指和食指，将悬挂的半滴溶液沾在锥形瓶内壁上，以避免出口管尖端出现气泡。

5. 近终点时注意观察溶液滴落点周围溶液颜色的变化，直至溶液出现明显的颜色变化，准确到达终点为止。

6. 每次滴定最好都从0.00mL处开始，或从零附近的某一固定刻度线开始，这样可固定使用滴定管的某一段，以减少体积误差。

【学习延展】

溶液及溶液浓度的表示方法

溶液是由两种或多种组分所组成的均匀体系。所有溶液都是由溶质和溶剂组成的，溶剂是一种介质，在其中均匀分布着溶质的分子或离子。溶剂和溶质的量十分准确的溶液叫标准溶液，而把溶质在溶液中所占的比例称作溶液的浓度。

根据用途的不同，溶液浓度有多种表示方法，如物质的量浓度、质量摩尔浓度等。

一、物质的量浓度

物质的量浓度是指1L溶液中所含溶质的物质的量，又称体积摩尔浓度。以符号 c_B 表示，单位是 $mol \cdot L^{-1}$。

$$c_B = \frac{n_B}{V}$$

二、质量摩尔浓度

质量摩尔浓度是指1kg溶剂中所含溶质的物质的量。以 b_B 表示，即 b_B＝溶质的物质的量/溶剂的质量，单位是 $mol \cdot kg^{-1}$。用质量摩尔浓度来表示溶液的组成，优点是其值不受温度的影响，缺点是使用不方便。

$$b_B = \frac{n_B}{m_A}$$

三、质量百分浓度

质量百分浓度是指100g溶液中含有溶质的克数，如10%氢氧化钠溶液，就是100g溶液中含10g氢氧化钠。如果溶液中含百万分之几的溶质，用ppm表示，如$5ppm=5\times10^{-4}\%$，如果溶液中含十亿分之几的溶质，用ppb表示，1ppm＝1000ppb。ppm和ppb目前已较少使用。

四、体积百分浓度

体积百分浓度是指100mL溶液中所含溶质的体积（mL）数，如75%酒精，就是100mL溶液中含有75mL乙醇。

五、体积比浓度

体积比浓度是指用溶质与溶剂的体积比表示的浓度。如1∶1盐酸，即表示1体积量的盐酸和1体积量的水混合的溶液。

六、滴定度

在生产单位的例行分析中，为了简化计算，通常用滴定度表示标准溶液的浓度。滴定度是指每毫升标准溶液相当于被测物质的质量，常用$T_{待测物/滴定剂}$表示，单位为$g\cdot mL^{-1}$。如$T_{Fe/K_2Cr_2O_7}=0.005000g\cdot mL^{-1}$，表示1mL $K_2Cr_2O_7$标准溶液相当于0.005000g Fe，也就是说1mL $K_2Cr_2O_7$标准溶液恰好能与0.005000g Fe^{2+}反应：

$$6Fe^{2+}+Cr_2O_7^{2-}+14H^+ \rightleftharpoons 6Fe^{3+}+2Cr^{3+}+7H_2O$$

如果在滴定中消耗该$K_2Cr_2O_7$标准溶液21.50mL，则被滴定溶液中含铁的质量为：$m(Fe)=0.005000\times21.50=0.1075g$

滴定度与物质的量浓度之间可以换算。基于$K_2Cr_2O_7$与Fe^{2+}的反应，上例中物质的量浓度为：

$$c_{K_2Cr_2O_7}=\frac{T\times10^3}{M_{Fe}\times6}=0.01492mol\cdot L^{-1}$$

滴定度的优点是，只要将滴定时所消耗的标准溶液的体积乘以滴定度，就可以直接得到被测物质的质量。这在生产单位的例行分析中非常方便。

任务 2. 工业混合碱的测定

【任务描述】

学习酸碱滴定法测定工业混合碱的原理、操作及注意事项，能熟练地使用滴定分析仪器进行工业混合碱分析测定操作。

【任务目标】

1. 熟悉酸碱滴定法测定工业混合碱的原理、特点；
2. 掌握酸碱滴定法测定工业混合碱的操作要点；
3. 能够准确标定盐酸标准溶液；
4. 能够熟练应用双指示剂法进行工业混合碱的测定；
5. 能够准确、整齐、简明记录实验原始数据并进行计算。

【知识准备】

一、概述

工业混合碱是指 Na_2CO_3 与 NaOH 或 $NaHCO_3$ 与 Na_2CO_3 的混合物。欲测定混合碱中各组分的含量，可用 HCl 标准溶液滴定，根据滴定过程中 pH 变化的情况，选用两种不同的指示剂分别指示第一、第二计量点，这种测定方法常称为“双指示剂法”。

双指示剂法测定混合碱

二、测定原理

在工业混合碱试样中加入酚酞指示剂，此时溶液呈红色，用 HCl 标准溶液滴定到溶液由红色恰好变为无色时，则试液中所含 NaOH 完全被中和，Na_2CO_3 则被中和到 $NaHCO_3$。若溶液中含 $NaHCO_3$，则未被滴定，反应如下：

$$NaOH + HCl \longrightarrow NaCl + H_2O$$

$$Na_2CO_3 + HCl \longrightarrow NaCl + NaHCO_3$$

设滴定用去的 HCl 标准溶液的体积为 V_1(mL)，再加入甲基橙指示剂，继续用

HCl 标准溶液滴定到溶液由黄色变为橙色。此时试液中的 $NaHCO_3$（可能为 Na_2CO_3 第一步被中和生成的或是试样中含有的）被中和成 CO_2 和 H_2O。

$$NaHCO_3 + HCl = NaCl + CO_2\uparrow + H_2O$$

此时，消耗的 HCl 标准溶液（即第一计量点到第二计量点消耗）的体积记为 V_2(mL)。

当 $V_1 > V_2$ 时，试样为 Na_2CO_3 与 NaOH 的混合物，中和 Na_2CO_3 所需 HCl 溶液是分两批加入的，两次用量应该相等。即滴定 Na_2CO_3 所消耗的 HCl 溶液的体积为 $2V_2$，而中和 NaOH 所消耗的 HCl 溶液的体积为 $V_1 - V_2$。

酚酞指示剂变色时，发生下列反应：

$$NaOH + HCl = NaCl + H_2O \quad (1)$$

$$Na_2CO_3 + HCl = NaCl + NaHCO_3 \quad (2)$$

甲基橙指示剂变色时，发生下列反应：

$$NaHCO_3 + HCl = NaCl + CO_2\uparrow + H_2O$$

故计算 NaOH 和 Na_2CO_3 的含量公式应为：

$$NaOH\% = \frac{(V_1 - V_2) \times c_{HCl} \times M_{NaOH}}{1000m_s} \times 100\%$$

$$Na_2CO_3\% = \frac{V_2 \times c_{HCl} \times M_{Na_2CO_3}}{1000m_s} \times 100\%$$

式中，m_s 为工业混合碱试样质量，g。

当 $V_1 < V_2$ 时，试样为 Na_2CO_3 与 $NaHCO_3$ 的混合物，此时 V_1 为中和 Na_2CO_3 时所消耗的 HCl 溶液的体积，中和混合物中原有的 $NaHCO_3$ 消耗的 HCl 溶液的体积为 $V_2 - V_1$。

混合碱分析

酚酞指示剂变色时，发生下列反应：

$$Na_2CO_3 + HCl = NaCl + NaHCO_3$$

甲基橙指示剂变色时，发生下列反应：

$$NaHCO_3 + HCl = NaCl + CO_2\uparrow + H_2O$$

甲基橙指示剂变色时，参加反应的 $NaHCO_3$ 包含两部分，一部分是酚酞指示剂变色时 Na_2CO_3 生成的 $NaHCO_3$，另一部分是混合物中原有的 $NaHCO_3$。

故计算 $NaHCO_3$ 和 Na_2CO_3 含量的公式为：

$$NaHCO_3\% = \frac{(V_2 - V_1) \times c_{HCl} \times M_{NaHCO_3}}{1000m_s} \times 100\%$$

$$Na_2CO_3\% = \frac{V_1 \times c_{HCl} \times M_{Na_2CO_3}}{1000m_s} \times 100\%$$

式中，m_s 为工业混合碱试样质量，g。

【任务实施】

工业混合碱的测定

一、实验器材

分析天平、滴定台（带滴定管夹）、酸式滴定管（50mL）、锥形瓶（250mL）、烧杯（100mL）、电炉、称量瓶、乳胶手套等。

二、实验试剂

无水碳酸钠（基准试剂）、HCl 标准溶液（$0.1mol \cdot L^{-1}$）、甲基橙指示剂（0.1%）、酚酞指示剂（1%）、溴甲酚绿-甲基红混合指示剂（3∶1）、工业混合碱试样溶液等。

三、实验步骤

1. 盐酸标准溶液的标定

用减量法准确称取 0.2g（准确至 0.1mg）无水碳酸钠基准物质于锥形瓶中，加入 50mL 蒸馏水溶解，加入 10 滴溴甲酚绿-甲基红混合指示剂，用 HCl 标准溶液滴定至溶液由绿色变为暗红色，煮沸 2min，冷却后继续滴定到溶液再次呈暗红色，即为终点。记下所消耗 HCl 标准溶液的体积。平行测定 3 次，同时做空白试验。

2. 工业混合碱分析

准确移取 25.0mL 工业混合碱试样溶液于 250mL 锥形瓶中，加 3 滴酚酞指示剂，用 HCl 标准溶液滴至溶液呈无色，记录用去 HCl 标准溶液的体积 V_1；再加入 3 滴甲基橙指示剂，用 HCl 标准溶液继续滴至溶液由黄色变为橙色，记录用去的 HCl 标准溶液的体积 V_2。平行测定 3 次，同时做空白试验。

根据消耗 HCl 标准溶液的体积 V_1 与 V_2 的关系，确定混合碱的组成，并计算出各组分的含量。

四、实验记录及结果处理

1. 盐酸标准溶液的标定

盐酸标准溶液的标定见表 2-6。

表 2-6 盐酸标准溶液的标定

记录项目		1	2	3	空白
$m(Na_2CO_3)/g$					
HCl 标准溶液滴定管读数/mL	起点				
	终点				
HCl 标准溶液用量	HCl 标准溶液用量 V/mL				
	减去空白后 HCl 标准溶液用量 V/mL				
$c(HCl)/mol \cdot L^{-1}$					
$c_{平均值}/mol \cdot L^{-1}$					
相对平均偏差					

2. 工业混合碱的分析

工业混合碱的分析见表 2-7。

表 2-7　工业混合碱的分析

记录项目		1	2	3	空白
吸取混合碱试样 V_s/mL					
HCl 标准溶液滴定管读数/mL	起点				
	终点				
HCl 标准溶液用量 V/mL	第一个变色点 HCl 标准溶液用量 V_1(减去空白)				
	第二个变色点 HCl 标准溶液用量 V_2(减去空白)				
混合碱成分及含量					

五、注意事项

1. 混合碱是由 NaOH 和 Na_2CO_3 组成时，酚酞指示剂可适量多加几滴，否则常因滴定不完全而使 NaOH 的测定结果偏低，Na_2CO_3 的结果偏高。

2. 用酚酞作为指示剂时，摇动要均匀，滴定要慢些，否则溶液中 HCl 局部过量，会与溶液中的 $NaHCO_3$ 发生反应，产生 CO_2，带来滴定误差。但滴定也不能太慢，以免溶液吸收空气中的 CO_2。

3. 用甲基橙作为指示剂时，因 CO_2 易形成过饱和溶液，酸度增大，使终点过早出现，所以在滴定接近终点时，应剧烈地摇动溶液或加热，以除去过量的 CO_2，待冷却后再滴定。

【学习延展】

常用化学试剂的分类与存放

一、化学试剂的分类

化学试剂是指具有一定纯度标准的各种单质或化合物（也可以是混合物）。试剂分类的方法较多。如按状态可分为固体试剂、液体试剂、气体试剂。按用途可分为通用试剂、专用试剂。按类别可分为无机试剂、有机试剂。按性能可分为危险试剂、非危险试剂等。

从试剂的贮存和使用角度常按类别和性能两种方法对试剂进行分类。

1. 无机试剂和有机试剂

这种分类方法与化学的物质分类一致，既便于识别、记忆，又便于贮存、取用。

无机试剂按单质、氧化物、碱、酸、盐分出大类后，再考虑性质进行分类。

有机试剂则按烃类、烃的衍生物、糖类、蛋白质、高分子化合物、指示剂等进行分类。

2. 危险试剂和非危险试剂

这种分类既注意到实用性，更考虑到试剂的特征性质。因此，既便于安全存放，也便于实验工作者在使用时遵守安全操作规则。

(1) 危险试剂

根据危险试剂的性质和贮存要求可分为以下几类。

易燃试剂：易燃试剂指在空气中能够自燃或遇其他物质容易引起燃烧的化学物质。由于存在状态或引起燃烧的原因不同常可分为：

① 易自燃试剂：如黄磷等。

② 遇水燃烧试剂：如钾、钠、碳化钙等。

③ 易燃液体试剂：如苯、汽油、乙醚等。

④ 易燃固体试剂，如硫、红磷、铝粉等。

易爆试剂：易爆试剂指受外力作用发生剧烈化学反应而引起燃烧爆炸，同时能放出大量有害气体的化学物质，如氯酸钾等。

毒害性试剂：毒害性试剂指对人或生物以及环境有强烈毒害性的化学物质，如溴、甲醇、汞、三氧化二砷等。

氧化性试剂：氧化性试剂指对其他物质能起氧化作用而自身被还原的物质，如过氧化钠、高锰酸钾、重铬酸铵、硝酸铵等。

腐蚀性试剂：指具有强烈腐蚀性，对人体或其他物品能因腐蚀作用发生破坏现象，甚至引起燃烧、爆炸或伤亡的化学物质，如强酸、强碱、无水氯化铝、甲醛、苯酚、过氧化氢等。

(2) 非危险试剂

根据非危险试剂的性质与储存要求可分为以下几类。

遇光易变质的试剂：遇光易变质的试剂指受光线照射的影响，易引起试剂本身分解变质，或促使试剂与空气中的成分发生化学变化的物质，如硝酸、硝酸银、硫化铵、硫酸亚铁等。

遇热易变质的试剂：遇热易变质的试剂多为生物制品及不稳定的物质，在高温中就可发生分解、发霉、发酵，有的常温也如此，如硝酸铵、碳铵、琼脂等。

易冻结试剂：易冻结试剂的熔点或凝固点都在气温变化以内，当气温高于其熔点，或下降到凝固点以下时，则试剂由于熔化或凝固而发生体积的膨胀或收缩，易造成试剂瓶的炸裂，如冰醋酸、硫酸钠晶体、碘酸钠晶体以及溴的水溶液等。

易风化试剂：易风化试剂本身含有一定比例的结晶水，通常为晶体。常温时在干燥的空气中（一般相对湿度在70%以下）可逐渐失去部分或全部结晶水而变成粉末，使用时不易掌握其含量，如结晶碳酸钠、结晶硫酸铝、结晶硫酸镁、胆矾、明矾等。

易潮解试剂：易潮解试剂易吸收空气中的潮气（水分）产生潮解、变质，外形改变，含量降低甚至发生霉变等，如氯化铁、无水乙酸钠、甲基橙、琼脂、还原铁粉、铝银粉等。

二、化学试剂的等级标准

化学试剂按含杂质的多少分为不同的级别，以适应不同的需要。为了方便在同种试剂的多种不同级别中迅速选用所需试剂，还规定不同级别的试剂用不同颜色的标签印制。我国目前试剂的规格一般分为5个级别，级别序号越小，试剂纯度越高。

一级纯：用于精密化学分析和科研工作，又叫保证试剂。符号为GR，标签为绿色。

二级纯：用于分析实验和研究工作，又叫分析纯试剂。符号为AR，标签为红色。

三级纯：用于化学实验，又叫化学纯试剂。符号为CP，标签为蓝色。

四级纯：用于一般化学实验，又叫实验试剂。符号为LR，标签为黄色。

工业纯：工业产品，也可用于一般的化学实验。符号为TP。

但近年来，标签的颜色对应试剂级别已不是十分准确。所以主要应以标签印示的级别和符号选用。同一种试剂，纯度不同，其规格不同，价格相差很大。另外，在一些特殊的仪器设备和实验中，还要用到一些专用的试剂，如光谱纯试剂、色谱纯试剂等。所以必须根据实验要求，选择适当规格的试剂，做到既保证实验效果，又防止浪费。

三、部分特殊试剂的存放和注意事项

1. 易燃固体试剂

（1）黄磷

黄磷又名白磷，应存放于盛水的棕色广口瓶里，水应保持将磷全部浸没；再将试剂瓶埋在盛硅石的金属罐或塑料筒里。取用时，因其易氧化，燃点又低，有剧毒，能灼伤皮肤。故应在水下面用镊子夹住，小刀切取。掉落的碎块要全部收回，防止抛撒。

（2）红磷

红磷又名赤磷，应存放在棕色广口瓶中，务必保持干燥。取用时要用药匙，勿近火源，避免和灼热物体接触。

（3）钠、钾

金属钠、钾应存放于无水煤油、液体石蜡或甲苯的广口瓶中，瓶口用塞子塞紧。若用软木塞，还需涂石蜡密封。取用时切勿与水或溶液相接触，否则易引起火灾。

2. 易挥发出有腐蚀气体的试剂

（1）液溴

液溴密度较大，极易挥发，蒸气极毒，皮肤溅上溴液后会造成灼伤。故应将液溴贮存在密封的棕色磨口细口瓶内，为防止其扩散，一般要在溴的液面上加水起到封闭作用。再将液溴的试剂瓶盖紧放于塑料筒中，置于阴凉不易碰翻处。

取用时，要用胶头滴管伸入水面下液溴中迅速吸取少量后，密封放回原处。

（2）浓氨水

浓氨水极易挥发，要用塑料塞和螺旋盖的棕色细口瓶盛放，贮放于阴凉处。使用时，开启浓氨水的瓶盖要十分小心。因瓶内气体压力较大，有可能冲出瓶口使氨液外溅。所以要用塑料薄膜等遮住瓶口，使瓶口不要对着任何人，再开启瓶塞。特别是气温较高的夏天，可先用冷水降温后再启用。

(3) 浓盐酸

浓盐酸极易放出氯化氢气体，具有强烈刺激性气味。所以应盛放于磨口细口瓶中，置于阴凉处，要远离浓氨水贮放。

取用或配制这类试剂的溶液时，若量较大，接触时间又较长时，还应戴上防毒口罩。

3. 易燃液体试剂

乙醇、乙醚、二硫化碳、苯、丙醇等沸点很低，极易挥发，又易着火，故应盛于既有塑料塞又有螺旋盖的棕色细口瓶里，置于阴凉处，取用时勿近火种。其中常在二硫化碳的瓶中注少量水，起“水封”作用。因为二硫化碳沸点极低，为46.3℃，密度比水大，为1.26g·cm^{-3}，且不溶于水，水封保存能防止挥发。常在乙醚的试剂瓶中，加少量铜丝，可防止乙醚因变质而生成易爆的过氧化物。

4. 易升华的物质

易升华的物质有多种，如碘、干冰、萘、蒽、苯甲酸等。其中碘片升华后，其蒸气有腐蚀性，且有毒。所以这类固体物质均应存放于棕色广口瓶中，密封放置于阴凉处。

5. 剧毒试剂

剧毒试剂常见的有氰化物、砷化物、汞化合物、铅化合物、可溶性钡的化合物以及汞、黄磷等。这类试剂要求与酸类物质隔离，放于干燥、阴凉处，专柜加锁。取用时应在指导下进行。

6. 易变质的试剂

(1) 固体碱

氢氧化钠或氢氧化钾极易潮解并可吸收空气中的二氧化碳而变质不能使用。所以应当保存在广口瓶或塑料瓶中，塞子用蜡涂封。特别要注意避免使用玻璃塞子，以防黏结。

(2) 碱石灰、生石灰、碳化钙（电石）、五氧化二磷、过氧化钠等

这类试剂都易与水蒸气或二氧化碳发生作用而变质，它们均应密封贮存。特别是取用后，注意将瓶塞塞紧，放置干燥处。

(3) 硫酸亚铁、亚硫酸钠、亚硝酸钠等

这类试剂具有较强的还原性，易被空气中的氧气等氧化而变质。要密封保存，并尽可能减少与空气的接触。

(4) 过氧化氢、硝酸银、碘化钾、浓硝酸、亚铁盐、三氯甲烷（氯仿）、苯酚、苯胺等

这类试剂受光照后会变质，有的还会放出有毒物质。它们均应按其状态保存在不同的棕色试剂瓶中，且避免光线直射。

项目三 配位滴定法

【学习目标】

❖ **知识目标：**

1. 熟悉配位滴定曲线的意义和用途；
2. 熟悉金属指示剂变色原理；
3. 掌握提高配位滴定选择性的方法；
4. 掌握配位滴定法测定的原理、方法和相关计算。

❖ **能力目标：**

1. 能够准确配制和标定配位滴定法所用标准溶液；
2. 能够熟练应用配位滴定法进行测定分析；
3. 能够准确、整齐、简明记录实验原始数据并进行计算。

配位滴定法

一、概述

配位滴定法是以配位反应为基础的一种滴定分析法，可用于对金属离子进行测定。

目前在配位滴定法中最广泛使用的是氨羧配位剂，它是以氨基二乙酸-N$(CH_2COOH)_2$为基体的有机配位剂，以N、O为配位原子，能与大多数金属离子形成稳定的可溶性配合物。因为其结构中的胺氮和羧氧均具有孤对电子，因此容易与金属形成配合物，其中应用最为广泛的配位剂是乙二胺四乙酸。

乙二胺四乙酸简称EDTA，以H_4Y表示。由于它在水中溶解度小（22℃时每100mL水可溶解0.02g），通常用它的二钠盐$Na_2H_2Y \cdot 2H_2O$，也简称EDTA或EDTA二钠盐。EDTA二钠盐在水中溶解度较大，22℃时每100mL水可溶解11.2g，此时溶液浓度约为$0.3mol \cdot L^{-1}$，pH约为4.4。

EDTA与绝大多数金属离子形成配合物，具有下列特点：

(1) EDTA与大多数金属离子可形成1∶1型的配合物，只有极少数金属离子如钼（Ⅵ）和锆（Ⅳ）等除外。

(2) EDTA 形成的配合物十分稳定，且水溶性极好，配位滴定可以在水溶液中进行。

二、滴定曲线

与酸碱滴定类似，在用配位剂 Y 滴定金属离子 M 时，随着滴定剂的加入，溶液中 M 的浓度不断降低，pM（金属离子溶液浓度的对数值的负值）值不断增大，达到化学计量点附近时，溶液的 pM 值发生突变。由此可见，讨论滴定过程中金属离子浓度的变化规律，即滴定曲线与影响 pM 突跃的因素是极其重要的。在没有任何副反应存在时，配合物 MY 的稳定常数用 K_{MY} 表示，该值不受溶液浓度、酸度等外界条件影响，又称绝对稳定常数。但当 M 和 Y 的配位反应在一定的酸度条件下进行，并且有 EDTA 以外的其他配体存在时，将会引起副反应，从而影响主反应的进行。此时稳定常数 K_{MY} 不能客观反映主反应的进行程度，此时稳定常数用条件稳定常数 K'_{MY}代替。因此配位滴定过程中滴定曲线的两个主要影响因素为条件稳定常数 K'_{MY}和金属离子浓度。

当反应达到平衡时，可以得到以 [M′]、[Y′] 及 [MY] 表示的配合物的稳定常数——条件稳定常数 K'_{MY}。

$$K'_{MY}=\frac{[MY]}{[M'][Y']}$$

式中，[MY] 为金属离子与 EDTA 配位的浓度总和；[M′] 为未与 EDTA 配位的金属离子总浓度；[Y′] 为未与 M 配位的 EDTA 型体浓度的总和。

在化学计量点时，$[M']_{sp}=[Y']_{sp}$，只要配合物足够稳定，可得：

$$[M']_{sp}=\sqrt{\frac{c_{sp}(M)}{K'(MY)}}$$

整理即可得到：

$$pM'_{sp}=\frac{[\lg K'(MY)+pc_{sp}(M)]}{2}$$

上式即为计算化学计量点时 pM'_{sp}值的公式。

假设用 $0.01mol\cdot L^{-1}$EDTA 滴定金属离子，若 $\lg K'_{MY}=10$，$c_{sp}(M)$分别是 $10^{-5}\sim 1mol\cdot L^{-1}$，分别用等浓度的 EDTA 滴定，所得的滴定曲线如图 3-1 所示。

当 $\lg K'_{MY}$分别是 2、4、6、8、10、12 时，计算出相应的滴定曲线，如图 3-2 所示。

配位滴定曲线的形状（滴定突跃范围）受 $c_{sp}(M)$和 K'_{MY}控制。当浓度 $c_{sp}(M)$比较大时，滴定曲线的起点较低；K'_{MY}较大时，滴定曲线的终点比较高。滴定突跃范围随 $c_{sp}(M)$和 K'_{MY}的变大而变大。

三、提高配位滴定选择性的方法

实际的分析对象中往往有多种金属离子共存，而 EDTA 又能与很多金属离子形成稳定的配合物，所以在滴定某一金属离子时常常受到共存离子的干扰。为了减少或消除共存离子的干扰，在实际滴定中，常采用下列方法。

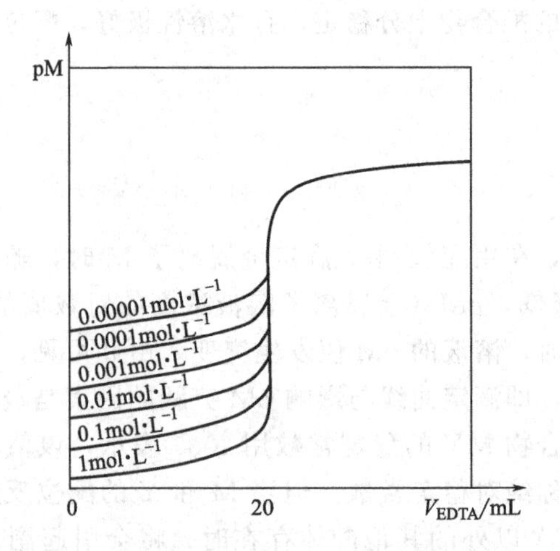

图 3-1 不同浓度 EDTA 与 M 的滴定曲线

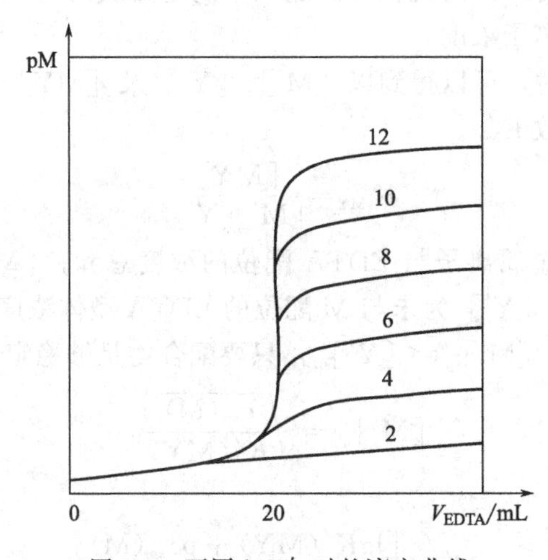

图 3-2 不同 $\lg K'_{MY}$ 时的滴定曲线

1. 控制酸度

当溶液中存在多种金属离子时，有时候它们可能会被同时滴定。当溶液中只含有两种浓度很接近的金属离子 M 和 N 时，它们均可与 EDTA 形成配合物，如果 $K'_{MY}>K'_{NY}$，那么 M 要先于 N 被滴定。如果 M 已经被滴定完全之后，EDTA 才与 N 发生反应，这样，N 的存在并不干扰 M 的准确滴定，两种金属离子的 EDTA 配合物的条件稳定常数相差越大，被测金属离子浓度 c_M 越大，共存离子浓度 c_N 越小，则在 N 存在下准确滴定 M 的可能性就越大。

当滴定突跃范围要求 $\Delta pM'=0.2$，误差要求 0.3%时，干扰离子 N 存在下选择滴定 M 的条件是：

$$\frac{c_M K'_{MY}}{c_N K'_{NY}} \geqslant 10^5$$

即：
$$\Delta \lg(cK)=\lg(c_M K'_{MY})-\lg(c_M K'_{NY}) \geqslant 5$$

例如当溶液中有 Bi^{3+} 和 Pb^{2+} 时，假设二者的浓度均为 0.01mol·L^{-1}，查找数

据可知 $\lg(cK)=9.90$，因此用EDTA滴定时可选择滴定Bi^{3+}，而Pb^{2+}不干扰。再根据相应计算公式，求得滴定时所需酸度范围。

2. 加入掩蔽剂

当配位滴定中不能通过控制溶液酸度的方法消除干扰时，需要加入掩蔽剂来提高选择性。常用的掩蔽方法有以下几种。

(1) 配位掩蔽法

配位掩蔽法为向待测溶液中加入另一种配位剂，使干扰金属离子与该掩蔽剂生成稳定的配合物，以消除其干扰的方法。

这是一种常用的掩蔽方法。例如Al^{3+}与F^-形成稳定的配合物，因此在测定Mg^{2+}、Al^{3+}混合物中的Mg^{2+}时，可用F^-掩蔽Al^{3+}，然后再用EDTA滴定Mg^{2+}。

(2) 沉淀掩蔽法

沉淀掩蔽法为向溶液中加入适当的沉淀剂，使干扰金属离子生成沉淀而消除影响。例如用EDTA滴定Ca^{2+}时，加入强碱与Mg^{2+}形成$Mg(OH)_2$沉淀而不干扰Ca^{2+}的滴定。

(3) 氧化还原掩蔽法

氧化还原掩蔽法是加入某些试剂来改变干扰离子的价态以消除干扰。例如，Cr^{3+}对配位滴定有干扰，但CrO_4^{2-}、$Cr_2O_7^{2-}$对滴定没有干扰，故将Cr^{3+}氧化为$Cr_2O_7^{2-}$后，就可消除其干扰。

四、金属离子指示剂

1. 金属离子指示剂的作用原理

在配位滴定中可用各种方法指示终点，但最简便、使用最广泛的是金属离子指示剂。金属离子指示剂是一种有机染料，它们作为配位剂可以与待测金属离子M发生配位反应，生成一种与染料本身颜色显著不同的配合物。它与金属离子的反应可表示为 $M+In \rightleftharpoons MIn$

其稳定常数：

$$K=\frac{[MIn]}{[M][In]}$$

下面我们以铬黑T（EBT）为指示剂，用EDTA滴定Mg^{2+}为例来讨论金属离子指示剂的变色原理。

当EDTA滴定Mg^{2+}时，开始时，溶液中有大量的Mg^{2+}。指示剂铬黑T（少量）和小部分的Mg^{2+}结合，显现Mg·EBT的红色。

$$Mg^{2+}+EBT \rightleftharpoons Mg\cdot EBT$$

随着EDTA的加入，EDTA逐渐与Mg^{2+}配位，形成稳定的配合物Mg·EDTA。

$$Mg^{2+}+EDTA \rightleftharpoons Mg\cdot EDTA$$

滴定到化学计量点附近的时候，溶液的Mg^{2+}已经基本上被消耗完全，由于Mg·EDTA比Mg·EBT稳定，过量的EDTA可以从Mg·EBT中将金属离子Mg^{2+}夺取出来，使得溶液变为蓝色。

$$\underset{红}{Mg\cdot EBT} + EDTA \rightleftharpoons Mg\cdot EDTA + \underset{蓝}{EBT}$$

2. 金属离子指示剂应具备的条件

(1) 在滴定要求的 pH 条件下，In 和 MIn 要具有明显的颜色变化。

例如铬黑 T：

$$\underset{紫红}{H_2EBT^-} \xrightarrow{pH=6.3} \underset{蓝}{HEBT^{2-}} \xrightarrow{pH=11.6} \underset{橙}{EBT^{3-}}$$

由于 MEBT 一般为红色，当 pH＜6.3 时指示剂显紫红色，pH＞11.6 时指示剂显橙色，都会对滴定产生影响。因此使用铬黑 T 的酸度范围至少应该控制在 pH＝6.3～11.6。

(2) 金属离子与指示剂形成有色配合物的显色反应要灵敏，在金属离子浓度很小时，仍能呈现明显的颜色。

(3) 金属离子与指示剂的配合物 MIn 应有适当的稳定性，金属离子指示剂对金属离子的配位能力要弱于 EDTA 与金属离子的配位能力。否则 EDTA 不能从 MIn 中夺取 M，导致即使过了化学计量点也不变色，失去指示剂的作用。但 MIn 的稳定性也不能太低，否则终点变色不灵敏。

3. 金属指示剂使用时应注意的现象

(1) 封闭现象

指示剂封闭

某些金属离子与指示剂形成的配合物比其与 EDTA 的配合物更稳定。如果溶液中存在着这些金属离子，即使滴定已经到达计量点，甚至过量，EDTA 也不能夺取 MIn 配合物中的金属离子而使游离的指示剂 In 释放出来，因而看不到滴定终点应有的颜色突变。这种现象称为指示剂的封闭现象。如果是被测离子导致的封闭，应选择更适宜的指示剂；如果是由共存的其他金属离子导致的封闭，则应采取适当的掩蔽剂掩蔽干扰离子以消除影响。

(2) 僵化现象

指示剂僵化

有些指示剂或 MIn 配合物在水中的溶解度较小，或因 MIn 只稍逊于 MY 的稳定性，致使 EDTA 与 MIn 之间的置换反应速率缓慢，终点拖长或颜色变化很不敏锐。这种现象称为指示剂的僵化现象。克服僵化现象的措施是选择更合适的指示剂或适当加热，提高配合物的溶解度并加快滴定终点时置换反应的速度（接近终点时放慢滴定速度并剧烈振荡）。

(3) 氧化变质现象

金属指示剂大多是分子中含有许多双键的有机染料，易被日光、空气和氧化剂所分解；有些指示剂在水溶液中不稳定，日久会因氧化或聚合而变质。这种现象称为指示剂的氧化变质现象。克服氧化变质现象的措施一般有两种：一是加入适宜的还原剂防止其氧化，或加入三乙醇胺以防止其聚合；二是配成固体混合物，即以 NaCl 为稀释剂，按质量比 1∶100 配成固体混合物使用，这样减小氧化变质的速度，可以保存更长的时间。

4. 常见的金属离子指示剂

常见的几种金属离子指示剂及其性质见表 3-1。

表 3-1 常见的几种金属离子指示剂及其性质

指示剂名称	使用 pH 范围	颜色变化		直接滴定的离子	配制方法
		MIn	In		
铬黑 T	8～10	红	蓝	pH＝10：Zn^{2+}、Pb^{2+}、Mg^{2+}、Ca^{2+}、In^{3+}、稀土元素离子（Cu^{2+}、Ni^{2+}、Co^{2+}、Al^{3+}、Fe^{3+}、Ti^{4+}、铂族封闭）	1∶100 NaCl 研磨
酸性铬蓝 K	8～13	红	蓝	pH＝10：Zn^{2+}、Mg^{2+}、Mn^{2+} pH＝13：Ca^{2+}	1∶100 NaCl 研磨
钙指示剂	10～13	红	蓝	pH＝12～13：Ca^{2+} （Cu^{2+}、Ni^{2+}、Co^{2+}、Al^{3+}、Fe^{3+} 封闭）	1∶100 NaCl 研磨
PAN	2～12	红	黄（或黄绿）	pH＝2～3：Bi^{3+}、Th^{4+}、In^{3+} pH＝4～5：Cu^{2+}、Ni^{2+}、Zn^{2+}、Cd^{2+}、稀土元素离子	0.1% 乙醇溶液
磺基水杨酸	1.5～2.5	紫红	无色	pH＝1.5～2.5：Fe^{3+}	2%水溶液
二甲酚橙	＜6	紫红	亮黄	pH＜1：ZrO^{2+} pH 1～2：Bi^{3+} pH 2.5～3.5：Th^{4+} pH 3～6：Zn^{2+}、Pb^{2+}、Cd^{2+}、Hg^{2+}、稀土元素离子	0.5%水溶液

任务 1. 饮用水总硬度的测定

【任务描述】

学习配位滴定法测定饮用水总硬度的原理、操作及注意事项，能熟练地使用滴定分析仪器进行饮用水总硬度测定操作。

【任务目标】

1. 熟悉金属指示剂变色原理及滴定终点的判断；
2. 掌握用配位滴定法测定水的总硬度的原理、方法和相关计算；
3. 能够准确配制和标定 EDTA 标准溶液；
4. 能够熟练应用配位滴定法进行饮用水总硬度的测定；
5. 能够准确、整齐、简明记录实验原始数据并进行计算。

【知识准备】

一、概述

1. 水硬度的概念

水的总硬度是指水中钙和镁离子的总含量。各国对水的硬度的表示方法各有不同，我国使用较多的表示方法有两种：一种是将所测得的钙、镁折算成 CaO 的质量，即每升水中含有 CaO 的质量（mg）表示，单位为 $mg \cdot L^{-1}$；另一种以度计，1 硬度单位表示 10 万份水中含 1 份 CaO（即每升水中含 10mg CaO），这种硬度的表示方法称作德国度。也有用每升水中以碳酸钙计量的硬度。

一般地，硬度低于 8 度的水称为软水，高于 8 度的称为硬水。世界卫生组织制定的《饮用水标准》中规定，饮用水的硬度不能超过 28 度，我国饮用水的水质标准规定，水的硬度不得超过 25 度［《生活饮水卫生标准》(GB 5749-2006) 规定总硬度（以碳酸钙计）不得超过 $450mg \cdot L^{-1}$］，如大于 25 度，会引起机体中无机盐代谢的紊乱，从而影响健康。饮用水的理想硬度为轻度硬水和中度硬水，这种水不但味道好，而且对身体健康有益。除了对饮用水的总硬度有一定的要求之外，各种工业用水对水的总硬度也有不同的要求。

2. 水硬度的分类

水的总硬度包括暂时硬度和永久硬度，由 Mg^{2+} 形成的硬度称为“镁硬”，由 Ca^{2+} 形成的硬度称为“钙硬”。

水中 Ca^{2+}、Mg^{2+} 以酸式碳酸盐形式存在的称为暂时硬度，遇热即成碳酸盐沉淀。反应如下：

$$Ca(HCO_3)_2 = CaCO_3 \text{（完全沉淀）} + H_2O + CO_2 \uparrow$$

$$Mg(HCO_3)_2 = MgCO_3 \text{（不完全沉淀）} + H_2O + CO_2 \uparrow$$

$$MgCO_3 + H_2O = Mg(OH)_2 \downarrow + CO_2 \uparrow$$

水中 Ca^{2+}、Mg^{2+} 若以硫酸盐、硝酸盐和氯化物形式存在的称为永久硬度，再加热亦不产生沉淀（但在锅炉运行温度下，溶解度低的可析出成锅垢）。

暂时硬水经过煮沸之后，水中的碳酸氢钙发生沉淀，释放出二氧化碳，使水质变软。永久性硬水虽经煮沸，水中含有钙和镁的硫酸盐、硝酸盐及氯化盐，也不发生沉淀，水质不能变软。有些地方的井水、泉水有苦涩味，为高度硬水。在我国，从饮用水源来看，南方多以地表水，如江、河、湖、塘水为主，属于软水；北方地区则以地下水为主，硬度高，属于硬水。一些南方人，从小饮惯软水，如突然改饮硬水时，会出现胃肠功能紊乱，如腹胀等现象，这就是常说的“水土不服”，需要适应一段时间，方可恢复正常。

水的硬度是表示水质的一个重要指标，对工业用水关系极大。水的硬度是形成锅垢和影响产品质量的重要因素。因此，水的总硬度即水中 Ca^{2+}、Mg^{2+} 总量的测定，为确定用水质量和进行水的处理提供了依据。

二、测定原理

水的总硬度测定一般采用配位滴定法，在 $pH \approx 10$ 的氨性缓冲溶液中，以铬黑T(EBT) 为指示剂，用 EDTA 标准溶液直接测定 Ca^{2+}、Mg^{2+} 的总量。由于 $K_{CaY} > K_{MgY} > K_{Mg\cdot EBT} > K_{Ca\cdot EBT}$，测定时铬黑 T 先与部分 Mg 配位为 Mg·EBT(红色)。当 EDTA 滴入时，EDTA 与 Ca^{2+}、Mg^{2+} 配位。终点时，EDTA 夺取 Mg·EBT 的 Mg^{2+}，将 EBT 置换出来，溶液由红色变为蓝色。由 EDTA 溶液的浓度和用量，可算出水的总硬度。

测定 Ca^{2+} 时，另取等量水样加 NaOH 调节溶液 pH 为 12～13，使 Mg^{2+} 生成 $Mg(OH)_2$ 沉淀，加入钙指示剂，用 EDTA 滴定，可测定水中 Ca^{2+} 的含量。有关化学反应如下：

滴定前：$\underset{\text{蓝色}}{Mg^{2+} + HIn^{2-}} \rightleftharpoons \underset{\text{红色}}{MgIn^-} + H^+$

滴定开始至化学计量点前：$Mg^{2+} + HY^{3-} \rightleftharpoons MgY^{2-} + H^+$

$$Ca^{2+} + HY^{3-} \rightleftharpoons CaY^{2-} + H^+$$

化学计量点：$\underset{\text{红色}}{MgIn^-} + HY^{3-} \rightleftharpoons MgY^{2-} + \underset{\text{蓝色}}{HIn^{2-}}$

滴定时，Fe^{3+}、Al^{3+} 的干扰可用三乙醇胺掩蔽，Cu^{2+}、Pb^{2+} 和 Zn^{2+} 等重金属离子可用 KCN、Na_2S 予以掩蔽。

【任务实施】

饮用水总硬度的测定

一、实验器材

分析天平、滴定台（带滴定管夹）、酸式滴定管（50mL）、锥形瓶（250mL）、容量瓶（100mL、250mL、1000mL）、移液管（25mL、50mL）、烧杯（100mL）、量筒（10mL）、洗耳球、胶头滴管、称量瓶、玻璃棒、吸水纸、乳胶手套等。

二、实验试剂

EDTA 标准溶液（$0.01mol \cdot L^{-1}$）、氨性缓冲溶液（pH≈10）、氨缓冲溶液（pH≈10）、碳酸钙（基准物质）、HCl（1∶1）、Na_2S 溶液（2%）、三乙醇胺溶液（20%）、K-B 指示剂（酸性铬蓝 K 和萘酚绿 B 的混合物）、铬黑 T 指示剂（1%，1g 铬黑 T＋25mL 三乙醇胺＋75mL 乙醇）等。

氨性缓冲溶液的配制：称取 20g NH_4Cl，溶解后，加 100mL 浓氨水，加 Mg^{2+}-EDTA 盐全部溶液，用水稀释至 1L。

Mg^{2+}-EDTA 盐溶液的配制：称取 0.25g $MgCl_2 \cdot 6H_2O$ 于 100mL 烧杯中，加入少量水溶解后转入 100mL 容量瓶中，用水稀释至刻度。用干燥的移液管移取 50.0mL 溶液，加入 5mL pH≈10 的氨缓冲溶液、4～5 滴铬黑 T 指示剂，用 $0.1mol \cdot L^{-1}$ EDTA 溶液滴定至溶液由紫红色变为蓝色，即为终点。取此同量的 EDTA 溶液加入容量瓶剩余的镁溶液中，即成 Mg^{2+}-EDTA 盐溶液。将此溶液全部倾入上述缓冲溶液中。

三、实验步骤

1. EDTA 标准溶液的标定

准确称取 110℃干燥过的 $CaCO_3$ 0.35～0.40g，置于烧杯中，用少量水湿润，盖上表面皿，慢慢滴加 HCl(1∶1）5mL 使其溶解，加少量水稀释，定量转移至 250mL 容量瓶中，用水稀释至刻度，摇匀，计算其准确浓度。

移取 25.0mL 上述溶液于锥形瓶中，加入 20mL pH≈10 的氨缓冲溶液和 2～3 滴 K-B 指示剂，摇匀后，用 EDTA 溶液滴定至溶液由紫红色变为蓝绿色，即为终点。平行测定 3 次，同时做空白试验。

2. 总硬度的测定

用移液管移取澄清的自来水样 100mL 于锥形瓶中，加入 3mL 三乙醇胺溶液，1mL Na_2S 溶液，5mL 氨性缓冲溶液，3 滴铬黑 T 指示剂，摇匀。用标定好的 EDTA 标准溶液滴定至溶液由紫红色变为蓝色，即为终点。平行测定 3 次，同时做空白试验，计算水的总硬度。

四、实验记录及结果处理

1. EDTA 标准溶液的标定

EDTA 标准溶液的标定见表 3-2。

表 3-2　EDTA 标准溶液的标定

记录项目		1	2	3	空白
$m(CaCO_3)$/g					
吸取溶液体积/mL					
EDTA 标准溶液滴定管读数/mL	起点				
	终点				
EDTA 标准溶液用量	EDTA 标准溶液用量 V/mL				
	减去空白后 EDTA 标准溶液用量 V/mL				
$c(EDTA)/mol \cdot L^{-1}$					
$c_{平均值}/mol \cdot L^{-1}$					
相对平均偏差					

2. 饮用水总硬度的测定

饮用水总硬度的测定见表 3-3。

表 3-3　饮用水总硬度的测定

记录项目		1	2	3	空白
吸取自来水样体积/mL					
EDTA 标准溶液滴定管读数/mL	起点				
	终点				
EDTA 标准溶液用量	EDTA 标准溶液用量 V/mL				
	减去空白后 EDTA 标准溶液用量 V/mL				
$c(CaO)/mg \cdot L^{-1}$					
$c_{平均值}/mg \cdot L^{-1}$					
相对平均偏差					

计算参考公式：

（1）EDTA 标准溶液浓度的计算公式

$$c_{EDTA}=\frac{m_{CaCO_3}\times 25.0}{M_{CaCO_3}V_{EDTA}\times 250.0}$$

式中，c_{EDTA} 为 EDTA 标准溶液的浓度，$mol \cdot L^{-1}$；V_{EDTA} 为减去空白后 EDTA 标准溶液的体积，L；m_{CaCO_3} 为 $CaCO_3$ 的质量，g；M_{CaCO_3} 为 $CaCO_3$ 的摩尔质量，$g \cdot moL^{-1}$。

(2) 饮用水总硬度的计算公式（以氧化钙表示）

$$c_{\mathrm{CaO}}=\frac{c_{\mathrm{EDTA}}\times V_{\mathrm{EDTA}}\times M_{\mathrm{CaO}}}{V_{水}}\times 1000$$

式中，c_{EDTA} 为 EDTA 标准溶液的浓度，$\mathrm{mol \cdot L^{-1}}$；$V_{\mathrm{EDTA}}$ 为减去空白后 EDTA 标准溶液的体积，L；M_{CaO} 为氧化钙的摩尔质量，$\mathrm{g \cdot moL^{-1}}$；$V_{水}$ 为吸取水样的体积，mL。

五、注意事项

1. 固体铬黑 T 很稳定，但其水溶液只能稳定数日。若放置时间过长，其敏锐性会下降，甚至失效。

2. 防止在碱性溶液中析出碳酸钙和氢氧化镁沉淀。

3. 如果固体铬黑 T 指示剂在水样中变色缓慢，则可能是由于 Mg^{2+} 含量低，这时应在滴定前加入少量 Mg^{2+} 溶液，开始滴定时滴定速度宜稍快，接近终点滴定速度宜慢，每加 1 滴 EDTA 溶液后，都要充分摇匀。

4. 乙二胺四乙酸二钠中含有一定量的乙二胺四乙酸二钠酸，后者溶解度小，使得配制 EDTA 溶液时，即使加热，试剂也溶解不完。为此，可加入少量的 NaOH 溶液使 pH 提高到 5.0 以上，以促使试剂溶解。

5. 在氨性溶液中，$Ca(HCO_3)_2$ 的含量较高时，可能慢慢析出 $CaCO_3$ 沉淀，使滴定终点拖长，变色不敏锐，所以滴定前最好将溶液酸化，煮沸除去 CO_2，注意 HCl 不可加太多，否则影响滴定时溶液的 pH。

6. 如水样杂质较多，可加 1∶1 的 HCl 1～2 滴酸化水样。煮沸数十分钟，除去 CO_2，冷却，加入掩蔽剂后再按照标准程序滴定。

7. 配位反应进行的速度较慢，不像酸碱反应那样能在瞬间完成，所以滴定时加入 EDTA 速度不能太快，在室温低时应尤其注意。在接近终点时，应逐滴加入，充分振摇。

8. 配位滴定中，加入指示剂的量对终点的判断影响很大，应在实践过程中总结经验，注意掌握指示剂用量。

【学习延展】

缓冲溶液

分析测试中，在配位滴定法等许多测定过程中都要求溶液的 pH 值保持在一定范围内，以保证指示剂的变色和显色剂的显色等，这些条件都是通过加入一定量的缓冲溶液达到的，缓冲溶液是分析测试中经常需要的一种试剂。

一、缓冲作用与缓冲溶液

纯水在 25℃时 pH 值为 7.0，但只要与空气接触一段时间，因为吸收二氧化碳而使 pH 值降到 5.5 左右。1 滴浓盐酸（约 $12.4\mathrm{mol \cdot L^{-1}}$）加入 1L 纯水中，可使

$[H^+]$ 增加 5000 倍左右（由 $1.0\times10^{-7}mol\cdot L^{-1}$增至 $5\times10^{-4}mol\cdot L^{-1}$），若将 1 滴氢氧化钠溶液（$12.4mol\cdot L^{-1}$）加到 1L 纯水中，pH 变化也有 3 个单位。可见纯水的 pH 值因加入少量的强酸或强碱而发生很大变化。然而，1 滴浓盐酸加入到 1L HAc-NaAc 混合溶液或 NaH_2PO_4-Na_2HPO_4 混合溶液中，$[H^+]$ 的增加不到百分之一（从 $1.00\times10^{-7}mol\cdot L^{-1}$增至 $1.01\times10^{-7}mol\cdot L^{-1}$），pH 值没有明显变化。这种能对抗外来少量强酸、强碱或稍加稀释不引起溶液 pH 值发生明显变化的作用叫作缓冲作用，具有缓冲作用的溶液叫作缓冲溶液。弱酸及其盐的混合溶液（如 HAc 与 NaAc），弱碱及其盐的混合溶液（如 $NH_3\cdot H_2O$ 与 NH_4Cl）等都是缓冲溶液。

二、缓冲溶液的组成

缓冲溶液由足够浓度的共轭酸碱对组成。其中，能对抗外来强碱的称为共轭酸，能对抗外来强酸的称为共轭碱，这一对共轭酸碱通常称为缓冲对、缓冲剂或缓冲系，常见的缓冲对主要有以下三种类型。

1. 弱酸及其对应的盐

常见的有 HAc-NaAc、H_2CO_3-$NaHCO_3$、$H_2C_8H_4O_4$-$KHC_8H_4O_4$（邻苯二甲酸-邻苯二甲酸氢钾）、H_3BO_3-$Na_2B_4O_7$。

2. 多元弱酸的酸式盐及其对应的次级盐

常见的有 $NaHCO_3$-Na_2CO_3、NaH_2PO_4-Na_2HPO_4、$KHC_8H_4O_4$-$K_2C_8H_4O_4$。

3. 弱碱及其对应的盐

常见的有 NH_3-NH_4Cl、RNH_2-$RNH_3^+A^-$（伯胺及其盐）。

三、缓冲溶液的作用原理

由弱酸 HA 及其盐 NaA 所组成的缓冲溶液对酸的缓冲作用，是由于溶液中存在足够量的碱 A^-。当向这种溶液中加入一定量的强酸时，H^+ 基本上被 A^- 消耗，所以溶液的 pH 值几乎不变；当加入一定量强碱时，溶液中存在的弱酸 HA 消耗 OH^- 而阻碍 pH 的变化。

以 HAc-NaAc 缓冲溶液为例，HAc-NaAc 缓冲溶液中，存在着如下的化学平衡：$H^+ + Ac^- \rightleftharpoons HAc$。在缓冲溶液中加入少量强酸（如 HCl），则增加了溶液的 $[H^+]$。假设不发生其他反应，溶液的 pH 值应该减小。但是由于 $[H^+]$ 增加，抗酸成分即共轭碱 Ac^- 与增加的 H^+ 结合成 HAc，破坏了 HAc 原有的解离平衡，使平衡右移即向生成共轭酸 HAc 的方向移动，直至建立新的平衡。因为加入 H^+ 较少，溶液中 Ac^- 浓度较大，所以加入的 H^+ 绝大部分转变成弱酸 HAc，因此溶液的 pH 值不发生明显的降低。在缓冲溶液中加入少量强碱（如 NaOH），则增加了溶液中 OH^- 的浓度。假设不发生其他反应，溶液的 pH 值应该增大。但由于溶液中的 H^+ 立即与加入的 OH^- 结合成更难解离的 H_2O，这就破坏了 HAc 原有的解离平衡，促使 HAc 的解离平衡向左移动，即不断向生成 H^+ 和 Ac^- 的方向移动，直至加入的 OH^- 绝大部分转变成 H_2O，建立新的平衡为止。因为加入的 OH^- 少，溶液中抗碱成分即共轭酸 HAc 的浓度较大，因此溶液的 pH 值不发生明显升高。在溶液稍加稀释时，其中［H^+］虽然降低了，但［Ac^-］同时降低了，同离子效应减弱，促使 HAc 的解离度增加，所产生的 H^+ 可维持溶液的 pH 值不发生明显的变化。所以，溶液具有抗酸、抗碱和抗稀释作用。

弱碱及其对应盐的缓冲作用原理，例如，NH_3-NH_4Cl 溶液中，NH_3 能对抗外加酸的影响，是抗酸成分；NH_4^+ 能对抗外加碱的影响，是抗碱成分。

四、缓冲容量

在缓冲溶液中加入少量强酸或强碱，其溶液 pH 值变化不大，但若加入酸、碱的量过多时，缓冲溶液就失去了它的缓冲作用，这说明它的缓冲能力是有一定限度的。

缓冲溶液的缓冲能力与组成缓冲溶液的组分浓度有关。$0.1mol \cdot L^{-1}$ HAc 和 $0.1mol \cdot L^{-1}$ NaAc 组成的缓冲溶液，比 $0.01mol \cdot L^{-1}$ HAc 和 $0.01mol \cdot L^{-1}$ NaAc 的缓冲溶液缓冲能力大。但缓冲溶液组分的浓度不能太大，否则，不能忽视离子间的作用。

组成缓冲溶液的两组分的比值不为 1∶1 时，缓冲作用减小，缓冲能力降低，当 $c_{盐}:c_{酸}$ 为 1∶1 时，ΔpH 最小，缓冲能力最大。缓冲组分的比值离 1∶1 愈远，缓冲能力愈小，甚至不能起缓冲作用。对于任何缓冲体系，存在有效缓冲范围，这个范围大致在 pK_a（或 pK_b）两侧各一个 pH 单位之内。

弱酸及其盐（弱酸及其共轭碱）体系 $pH = pK_a \pm 1$。

弱碱及其盐（弱碱及其共轭酸）体系 $pOH = pK_b \pm 1$。

例如 HAc 的 pK_a 为 4.76，所以用 HAc 和 NaAc 适宜于配制 pH 为 3.76～5.76 的缓冲溶液，在这个范围内有较大的缓冲作用。配制 pH=4.76 的缓冲溶液时缓冲能力最大，此时 $c_{HAc}:c_{NaAc}=1$。

任务 2. 胃舒平药片中铝镁的测定

【任务描述】

学习配位滴定法测定胃舒平药片中铝镁含量的原理、操作及注意事项，能熟练地使用滴定分析仪器进行胃舒平药片中铝镁含量的测定操作。

【任务目标】

1. 掌握返滴定法的原理和特点；
2. 掌握用配位滴定法测定胃舒平药片中铝镁含量的操作要点；
3. 能够利用四分法取样；
4. 能够熟练应用配位滴定法进行胃舒平药片中铝镁含量的测定操作；
5. 能够准确、整齐、简明记录实验原始数据并进行计算。

【知识准备】

一、概述

胃舒平是一种中和胃酸的胃药，主要用于胃酸过多及胃和十二指肠溃疡，它的主要成分为氢氧化铝、三硅酸镁及少量颠茄流浸膏，在加工过程中，为了使药片成形，加了大量的糊精。药片中铝和镁的含量可用 EDTA 配位滴定法测定。

二、测定原理

由于 Al^{3+} 与 EDTA 的配位反应速度慢，对二甲酚橙等指示剂有封闭作用，且在酸度不高时会发生水解，因此采用返滴定法进行测定。首先加入准确过量的 EDTA 标准溶液，煮沸溶液。反应完全后，加入二甲酚橙作为指示剂，剩余的 EDTA 用 Zn^{2+} 标准溶液滴定，由亮黄色变为紫红色即为终点。滴定反应可表示如下：

$$Al^{3+} + H_2Y^{2-}\text{（准确过量）} \rightleftharpoons AlY^{-} + 2H^{+}$$

$$H_2Y^{2-}\text{（剩余）} + Zn^{2+} \rightleftharpoons ZnY^{2-} + 2H^{+}$$

胃舒平片剂的三硅酸镁，用铬黑T作为指示剂，用EDTA直接滴定。反应为：

滴定前　　$EBT + Mg^{2+} \rightleftharpoons Mg\text{-}EBT$

　　　　　蓝色　　　　　紫红色

化学计量点前　　$Mg^{2+} + H_2Y^{2-} \rightleftharpoons MgY^{2-} + 2H^+$

化学计量点　　$Mg\text{-}EBT + H_2Y^{2-} \rightleftharpoons MgY^{2-} + EBT + 2H^+$

　　　　　　　紫红色　　　　　　　　蓝色

测定时，先将药片用酸溶解，分离除去不溶于水的物质。然后取试液加入过量EDTA，调节pH=4左右，煮沸数分钟，使铝离子与EDTA充分反应，用返滴定法测定铝。另取试液，调节pH=8～9，将铝离子沉淀分离，在pH=10的条件下，以铬黑T为指示剂，用EDTA滴定试液中的镁离子。

【任务实施】

胃舒平药片中铝镁的测定

一、实验器材

分析天平、滴定台（带滴定管夹）、电炉、酸式滴定管（50mL）、锥形瓶（250mL）、移液管（25mL）、烧杯（100mL、250mL）、量筒（10mL、100mL）、容量瓶（250mL）、漏斗、滤纸、研钵、胶头滴管、称量瓶、乳胶手套等。

二、实验试剂

EDTA标准溶液（$0.01mol \cdot L^{-1}$）、Zn标准溶液（$0.01mol \cdot L^{-1}$）、NH_3-NH_4Cl缓冲溶液、ZnO（基准物质）、HCl(1∶1)、氨水（1∶1）、三乙醇胺（1∶2）、六亚甲基四胺（20%）、二甲酚橙指示剂（0.2%）、甲基红指示剂（0.2%）、氯化铵、铬黑T指示剂（1∶100NaCl）、胃舒平药片等。

三、实验步骤

1. 试样处理

准确称取胃舒平20片于研钵中，研成细粉末后混合均匀。用四分法取样，准确称取药粉0.5g左右于250mL烧杯中，在不断搅拌下加入HCl溶液20mL，加水至100mL，加热煮沸5min，静置冷却、过滤，用水洗涤沉淀数次，合并洗涤液，转移至250mL容量瓶中，用水稀释至刻度，摇匀备用。

2. EDTA标准溶液的标定

准确称取800℃干燥过的ZnO 0.4g，置于烧杯中，用少量水湿润，加入HCl（1∶1）10mL盖上表面皿，使其溶解，加少量水稀释，定量转移至250mL容量瓶中，用水稀释至刻度，摇匀，计算其准确浓度。

移取25.0mL上述溶液于锥形瓶中，加入甲基红指示剂1滴，滴加氨水至呈微黄色，再加水25mL，NH_3-NH_4Cl缓冲溶液10mL。摇匀后，加入少许铬黑T指示剂，用EDTA溶液滴定至溶液由紫红色变为蓝色，即为终点。平行测定3次，同时做空白试验。

3. Zn标准溶液的标定

移取25.0mL标定好的EDTA标准溶液，加入10mL缓冲溶液，少许铬黑T指示剂，用Zn标准溶液滴定至试液由蓝色变为紫红色，即为终点。平行测定3次，同时做空白试验。

4. 胃舒平药片中铝的测定

准确移取处理后的样品试液25.0mL，滴加氨水至刚出现浑浊，再加HCl至沉淀恰好溶解。准确加入标定好的EDTA标准溶液25.0mL，再加入六亚甲基四铵溶液10mL，煮沸1min并冷却后，加入二甲酚橙指示剂2～3滴，以锌标准溶液滴定至溶液由黄色转变为红色为终点，平行测定3次，同时做空白试验。根据EDTA加入量与锌标准溶液滴定体积，计算每片药片中铝的含量（以Al_2O_3表示）。

5. 胃舒平药片中镁的测定

准确移取处理后的样品试液25.0mL，滴加氨水至刚出现沉淀，再加入HCl至沉淀恰好溶解，加入固体NH_4Cl 2g，滴加六亚甲基四胺溶液至沉淀出现并过量15mL。加热至80℃，维持10～15min。冷却后过滤，以少量水洗涤沉淀数次。收集滤液与洗涤液于锥形瓶中，加入三乙醇胺10mL、NH_3-NH_4Cl缓冲溶液10mL及甲基红指示剂1滴，铬黑T指示剂少许。用EDTA溶液滴定至试液由暗红色转变为蓝绿色为终点，平行测定3次，同时做空白试验。计算每片药片中镁的含量（以MgO表示）。

四、实验记录及结果处理

1. EDTA标准溶液的标定

EDTA标准溶液的标定见表3-4。

表3-4　EDTA标准溶液的标定

记录项目		1	2	3	空白
m(ZnO)/g					
吸取处理后ZnO的溶液体积/mL					
EDTA标准溶液滴定管读数/mL	起点				
	终点				
EDTA标准溶液用量	EDTA标准溶液用量V/mL				
	减去空白后EDTA标准溶液用量V/mL				
c(EDTA)/mol·L^{-1}					
$c_{平均值}$/mol·L^{-1}					
相对平均偏差					

2. Zn标准溶液的标定

Zn标准溶液的标定见表3-5。

表 3-5 Zn 标准溶液的标定

记录项目		1	2	3	空白
吸取 EDTA 标准溶液体积/mL					
Zn 标准溶液滴定管读数/mL	起点				
	终点				
Zn 标准溶液用量	Zn 标准溶液用量 V/mL				
	减去空白后 Zn 标准溶液用量 V/mL				
$c(Zn^{2+})/mol\cdot L^{-1}$					
$c_{平均值}/mol\cdot L^{-1}$					
相对平均偏差					

3. 胃舒平药片中铝含量的测定

胃舒平药片中铝含量的测定见表 3-6。

表 3-6 胃舒平药片中铝含量的测定

记录项目		1	2	3	空白
吸取样品溶液体积/mL					
Zn 标准溶液滴定管读数/mL	起点				
	终点				
Zn 标准溶液用量	Zn 标准溶液用量 V/mL				
	减去空白后 Zn 标准溶液用量 V/mL				
$w(Al_2O_3)$/%					
$\overline{w}(Al_2O_3)$/%					
相对平均偏差					

4. 胃舒平药片中镁含量的测定

胃舒平药片中镁含量的测定见表 3-7。

表 3-7 胃舒平药片中镁含量的测定

记录项目		1	2	3	空白
吸取样品溶液体积/mL					
EDTA 标准溶液滴定管读数/mL	起点				
	终点				
EDTA 标准溶液用量	EDTA 标准溶液用量 V/mL				
	减去空白后 EDTA 标准溶液用量 V/mL				
$w(MgO)$/%					
$\overline{w}(MgO)$/%					
相对平均偏差					

计算参考公式：

（1）EDTA 标准溶液浓度计算公式

$$c_{EDTA}=\frac{m_{ZnO}\times 25.0}{M_{ZnO}V_{EDTA}\times 250.0}$$

式中，c_{EDTA} 为 EDTA 标准溶液的浓度，$mol \cdot L^{-1}$；m_{ZnO} 为 ZnO 的质量，g；M_{ZnO} 为 ZnO 的摩尔质量，$g \cdot mol^{-1}$；V_{EDTA} 为减去空白后 EDTA 标准溶液的体积，L。

（2）Zn 标准溶液浓度计算公式

$$c_{Zn^{2+}}=\frac{c_{EDTA}\times 25.0}{V_{Zn^{2+}}}$$

式中，$c_{Zn^{2+}}$ 为 Zn 标准溶液浓度，$mol \cdot L^{-1}$；c_{EDTA} 为 EDTA 标准溶液的浓度，$mol \cdot L^{-1}$；$V_{Zn^{2+}}$ 为减去空白后 Zn 标准溶液的体积，mL。

（3）胃舒平药片中铝含量的计算公式

$$Al_2O_3\%=\frac{10^{-3}\times(25.0\times c_{EDTA}-c_{Zn^{2+}}V_{Zn^{2+}})\times M_{Al_2O_3}\times 250}{m_{试样}\times 25\times 2}\times 100\%$$

式中，$c_{Zn^{2+}}$ 为 Zn 标准溶液的浓度，$mol \cdot L^{-1}$；$V_{Zn^{2+}}$ 为减去空白后 Zn 标准溶液的体积，mL；c_{EDTA} 为 EDTA 标准溶液的浓度，$mol \cdot L^{-1}$；$M_{Al_2O_3}$ 为 Al_2O_3 的摩尔质量，$g \cdot mol^{-1}$；$m_{试样}$ 为试样质量，g。

（4）胃舒平药片中镁含量的计算公式

$$MgO\%=\frac{c_{EDTA}\times V_{EDTA}\times 10^{-3}\times M_{MgO}\times 250}{m_{试样}\times 25.0}\times 100\%$$

式中，V_{EDTA} 为 EDTA 标准溶液的体积，mL；c_{EDTA} 为减去空白后 EDTA 标准溶液的浓度，$mol \cdot L^{-1}$；M_{MgO} 为 MgO 的摩尔质量，$g \cdot mol^{-1}$；$m_{试样}$ 为试样质量，g。

【学习延展】

四分法取样

四分法取样品

一、四分法取样品

1. 将样品置于干净白纸面上或玻璃板上或托盘中，用分样板将样品摊成正方形。

2. 从样品左右两边铲起样品，对准中心同时倒落，再换一个方向同样操作（中心点不动），如此反复混合四、五次，将样品摊成等厚的正方形。

3. 用分样板在样品上划两条对角线，分成四个三角形，取出其中两个对顶三角形的样品。

4. 剩下的样品再按上述方法反复分取，直至最后剩下的两个对顶三角形的样品接近所需试样质量为止。

二、锥形四分法缩分样品

样品取来后，先进行破碎，而后倒在塑料布上，提起塑料布的任意对角来回抖动，然后再抖动另一对角，如此反复数次，混合均匀后，将样品堆成圆锥形，用铁铲将锥顶压平，使之成为截面圆锥体。通过截面圆心把样品分成四等份，去掉任意对角的两等份，剩下的两等份再按上述方法继续缩分，直至达到要求的样品量。

项目四
氧化还原滴定法

【学习目标】

- **知识目标：**
  1. 熟悉常用氧化还原滴定法的原理、特点；
  2. 掌握常用氧化还原滴定法测定的操作要点。
- **能力目标：**
  1. 能够准确配制和标定氧化还原滴定法所用标准溶液；
  2. 能够熟练应用氧化还原滴定法进行测定分析；
  3. 能够准确、整齐、简明记录实验原始数据并进行计算。

一、概述

氧化还原滴定法

氧化还原滴定法的应用

氧化还原滴定法是应用范围很广的一种滴定分析方法，是以氧化还原反应为基础的滴定分析法，既可直接测定许多具有还原性或氧化性的物质，也可间接测定某些不具氧化还原性的物质。测定对象可以是无机物，也可以是有机物。

氧化还原滴定以氧化剂或还原剂作为标准溶液，分为高锰酸钾法、重铬酸钾法、碘量法等多种滴定方法。

在氧化还原滴定的过程中，反应物和生成物的浓度不断改变，使有关电对的电位也发生变化，这种电位改变的情况可以用滴定曲线来表示。滴定过程中各点的电位可用仪器进行测量，也可以根据能斯特公式进行计算。化学计量点的电位以及滴定突跃电位是选择指示剂终点的依据。

二、滴定过程电对电位的计算

1. 化学计量点时的电位计算

对于 $n_1 \neq n_2$ 电对，其氧化还原反应如下。

$$n_2 \mathrm{Ox}_1 + n_1 \mathrm{Red}_2 \rightleftharpoons n_1 \mathrm{Ox}_2 + n_2 \mathrm{Red}_1$$

两个半反应及对应的电位值为：

$$Ox_1+n_1e^- \longrightarrow Red_1 \qquad E_1=E_1^{\ominus}+\frac{0.0592}{n_1}\lg\frac{[Ox_1]}{[Red_1]}$$

$$Ox_2+n_2e^- \longrightarrow Red_2 \qquad E_2=E_2^{\ominus}+\frac{0.0592}{n_2}\lg\frac{[Ox_2]}{[Red_2]}$$

达到化学计量点时，$E_{sp}=E_1=E_2$，将以上两式通分后相加，整理后得：

$$(n_1+n_2)E_{sp}=n_1E_1^{\ominus}+n_2E_2^{\ominus}+0.0592\lg\frac{[Ox_1][Ox_2]}{[Red_1][Red_2]}$$

因为化学计量点时：

$$[Ox_1]/[Red_2]=n_2/n_1;\ [Ox_2]/[Red_1]=n_1/n_2$$

则

$$\lg\frac{[Ox_1][Ox_2]}{[Red_1][Red_2]}=0$$

所以

$$E_{sp}=\frac{n_1E_1^{\ominus}+n_2E_2^{\ominus}}{n_1+n_2}$$

若 $n_1=n_2=1$，则

$$E_{sp}=\frac{E_1^{\ominus}+E_2^{\ominus}}{2}$$

2. 滴定突跃的计算

对于 $n_1 \neq n_2$ 的氧化还原反应，化学计量点前后的电位突跃可用能斯特公式计算。

(1) 化学计量点前的电位

可用被测物电对的电位计算。若被测物为 Red_2，则

$$E_{Ox_2/Red_2}=E^{\ominus}_{Ox_2/Red_2}+\frac{0.0592}{n_2}\lg\frac{[Ox_2]}{[Red_2]}$$

(2) 化学计量点后的电位

可用滴定剂电对的电位计算。若滴定剂为 Ox_1，则

$$E_{Ox_1/Red_1}=E^{\ominus}_{Ox_1/Red_1}+\frac{0.0592}{n_1}\lg\frac{[Ox_1]}{[Red_1]}$$

3. 滴定过程电对电位的计算

用 0.1000mol·L^{-1} $Ce(SO_4)_2$ 溶液，在 1mol·L^{-1} H_2SO_4 溶液中滴定 20.00mL 0.1000 mol·L^{-1} $FeSO_4$ 溶液，其滴定反应为：

$$Ce^{4+}+Fe^{2+}=\!=\!=Ce^{3+}+Fe^{3+}$$

滴定过程中溶液组成发生的变化如表 4-1 所示，电极电位如表 4-2 所示。

表 4-1 $Ce(SO_4)_2$ 滴定 $FeSO_4$ 过程中溶液组成变化

滴定过程	溶液组成
滴定前	Fe^{2+}
化学计量点	Fe^{2+}、Fe^{3+}、Ce^{3+}(反应完全，[Ce^{4+}]很小)
化学计量点后	Fe^{3+}、Ce^{3+}、Ce^{4+}([Fe^{2+}]很小)

(1) 化学计量点前

因为加入的 Ce^{4+} 几乎全部被 Fe^{2+} 还原为 Ce^{3+}，到达平衡时 $c_{Ce^{4+}}$ 很小，电位值

不易直接求得。但如果知道了滴定的百分数，就可求得 $c_{Fe^{3+}}/c_{Fe^{2+}}$，进而计算出电位值。假设 Fe^{2+} 被滴定了 $a\%$，则：

$$E_{Fe^{3+}/Fe^{2+}} = E^{\ominus}_{Fe^{3+}/Fe^{2+}} + 0.0592\lg\frac{a}{100-a}$$

（2）化学计量点后

Fe^{2+} 几乎全部被 Ce^{4+} 氧化为 Fe^{3+}，$c_{Fe^{2+}}$ 很小不易直接求得，但只要知道加入过量的 Ce^{4+} 的百分数，就可以用 $c_{Ce^{4+}}/c_{Ce^{3+}}$ 计算电位值。设加入了 $b\%Ce^{4+}$，则过量的 Ce^{4+} 为（$b-100$）%，得

$$E_{Ce^{4+}/Ce^{3+}} = E^{\ominus}_{Ce^{4+}/Ce^{3+}} + 0.0592\lg\frac{b-100}{100}$$

（3）化学计量点

Ce^{4+} 和 Fe^{2+} 分别定量地转变为 Ce^{3+} 和 Fe^{3+}，则

$$E_{sp} = \frac{E^{\ominus}_{Fe^{3+}/Fe^{2+}} + E^{\ominus}_{Ce^{4+}/Ce^{3+}}}{2}$$

表 4-2　$Ce(SO_4)_2$ 滴定 $FeSO_4$ 过程中滴加不同体积 Ce^{4+} 时的电极电位

加入 Ce^{4+} 溶液的体积 V/mL	Fe^{2+} 被滴定的百分数 a/%	电位 E/V
1.00	5.0	0.60
2.00	10.0	0.62
4.00	20.0	0.64
8.00	40.0	0.67
10.00	50.0	0.68
12.00	60.0	0.69
18.00	90.0	0.74
19.80	99.0	0.80
19.98	99.9	0.86
20.00	100.0	1.06
20.02	100.1	1.26
22.00	110.0	1.38
30.00	150.0	1.42
40.00	200.0	1.44

三、滴定曲线

以滴定剂加入的百分数为横坐标，电对的电位为纵坐标作图，可得到滴定曲线，如图 4-1 所示。

由表 4-2 和图 4-1 可知，滴定由 99.9%～100.1%时，电极电位变化范围为 0.86～1.26V，变化 0.4V，即滴定曲线的电位突跃是 0.4V，这为判断氧化还原反应滴定的可能性和选择指示剂提供了依据。氧化还原滴定曲线突跃的长短和氧化剂还原剂两电对的条件电极电位的差值大小有关。两电极的条件电极电位越大，滴定突跃就越长，反之，其滴定突跃就越短。

由于 Ce^{4+} 滴定 Fe^{2+} 的反应中，两电对电子转移数都是 1，化学计量点的电位正好处于滴定突跃 0.86～1.26V 中间，整个滴定曲线基本对称。

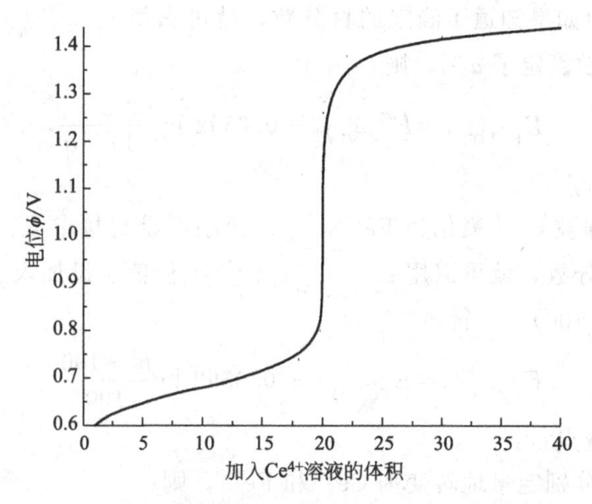

图 4-1　0.1000mol·L^{-1} $Ce(SO_4)_2$ 溶液滴定 20.00mL 0.1000mol·L^{-1} $FeSO_4$ 溶液的滴定曲线

四、氧化还原滴定指示剂

在氧化还原滴定中，可以用电位法确定终点，也可以用指示剂确定终点，氧化还原滴定中所用的指示剂有以下几类：

1. 自身指示剂

有些滴定剂本身有很深的颜色，而滴定产物为无色或颜色很浅，在这种情况下，滴定时可不必另加指示剂。例如 $KMnO_4$ 本身显紫红色，用它来滴定 Fe^{2+}、$C_2O_4^{2-}$ 溶液时，反应产物 Fe^{3+}、Mn^{2+} 等颜色很浅或无色，滴定到化学计量点后，只要 $KMnO_4$ 稍微过量半滴就能使溶液呈现浅粉红色，指示滴定终点的到达。

2. 专属指示剂

这类指示剂本身并不具有氧化还原性，但能与滴定剂或被测定物质发生显色反应，而且显色反应是可逆的，因而可以指示滴定终点。最常用的专属指示剂是淀粉，如可溶性淀粉与碘溶液反应生成深蓝色的配合物，当 I_2 被还原为 I^- 时，蓝色就突然褪去。因此，在碘量法中，多用淀粉溶液作为指示液。用淀粉指示液可以检出约 10^{-5}mol·L^{-1}的碘溶液，但淀粉指示液与 I_2 的显色灵敏度与淀粉的性质和加入时间、温度及反应介质等条件有关，如温度升高，显色灵敏度下降。

3. 氧化还原指示剂

这类指示剂本身是氧化剂或还原剂，它的氧化态和还原态具有不同的颜色。在滴定过程中，指示剂由氧化态转为还原态，或由还原态转为氧化态时，溶液颜色随之发生变化，从而指示滴定终点。例如用 $K_2Cr_2O_7$ 滴定 Fe^{2+} 时，常用二苯胺磺酸钠作为指示剂。二苯胺磺酸钠的还原态无色，当滴定至化学计量点时，稍过量的 $K_2Cr_2O_7$ 使二苯胺磺酸钠由还原态转变为氧化态，溶液显紫红色，因而指示滴定终点的到达。若以 In_{Ox} 和 In_{Red} 分别代表指示剂的氧化态和还原态，滴定过程中，指示剂的电极反应可用下式表示：

$$In_{Ox} + ne^- \rightleftharpoons In_{Red}$$

$$E = E^{\ominus}_{In} \pm \frac{0.0592}{n} \lg \frac{[In_{Ox}]}{[In_{Red}]}$$

显然，随着滴定过程中溶液电位值的改变，$\frac{[In_{Ox}]}{[In_{Red}]}$比值也在改变，因而溶液的颜色也发生变化。与酸碱指示剂在一定 pH 范围内发生颜色转变一样，只能在一定电位范围内看到这种颜色变化，这个范围就是指示剂变色电位范围，它相当于两种形式浓度比值从 1/10 变到 10 时的电位变化范围。即

$$E = E^{\ominus}_{In} \pm \frac{0.0592}{n} V$$

当被滴定溶液的电位值恰好等于 $E^{\ominus}_{In}$ 时，指示剂呈现中间颜色，称为变色点。部分常用的氧化还原指示剂见表 4-3。

表 4-3　常用的氧化还原指示剂

指示剂	$E^{\ominus}_{In}$ /V $[H^+]=1mol \cdot L^{-1}$	颜色变化		配制方法
		还原态	氧化态	
亚甲基蓝	+0.36	无	蓝	0.5g·L^{-1}水溶液
二苯胺磺酸钠	+0.84	无	紫红	0.5g 指示剂，2g Na_2CO_3，加水稀释至 100mL
邻苯氨基苯甲酸	+0.89	无	紫红	0.11g 指示剂溶于 20mL 50g·L^{-1} Na_2CO_3 溶液中，用水稀释至 100mL
邻二氮菲-亚铁	+1.06	红	浅蓝	1.485g 邻二氮菲，0.695g $FeSO_4 \cdot 7H_2O$，用水稀释至 100mL

氧化还原指示剂不仅对某种离子特效，而且对氧化还原反应普遍适用，因而是一种通用指示剂，应用范围比较广泛。选择这类指示剂的原则是指示剂变色点的电位应当处在滴定体系的电位突跃范围内。

指示剂本身会消耗滴定剂。例如，0.1mL 0.2%二苯胺磺酸钠会消耗 0.1mL 0.017mol·L^{-1} 的 $K_2Cr_2O_7$ 溶液，因此滴定时若 $K_2Cr_2O_7$ 溶液的浓度是 0.01mol·L^{-1}或更稀，则应作指示剂的空白校正。

任务1 双氧水试样中过氧化氢含量的测定

【任务描述】

学习高锰酸钾法测定过氧化氢含量的原理、操作及注意事项，能熟练地使用滴定分析仪器进行过氧化氢含量测定操作。

【任务目标】

1. 熟悉高锰酸钾法的原理、特点；
2. 掌握高锰酸钾法测定过氧化氢含量的操作要点；
3. 能够准确配制和标定高锰酸钾标准溶液；
4. 能够熟练应用高锰酸钾法进行过氧化氢含量的测定；
5. 能够准确、整齐、简明记录实验原始数据并进行计算。

【知识准备】

一、高锰酸钾法概述

1. $KMnO_4$ 在不同环境条件下的反应

以 $KMnO_4$ 作为滴定剂的氧化还原滴定法称为高锰酸钾法。$KMnO_4$ 是一种强氧化剂，它的氧化能力和还原产物与溶液的酸度有关。

（1）在强酸性溶液中，$KMnO_4$ 与还原剂作用被还原为 Mn^{2+}

$$MnO_4^- + 8H^+ + 5e^- \longrightarrow Mn^{2+} + 4H_2O \quad E^{\ominus} = 1.51V$$

由于在强酸性溶液中 $KMnO_4$ 有更强的氧化性，因而高锰酸钾滴定多在 $0.5 \sim 1mol \cdot L^{-1}$ H_2SO_4 强酸性介质下使用，而不使用盐酸介质，这是由于盐酸具有还原性，能诱发一些副反应干扰滴定。硝酸由于含有氮氧化物容易产生副反应也很少采用。

（2）在弱酸性、中性或碱性溶液中，$KMnO_4$ 被还原为 MnO_2

$$MnO_4^- + 2H_2O + 3e^- \longrightarrow MnO_2 \downarrow + 4OH^- \quad E^{\ominus} = 0.588V$$

由于反应产物为棕色的 MnO_2 沉淀，妨碍终点观察，所以很少使用。

（3）在 pH＞12 的强碱性溶液中用高锰酸钾氧化有机物时，由于在强碱性（大于 2mol·L^{-1}NaOH）条件下的反应速度比在酸性条件下更快，所以常利用 $KMnO_4$ 在强碱性溶液中与有机物的反应来测定有机物。

$$MnO_4^- + e^- \longrightarrow MnO_4^{2-} \quad E^{\ominus} = 0.564V$$

2. $KMnO_4$ 法的特点

（1）$KMnO_4$ 氧化能力强，应用广泛，可直接或间接地测定多种无机物和有机物。如可直接滴定许多还原性物质 Fe^{2+}、As(Ⅲ)、Sb(Ⅲ)、H_2O_2、$C_2O_4^{2-}$、NO_2^- 等；返滴定时可测 MnO_2、PbO_2 等物质；也可以通过 MnO_4^- 与 $C_2O_4^{2-}$ 反应间接测定一些非氧化还原物质如 Ca^{2+}、Th^{4+} 等。

（2）$KMnO_4$ 溶液呈紫红色，当试液为无色或颜色很浅时，滴定不需要外加指示剂。

（3）由于 $KMnO_4$ 氧化能力强，因此方法的选择性欠佳，而且 $KMnO_4$ 与还原性物质的反应历程比较复杂，易发生副反应。

（4）$KMnO_4$ 标准溶液不能直接配制，且不够稳定，不能久置。

二、高锰酸钾标准溶液的配制与标定

市售高锰酸钾试剂常含有少量的 MnO_2 及其他杂质，使用的蒸馏水中也含有少量如尘埃、有机物等还原性物质，这些物质都能使 $KMnO_4$ 还原，因此 $KMnO_4$ 标准溶液不能直接配制，必须先配成近似浓度的溶液后再标定。配制时，首先称取略多于理论用量的 $KMnO_4$，溶于一定体积的蒸馏水中，缓缓煮沸 15min，冷却，于暗处放置两周，用已处理过的 4 号玻璃滤埚过滤，贮于棕色试剂瓶中待标定。

可以用来标定 $KMnO_4$ 溶液的基准物质很多，如 $Na_2C_2O_4$、$H_2C_2O_4·2H_2O$、$(NH_4)_2Fe(SO_4)_2·2H_2O$ 和纯铁丝等。其中最常用的是 $Na_2C_2O_4$，它易提纯且性质稳定，不含结晶水，在 105～110℃烘至恒重，即可使用。

MnO_4^- 与 $C_2O_4^{2-}$ 的标定反应在 H_2SO_4 介质中进行，其反应如下：

$$2MnO_4^- + 5C_2O_4^{2-} + 16H^+ \longrightarrow 2Mn^{2+} + 10CO_2\uparrow + 8H_2O$$

为了使标定反应能定量地较快进行，标定时应注意以下滴定条件：

1. 温度

滴定过程中近终点时加热溶液至约 65℃，继续滴定至溶液呈粉红色。不能使温度超过 90℃，否则 $H_2C_2O_4$ 分解，导致标定结果偏高。

$$H_2C_2O_4 \longrightarrow H_2O + CO_2\uparrow + CO\uparrow$$

2. 酸度

溶液应保持足够大的酸度，一般控制酸度为 0.5～1mol·L^{-1}。如果酸度不足，易生成 MnO_2 沉淀，酸度过高则又会使 $H_2C_2O_4$ 分解。调节酸度时，使用稀硫酸溶液（8+92）。

3. 滴定速度

MnO_4^- 与 $C_2O_4^{2-}$ 的反应开始时速度很慢，当有 Mn^{2+} 生成之后，反应速度逐渐加快。因此，开始滴定时，应该等第一滴 $KMnO_4$ 溶液褪色后，再加第二滴。此后，因反应生成的 Mn^{2+} 有自动催化作用而加快反应速度，可加快滴定速度，但不能过快，否则加入的 $KMnO_4$ 溶液会因来不及与 $C_2O_4^{2-}$ 反应，就在热的酸性溶液中分解，导致标定结果偏低。

$$4MnO_4^- + 12H^+ = 4Mn^{2+} + 6H_2O + 5O_2 \uparrow$$

若滴定前加入少量的 $MnSO_4$ 作为催化剂，则在滴定的最初阶段就能以较快的速度进行。

4. 滴定终点

用 $KMnO_4$ 溶液滴定至溶液呈浅粉红色且30s不褪色即为终点。若放置时间过长，空气中还原性物质能使 $KMnO_4$ 还原而褪色。

三、测定原理

在酸性溶液中 H_2O_2 被 MnO_4^- 定量氧化：

$$2MnO_4^- + 5H_2O_2 + 6H^+ = 2Mn^{2+} + 5O_2 \uparrow + 8H_2O$$

此反应在室温下即可顺利进行，滴定开始时反应较慢，随着 Mn^{2+} 生成而加速。也可先加入少量 Mn^{2+} 作为催化剂，滴定至溶液呈浅粉红色30s不褪色即可。

【任务实施】

双氧水试样中过氧化氢含量的测定

一、实验器材

分析天平、滴定台（带滴定管夹）、酸式滴定管（棕色，50mL）、容量瓶（250mL）、锥形瓶（250mL）、移液管（25mL）、量筒（100mL）、烧杯（100mL）、电炉、称量瓶、胶头滴管、玻璃棒、吸水纸、乳胶手套等。

二、实验试剂

高锰酸钾标准溶液（$0.02mol \cdot L^{-1}$）、草酸钠（基准物质）、硫酸溶液（1+9）、硫酸溶液（1+15）、市售双氧水（约30%）等。

三、实验步骤

1. 高锰酸钾标准溶液的标定

用减量法准确称取2.0g（准确至0.1mg）已于105～110℃烘至恒重的草酸钠于烧杯中，用50mL硫酸溶液（1+9）溶解，定量转移至250mL容量瓶中，用水稀释至刻度，摇匀。

移取25.0mL上述溶液放入锥形瓶中，加75mL硫酸溶液（1+9），用配制好的高锰酸钾溶液滴定，近终点时加热至65℃，继续滴定到溶液呈粉红色，保持30s不褪色即为终点。平行测定3次，同时做空白试验。

2. 过氧化氢含量的测定

用减量法准确称取0.1g（准确至0.1mg）双氧水试样，置于已加有100mL硫酸溶液（1+15）的锥形瓶中，用 $KMnO_4$ 标准溶液滴定至溶液呈浅粉红色，保持30s不褪色即为终点。平行测定3次，同时做空白试验。

四、实验记录及结果处理

1. 高锰酸钾标准溶液的标定

高锰酸钾标准溶液的标定见表4-4。

表 4-4　高锰酸钾标准溶液的标定

记录项目		1	2	3	空白
m(草酸钠)/g					
吸取草酸钠溶液体积/mL					
$KMnO_4$ 标准溶液滴定管读数/mL	起点				
	终点				
$KMnO_4$ 标准溶液用量	$KMnO_4$ 标准溶液用量 V/mL				
	减去空白后 $KMnO_4$ 标准溶液用量 V/mL				
$c(KMnO_4)/mol\cdot L^{-1}$					
$\overline{c}_{平均值}/mol\cdot L^{-1}$					
相对平均偏差					

2. 过氧化氢含量的测定

过氧化氢含量的测定见表4-5。

表 4-5　过氧化氢含量的测定

记录项目		1	2	3	空白
m(过氧化氢)/g					
$KMnO_4$ 标准溶液滴定管读数/mL	起点				
	终点				
$KMnO_4$ 标准溶液用量	$KMnO_4$ 标准溶液用量 V/mL				
	减去空白后 $KMnO_4$ 标准溶液用量 V/mL				
$w(H_2O_2)$					
$\overline{w}(H_2O_2)$					
相对平均偏差					

计算参考公式：

(1) 高锰酸钾浓度的计算公式

$$c_{KMnO_4}=\frac{2m_{Na_2C_2O_4}\times 25.0}{5(V_{KMnO_4}-V_0)\times M_{Na_2C_2O_4}\times 250.0}$$

式中，c_{KMnO_4} 为 $KMnO_4$ 标准溶液的浓度，$mol \cdot L^{-1}$；V_{KMnO_4} 为滴定时消耗 $KMnO_4$ 标准溶液的体积，L；V_0 为空白试验滴定时消耗 $KMnO_4$ 标准溶液的体积，L；$m_{Na_2C_2O_4}$ 为 $Na_2C_2O_4$ 基准物质的质量，g；$M_{Na_2C_2O_4}$ 为 $Na_2C_2O_4$ 的摩尔质量，$g \cdot mol^{-1}$。

(2) 双氧水浓度的计算公式

$$H_2O_2\% = \frac{5c_{KMnO_4} \times (V_{KMnO_4} - V_0) \times M_{H_2O_2}}{2m_{试样}} \times 100\%$$

式中，c_{KMnO_4} 为 $KMnO_4$ 标准溶液的浓度，$mol \cdot L^{-1}$；V_{KMnO_4} 为 $KMnO_4$ 标准溶液的体积，L；V_0 为空白试验滴定时消耗 $KMnO_4$ 标准溶液的体积，L；$m_{试样}$ 为 H_2O_2 试样的质量，g；$M_{H_2O_2}$ 为 H_2O_2 的摩尔质量，$g \cdot mol^{-1}$。

五、注意事项

1. 不能用硝酸或盐酸溶液来控制溶液酸度。

2. 标定好的 $KMnO_4$ 溶液在放置一段时间后，若发现有沉淀析出，应重新过滤并标定。

【学习延展】

等物质的量规则及基本单元的选取

一、等物质的量规则

等物质的量规则是指在化学反应中，选定适当的基本单元，则任何时刻所消耗的每种反应物的物质的量相等。在滴定分析中，根据滴定反应选取适当的基本单元，滴定到达化学计量点时被测组分的物质的量就等于所消耗的标准溶液的物质的量。

二、基本单元的选取

根据国际单位制规定，使用物质的量的单位摩尔时，要指明物质的基本单元。由于物质的量浓度的单位是由基本单位摩尔推导得到的，所以在使用物质的量浓度时也必须注明物质的基本单元。基本单元是指分子、原子、离子、电子等粒子的特定组合，常根据需要进行确定。

例如对于酸碱反应，应根据反应中转移的质子数来确定酸碱的基本单元，即以转移一个质子的特定组合作为反应的基本单元。H_2SO_4 与 NaOH 之间的反应，在反应中 NaOH 转移一个质子，因此选取 NaOH 作为基本单元，H_2SO_4 转移两个质子，选取 $\frac{1}{2}H_2SO_4$ 作为基本单元。由于反应中 H_2SO_4 给出的质子数必定等于 NaOH 接受的质子数，因此反应到达化学计量点时两反应物的物质的量相等。

对氧化还原反应，可根据反应中转移的电子数来确定氧化剂和还原剂的基本单元，即以转移一个电子的特定组合作为反应的基本单元。$KMnO_4$ 在酸性介质下与 $Na_2C_2O_4$ 反应，$KMnO_4$ 还原为 Mn^{2+}，$Na_2C_2O_4$ 被氧化为 CO_2，反应中转移电子数为 5 和 2，常采用$\frac{1}{5}KMnO_4$、$\frac{1}{2}Na_2C_2O_4$ 作为基本单元。这样 1mol 氧化剂和 1mol 还原剂反应时就转移 1mol 的电子，由于反应中还原剂给出的电子数和氧化剂所获得的电子数是相等的，因此在化学计量点时氧化剂和还原剂的物质的量也相等。

三、等物质的量规则应用

在等物质的量规则计算过程中，对于具体物质，选取的基本单元的量要注意做相应的换算。

具体可参考以下方法：

(1) 选取基本单元与该物质的总质量和体积无关，计算时可用原数据；

(2) 选取的基本单元为特定组合时，摩尔质量为原物质的几分之一，物质的量浓度为原物质的几倍。

(3) 其他相应参数可以利用相应公式计算得出。如$\frac{1}{5}KMnO_4$ 的摩尔质量为 $KMnO_4$ 的$\frac{1}{5}$，同一 $KMnO_4$ 溶液以 $KMnO_4$ 为基本单元时浓度为 0.10mol·L^{-1}时，其以$\frac{1}{5}KMnO_4$ 为基本单元时浓度为 0.50mol·L^{-1}。而 $c(KMnO_4)=0.10$mol·L^{-1}与 $c\left(\frac{1}{5}KMnO_4\right)=0.10$mol·L^{-1}的两个溶液，它们浓度数值虽然相同，但是，它们所表示 1L 溶液中所含 $KMnO_4$ 的质量是不同的，分别为 15.8g 与 3.16g。

因此，对于 H_2SO_4 与 NaOH 之间的滴定反应，则有：

$$n_{NaOH}=n_{\frac{1}{2}H_2SO_4}$$

$$c_{NaOH}V_{NaOH}=c_{\frac{1}{2}H_2SO_4}V_{H_2SO_4}$$

反应过程中溶液的体积与选取的基本单元无关，因此 $V_{H_2SO_4}=V_{\frac{1}{2}H_2SO_4}$，计算过程中代入 $V_{H_2SO_4}$ 即可。

对于 $KMnO_4$ 在酸性介质下与 $Na_2C_2O_4$ 反应则有：

$$n_{\frac{1}{5}KMnO_4}=n_{\frac{1}{2}Na_2C_2O_4}$$

$$c_{\frac{1}{5}KMnO_4}V_{KMnO_4}=c_{\frac{1}{2}Na_2C_2O_4}V_{Na_2C_2O_4}$$

同样，反应过程中溶液的体积与选取的基本单元无关，因此 $V_{KMnO_4}=V_{\frac{1}{5}KMnO_4}$，$V_{Na_2C_2O_4}=V_{\frac{1}{2}Na_2C_2O_4}$，计算过程中代入 V_{KMnO_4}、$V_{Na_2C_2O_4}$ 即可。

任务 2. 硫酸亚铁铵中铁离子含量的测定

【任务描述】

学习重铬酸钾法测定铁离子含量的原理、操作及注意事项，能熟练地使用滴定分析仪器进行铁离子含量测定操作。

【任务目标】

1. 熟悉重铬酸钾法的原理、特点；
2. 掌握重铬酸钾法测定铁离子含量的操作要点；
3. 能够准确配制重铬酸钾标准溶液；
4. 能够熟练应用重铬酸钾法进行铁离子含量的测定；
5. 能够准确、整齐、简明记录实验原始数据并进行计算。

【知识准备】

一、重铬酸钾法概述

以 $K_2Cr_2O_7$ 为滴定剂的氧化还原滴定法称为重铬酸钾法。$K_2Cr_2O_7$ 是一种常用的氧化剂，它具有较强的氧化性，在酸性介质中 $Cr_2O_7^{2-}$ 被还原为 Cr^{3+}，其反应如下：

$$Cr_2O_7^{2-}+14H^++6e^-=\!=\!=2Cr^{3+}+7H_2O \quad E^{\ominus}=1.33V$$

重铬酸钾的氧化能力不如高锰酸钾强，因此重铬酸钾可以测定的物质不如高锰酸钾广泛，但与高锰酸钾法相比，它有自己的优点。

(1) $K_2Cr_2O_7$ 易提纯，可以制成基准物质，可直接称量配制标准溶液。$K_2Cr_2O_7$ 标准溶液相当稳定，保存在密闭容器中，浓度可长期保持不变。

(2) 室温下，当 HCl 溶液浓度低于 $3mol\cdot L^{-1}$时，$Cr_2O_7^{2-}$ 不会诱导氧化 Cl^-，因此 $K_2Cr_2O_7$ 法可在盐酸介质中进行滴定。$Cr_2O_7^{2-}$ 的滴定还原产物是 Cr^{3+}，呈绿色，滴定时须用指示剂指示滴定终点。常用的指示剂为二苯胺磺酸钠。

二、 $K_2Cr_2O_7$ 标准溶液的制备

1. 直接配制法

$K_2Cr_2O_7$ 标准溶液可用直接法配制，但在配制前应将 $K_2Cr_2O_7$ 基准试剂在140～150℃的电烘箱中干燥至恒重。

重铬酸钾标准溶液的浓度按下式计算：

$$c_{K_2Cr_2O_7}=\frac{m_{K_2Cr_2O_7}}{M_{K_2Cr_2O_7}\times V\times 10^{-3}}$$

式中，$c_{K_2Cr_2O_7}$ 为 $K_2Cr_2O_7$ 标准溶液的浓度，$mol\cdot L^{-1}$；V 为 $K_2Cr_2O_7$ 标准溶液的体积，mL；$m_{K_2Cr_2O_7}$ 为基准物质 $K_2Cr_2O_7$ 的质量，g；$M_{K_2Cr_2O_7}$ 为 $K_2Cr_2O_7$ 的摩尔质量，$g\cdot mol^{-1}$。

2. 间接配制法

若使用分析纯 $K_2Cr_2O_7$ 试剂配制标准溶液，则需进行标定。其标定原理是移取一定体积的 $K_2Cr_2O_7$ 溶液，加入过量的 KI 和 H_2SO_4，用已知浓度的 $Na_2S_2O_3$ 标准溶液进行滴定，以淀粉指示液指示滴定终点，其反应式为：

$$Cr_2O_7^{2-}+6I^-+14H^+ = 2Cr^{3+}+3I_2+7H_2O$$

$$I_2+2S_2O_3^{2-} = S_4O_6^{2-}+2I^-$$

$K_2Cr_2O_7$ 标准溶液的浓度按下式计算：

$$c_{K_2Cr_2O_7}=\frac{(V_1-V_0)\times c_{Na_2S_2O_3}}{6V}$$

式中，$c_{K_2Cr_2O_7}$ 为 $K_2Cr_2O_7$ 标准溶液的浓度，$mol\cdot L^{-1}$；$c_{Na_2S_2O_3}$ 为 $Na_2S_2O_3$ 标准溶液的浓度，$mol\cdot L^{-1}$；V_1 为滴定时消耗 $Na_2S_2O_3$ 标准溶液的体积，mL；V_0 为空白试验消耗 $Na_2S_2O_3$ 标准溶液的体积，mL；V 为 $K_2Cr_2O_7$ 标准溶液的体积，mL。

三、测定原理

氧化还原滴定法测定未知铁试样溶液的浓度(上)

取一定量的待测定溶液，以 $SnCl_2$ 趁热将溶液中大部分 Fe^{3+} 还原为 Fe^{2+}，再以钨酸钠为指示剂，用 $TiCl_3$ 还原剩余的 Fe^{3+}，反应为

$$2Fe^{3+}+Sn^{2+} = 2Fe^{2+}+Sn^{4+}$$

$$Fe^{3+}+Ti^{3+} = Fe^{2+}+Ti^{4+}$$

当 Fe^{3+} 定量还原为 Fe^{2+} 之后，稍过量的 $TiCl_3$ 即可使溶液中作为指示剂的六价钨还原为蓝色的五价钨配合物（俗称“钨蓝”），此时溶液呈现蓝色。然后滴入重铬酸钾溶液，使钨蓝刚好褪色，或者以 Cu^{2+} 为催化剂使稍过量的 Ti^{3+} 被水中溶解的氧所氧化，从而消除少量的还原剂的影响。最后以二苯胺磺酸钠为指示剂，用重铬酸钾标准溶液滴定溶液中的 Fe^{2+}，即可求出铁含量。

氧化还原滴定法测定未知铁试样溶液的浓度(下)

【任务实施】

硫酸亚铁铵中铁离子含量的测定

一、实验器材

分析天平、滴定台（带滴定管夹）、酸式滴定管（50mL）、移液管（25mL）、锥形瓶（250mL）、容量瓶（250mL）、烧杯（100mL）、量筒（20mL、100mL）、电炉、称量瓶、胶头滴管、玻璃棒、吸水纸、乳胶手套等。

二、实验试剂

重铬酸钾（基准物质）、盐酸（1∶1）、氯化亚锡（$100g\cdot L^{-1}$）、钨酸钠（$250g\cdot L^{-1}$）、三氯化钛（$15g\cdot L^{-1}$）、硫磷混酸（硫酸∶磷酸∶水=3∶2∶5）、二苯胺磺酸钠（0.2%）、硫酸亚铁铵试样溶液等。

三、实验步骤

1. 重铬酸钾标准溶液的配制

用减量法称取 1.2g（准确至 0.1mg）已在 140～150℃的电烘箱中干燥至恒重的重铬酸钾于烧杯中，加水溶解，移入 250mL 容量瓶中，用水定容并摇匀。

2. 硫酸亚铁铵中铁离子的测定

移取未知铁试样溶液 25mL 于 250mL 锥形瓶中，加 12mL 盐酸，加热至沸，趁热滴加氯化亚锡溶液还原三价铁，并不时摇动锥形瓶中溶液，直到溶液保持淡黄色，加水约 100mL，然后加钨酸钠指示液 10 滴，用三氯化钛溶液还原至溶液呈蓝色，再滴加稀重铬酸钾溶液至钨蓝色刚好消失。冷却至室温，立即加入 30mL 硫磷混酸和 15 滴二苯胺磺酸钠指示液，用重铬酸钾标准溶液滴定至溶液呈紫色，且 30s 不褪色为终点，平行测定 3 次，同时做空白试验。

四、实验记录及结果处理

硫酸亚铁铵中铁离子含量的测定记录见表 4-6。

表 4-6 硫酸亚铁铵中铁离子含量的测定

记录项目		1	2	3	空白
称取 $K_2Cr_2O_7$ 的质量/g					
$K_2Cr_2O_7$ 的物质的量浓度/$mol\cdot L^{-1}$					
吸取铁样品溶液体积/mL					
$K_2Cr_2O_7$ 标准溶液滴定管读数/mL	起点				
	终点				

续表

记录项目		1	2	3	空白
$K_2Cr_2O_7$ 标准溶液用量	$K_2Cr_2O_7$ 标准溶液用量 V/mL				
	减去空白后 $K_2Cr_2O_7$ 标准溶液用量 V/mL				
$c(Fe^{2+})/mol \cdot L^{-1}$					
$c_{平均值}/mol \cdot L^{-1}$					
相对平均偏差					

计算参考公式：

（1）重铬酸钾标准溶液浓度计算公式

$$c_{K_2Cr_2O_7}=\frac{m_{K_2Cr_2O_7}}{M_{K_2Cr_2O_7}\times V\times 10^{-3}}$$

式中，$c_{K_2Cr_2O_7}$ 为 $K_2Cr_2O_7$ 标准溶液的浓度，$mol \cdot L^{-1}$；V 为 $K_2Cr_2O_7$ 标准溶液的体积，mL；$m_{K_2Cr_2O_7}$ 为基准物质 $K_2Cr_2O_7$ 的质量，g；$M_{K_2Cr_2O_7}$ 为 $K_2Cr_2O_7$ 的摩尔质量，294.18$g \cdot mol^{-1}$。

（2）铁离子浓度计算公式

$$c_{Fe^{2+}}=\frac{c_{K_2Cr_2O_7}\times V\times 6}{25}$$

式中，$c_{K_2Cr_2O_7}$ 为重铬酸钾标准溶液的浓度，$mol \cdot L^{-1}$；V 为减去空白后重铬酸钾标准溶液的体积，mL。

五、注意事项

1. 滴加氯化亚锡溶液还原三价铁时要趁热，并摇动锥形瓶中溶液。
2. 混合酸必须使用硫酸和磷酸的混合物。

【学习延展】

化学需氧量

一、概念

化学需氧量（COD）是在一定的条件下，采用一定的强氧化剂处理水样时，所消耗的氧化剂量，它是表示水中还原性物质多少的一个指标。水中的还原性物质有各种有机物、亚硝酸盐、硫化物、亚铁盐等，但主要是有机物。因此，化学需氧量又往往作为衡量水中有机物质含量多少的指标。化学需氧量越大，说明水体受有机物的污染越严重。化学需氧量 COD_{Cr} 表示在强酸性条件下用重铬酸钾氧化 1L 污水中有机物所需的氧量，可大致表示污水中的有机物量。

二、化学需氧量的测定原理

随着测定水样中还原性物质以及测定方法的不同，其测定值也有不同。目前应用最普遍的是酸性高锰酸钾氧化法和重铬酸钾氧化法。高锰酸钾法氧化率较低，但比较简便，在测定水样中有机物含量的相对比较值时，可以采用。重铬酸钾法氧化率高，再现性好，适用于测定水样中有机物的总量。不管对除盐、炉水或循环水系统，COD 都是越低越好，但并没有统一的限制指标。例如在循环冷却水系统中，COD（$KMnO_4$ 法）＞$5mg \cdot L^{-1}$时，水质已开始变差。

在强酸性溶液中，准确加入过量的重铬酸钾标准溶液，加热回流，将水样中还原性物质（主要是有机物）氧化，过量的重铬酸钾以试亚铁灵（配制方法为称取 1.485g 化学纯邻二氮菲与 0.695g 化学纯硫酸亚铁溶于蒸馏水中定容至 100mL）作指示剂，用硫酸亚铁铵标准溶液回滴，根据所消耗的重铬酸钾标准溶液量计算水样化学需氧量。

三、测定步骤

1. 取 20.0mL 混合均匀的水样（或适量水样稀释至 20.0mL）置于 250mL 带磨口的锥形瓶中，准确加入 10.0mL 重铬酸钾标准溶液及数粒小玻璃珠或沸石，连接带磨口回流冷凝管，从冷凝管上口慢慢地加入 30mL 硫酸-硫酸银溶液，轻轻摇动锥形瓶使溶液混匀，加热回流 2h（自开始沸腾时计时）。对于化学需氧量高的废水样，可先取上述操作所需体积$\frac{1}{10}$的废水样和试剂于 15mm×150mm 硬质玻璃试管中，摇匀，加热后观察是否呈绿色。如溶液显绿色，再适当减少废水取样量，直至溶液不变绿色为止，从而确定废水样分析时应取用的体积。稀释时，所取废水样量不得少于 5mL，如果化学需氧量很高，则废水样应多次稀释。废水中氯离子含量超过 $30mg \cdot L^{-1}$时，应先将 0.4g 硫酸汞加入锥形瓶中，再加 20.0mL 废水（或适量废水稀释至 20.0mL），摇匀。

2. 冷却后，用 90mL 水冲洗冷凝管壁，取下锥形瓶。溶液总体积不得少于 140mL，否则因酸度太大，滴定终点不明显。

3. 溶液再度冷却后，加 3 滴试亚铁灵指示液，用硫酸亚铁铵标准溶液滴定，溶液的颜色由黄色经蓝绿色至红褐色即为终点，记录硫酸亚铁铵标准溶液的用量。

4. 测定水样的同时，取 20.0mL 重蒸蒸馏水，按同样操作步骤做空白试验。记录滴定空白时硫酸亚铁铵标准溶液的用量。

四、化学需氧量的应用

Ⅰ类和Ⅱ类水化学需氧量（COD）≤15、Ⅲ类水化学需氧量（COD）≤20、Ⅳ类水化学需氧量（COD）≤30、Ⅴ类水化学需氧量（COD）≤40。COD 的数值越大，表明水体的污染情况越严重。

任务 3. 维生素 C 药片中 Vc 含量的测定

【任务描述】

学习碘量法测定 Vc 含量的原理、操作及注意事项，能熟练地使用滴定分析仪器进行 Vc 含量测定操作。

【任务目标】

1. 熟悉碘量法的原理、特点；
2. 掌握碘量法测定 Vc 含量的操作要点；
3. 能够准确配制和标定碘量法所用标准溶液；
4. 能够熟练应用碘量法进行 Vc 含量的测定；
5. 能够准确、整齐、简明记录实验原始数据并进行计算。

【知识准备】

一、碘量法概述

碘量法是利用 I_2 的氧化性和 I^- 的还原性来进行滴定的方法，分为直接碘量法和间接碘量法，其基本反应是：

$$I_2 + 2e^- \rightleftharpoons 2I^- \qquad E^{\ominus} = +0.5345V$$

固体 I_2 在水中溶解度很小（298K 时为 $1.3\times10^{-3}mol\cdot L^{-1}$），且易挥发，通常将 I_2 溶解于 KI 溶液中，此时它以 I_3^- 配离子形式存在溶液中：

$$I_2 + I^- \rightleftharpoons I_3^-$$

其半反应为：$I_3^- + 2e^- \rightleftharpoons 3I^-$。

为方便和明确化学计量关系，I_3^- 一般仍简写为 I^-。

I_2 是较弱的氧化剂，能与较强的还原剂作用；I^- 是中等强度的还原剂，能与许多氧化剂作用，因此碘量法可以用直接或间接的两种方式进行。

碘量法既可测定氧化剂，又可测定还原剂。I_3^-/I^- 电对反应的可逆性好，副反应少，又有很灵敏的淀粉指示剂指示终点，因此碘量法的应用范围很广。

1. 直接碘量法

用 I_2 配成的标准溶液可以直接测定 S^{2-}、SO_3^{2-}、Sn^{2+}、$S_2O_3^{2-}$、As(Ⅲ)、Vc 等还原性物质，这种碘量法称为直接碘量法，又叫碘滴定法。直接碘量法不能在碱性溶液中进行滴定，因为碘与碱发生歧化反应。

$$I_2 + 2OH^- \Longrightarrow IO^- + I^- + H_2O$$

$$3IO^- \Longrightarrow IO_3^- + 2I^-$$

即：$3I_2 + 6OH^- \Longrightarrow IO_3^- + 5I^- + 3H_2O$

2. 间接碘量法

一些氧化性物质，可在一定的条件下，用 I^- 还原，然后用 $Na_2S_2O_3$ 标准溶液滴定释放出的 I_2，这种方法称为间接碘量法，又称滴定碘法。间接碘量法的基本反应为：

$$2I^- - 2e^- \Longrightarrow I_2$$

$$I_2 + 2S_2O_3^{2-} \Longrightarrow S_4O_6^{2-} + 2I^-$$

利用这一方法可以测定很多氧化性物质，如 Cu^{2+}、$Cr_2O_7^{2-}$、IO_3^-、BrO_3^-、AsO_4^{3-}、ClO^-、NO_2^-、H_2O_2、MnO_4^- 和 Fe^{3+} 等。

间接碘量法多在中性或弱酸性溶液中进行，因为在碱性溶液中 I_2 与 $S_2O_3^{2-}$ 将发生如下反应：

$$S_2O_3^{2-} + 4I_2 + 10OH^- \Longrightarrow 2SO_4^{2-} + 8I^- + 5H_2O$$

同时，I_2 在碱性溶液中还会发生歧化反应：

$$3I_2 + 6OH^- \Longrightarrow IO_3^- + 5I^- + 3H_2O$$

在强酸性溶液中，$Na_2S_2O_3$ 溶液会发生分解反应；

$$S_2O_3^{2-} + 2H^+ \Longrightarrow SO_2\uparrow + S\downarrow + H_2O$$

同时，I^- 在酸性溶液中易被空气中的 O_2 氧化。

$$4I^- + 4H^+ + O_2 \Longrightarrow 2I_2 + 2H_2O$$

3. 淀粉指示剂

I_2 与淀粉呈现蓝色，其显色灵敏度除与 I_2 的浓度有关以外，还与淀粉的性质、加入的时间、温度及反应介质等条件有关。因此在使用淀粉指示液指示终点时要注意以下几点：

(1) 所用的淀粉必须是可溶性淀粉。

(2) I_3^- 与淀粉的蓝色在热溶液中会消失，因此，不能在热溶液中进行滴定。

(3) 要注意反应介质的条件，淀粉在弱酸性溶液中灵敏度很高，显蓝色；当 $pH<2$ 时，淀粉会水解成糊精，与 I_2 作用显红色；当 $pH>9$ 时，I_2 转变为 IO^- 与淀粉不显色。

(4) 直接碘量法用淀粉指示液指示终点时，应在滴定开始时加入。终点时，溶液由无色突变为蓝色。间接碘量法用淀粉指示液指示终点时，应等滴至 I_2 的黄色很浅时再加入淀粉指示液（若过早加入淀粉，它与 I_2 形成的蓝色配合物会吸留部分 I_2，往往易使终点提前且不明显）。终点时，溶液由蓝色变为无色。

(5) 淀粉指示液的用量一般为 2～5mL（$5g\cdot L^{-1}$淀粉指示液）。

4. 碘量法的误差来源和减小措施

碘量法的误差来源于两个方面：一是 I_2 易挥发；二是在酸性溶液中 I^- 易被空

气中的 O_2 氧化。为了防止 I_2 挥发和空气中氧氧化 I^-，测定时要加入过量的 KI，使 I_2 生成 I_3^-，并使用碘量瓶，滴定时不要剧烈摇动，以减少 I_2 的挥发。由于 I^- 被空气氧化的反应，随光照及酸度增高而加快，因此在反应时，应将碘量瓶置于暗处；滴定前调节好酸度，析出 I_2 后立即进行滴定。此外，Cu^{2+}、NO_2^- 等离子会催化空气对 I^- 的氧化，应设法消除干扰。

二、碘量法标准溶液的制备

碘量法中需要配制和标定 $Na_2S_2O_3$ 和 I_2 两种标准溶液。

1. $Na_2S_2O_3$ 标准溶液的制备

(1) $Na_2S_2O_3$ 标准溶液的配制

市售硫代硫酸钠（$Na_2S_2O_3 \cdot 5H_2O$）一般都含有少量杂质，因此配制 $Na_2S_2O_3$ 标准溶液不能用直接法，只能用间接法。

配制好的 $Na_2S_2O_3$ 溶液在空气中不稳定，容易分解，这是由于在水中的微生物、CO_2、空气中 O_2 作用下，发生下列反应：

$$Na_2S_2O_3 \xlongequal{\text{微生物}} Na_2SO_3 + S\downarrow$$

$$Na_2S_2O_3 + CO_2 + H_2O = NaHSO_3 + NaHCO_3 + S\downarrow$$

$$2Na_2S_2O_3 + O_2 = 2Na_2SO_4 + 2S\downarrow$$

此外，水中微量的 Cu^{2+} 或 Fe^{3+} 等也能促进 $Na_2S_2O_3$ 溶液分解，因此配制 $Na_2S_2O_3$ 溶液时，应当用新煮沸并冷却的蒸馏水，并加入少量 Na_2CO_3，使溶液呈弱碱性，以抑制细菌生长，缓缓煮沸 10min 后冷却。配制好的 $Na_2S_2O_3$ 溶液应贮于棕色瓶中，于暗处放置 2 周后，用 4 号玻璃砂芯漏斗过滤除去沉淀，然后再标定；标定后的 $Na_2S_2O_3$ 溶液在贮存过程中如发现溶液变混浊，应重新标定或弃去重配。

(2) $Na_2S_2O_3$ 标准溶液的标定

标定 $Na_2S_2O_3$ 溶液的基准物质有 $K_2Cr_2O_7$、KIO_3、$KBrO_3$ 及升华 I_2 等。除 I_2 外，其他物质都需在酸性溶液中与 KI 作用析出 I_2 后，再用配制的 $Na_2S_2O_3$ 溶液滴定。若以 $K_2Cr_2O_7$ 作为基准物质标定，则 $K_2Cr_2O_7$ 在酸性溶液中与 I^- 发生如下反应：

$$Cr_2O_7^{2-} + 6I^- + 14H^+ = 2Cr^{3+} + 3I_2 + 7H_2O$$

反应析出的 I_2 以淀粉为指示剂，用待标定的 $Na_2S_2O_3$ 溶液滴定。

$$I_2 + 2S_2O_3^{2-} = 2I^- + S_4O_6^{2-}$$

用 $K_2Cr_2O_7$ 标定 $Na_2S_2O_3$ 溶液时应注意：$Cr_2O_7^{2-}$ 与 I^- 反应较慢，为加速反应，须加入过量的 KI 并提高酸度，不过酸度过高会加速空气氧化 I^-。因此，一般应控制酸度为 0.2～0.4$mol \cdot L^{-1}$。并在暗处放置 10min，以保证反应顺利完成。近终点时加入淀粉指示液，滴定至溶液由蓝色变为亮绿色。

根据称取 $K_2Cr_2O_7$ 的质量和滴定时消耗 $Na_2S_2O_3$ 标准溶液的体积，可计算出 $Na_2S_2O_3$ 标准溶液的浓度。计算公式如下：

$$c_{Na_2S_2O_3} = \frac{6m_{K_2Cr_2O_7} \times 1000}{(V - V_0) \times M_{K_2Cr_2O_7}}$$

式中，$m_{K_2Cr_2O_7}$ 为重铬酸钾的质量，g；V 为滴定时消耗 $Na_2S_2O_3$ 标准溶液的体积，mL；V_0 为空白试验消耗 $Na_2S_2O_3$ 标准溶液的体积，mL；$M_{K_2Cr_2O_7}$ 为重铬酸钾的摩尔质量，$g \cdot mol^{-1}$。

2. I_2 标准溶液的制备

(1) I_2 标准溶液的配制

用升华法制得的纯碘，可直接配制成标准溶液。若用市售的碘应先配成近似浓度的碘溶液，然后用基准试剂或已知准确浓度的 $Na_2S_2O_3$ 标准溶液来标定碘溶液的准确浓度。由于 I_2 难溶于水，易溶于 KI 溶液，故配制时应将 I_2、KI 与少量水一起研磨后再用水稀释，并保存在棕色试剂瓶中待标定。

(2) I_2 标准溶液的标定

I_2 溶液可用已知准确浓度的 $Na_2S_2O_3$ 标准溶液来标定，也可用 As_2O_3（砒霜，有剧毒）基准物质标定。As_2O_3 难溶于水，多用 NaOH 溶解，使之生成亚砷酸钠，再用 I_2 溶液滴定 AsO_3^{3-}。

$$As_2O_3 + 6OH^- = 2AsO_3^{3-} + 3H_2O$$

$$AsO_3^{3-} + I_2 + H_2O \rightleftharpoons AsO_4^{3-} + 2I^- + 2H^+$$

此反应为可逆反应，为使反应快速定量地向右进行，可加入 $NaHCO_3$，以保持溶液 pH≈8 左右。

根据称取的 As_2O_3 质量和滴定时消耗 I_2 溶液的体积，可计算出 I_2 标准溶液的浓度。计算公式如下：

$$c_{I_2} = \frac{2m_{As_2O_3} \times 1000}{(V - V_0) \times M_{As_2O_3}}$$

式中，$m_{As_2O_3}$ 为称取 As_2O_3 的质量，g；V 为滴定时消耗 I_2 标准溶液的体积，mL；V_0 为空白试验消耗 I_2 标准溶液的体积，mL；$M_{As_2O_3}$ 为 As_2O_3 的摩尔质量，$g \cdot mol^{-1}$。

由于 As_2O_3 为剧毒物，一般常用已知浓度的 $Na_2S_2O_3$ 标准溶液标定 I_2 溶液。

三、测定原理

维生素 C 又称抗坏血酸（$C_6H_8O_6$，摩尔质量为 $171.62 g \cdot mol^{-1}$，通常用 Vc 表示）。由于 Vc 分子中的烯二醇基具有还原性，所以它能被 I_2 定量地氧化成二酮基，其反应为：

$$\text{(Vc)}\!-\!\underset{H}{\overset{OH}{C}}\!-\!CH_2OH + I_2 \xrightleftharpoons{HOAc} \text{(脱氢Vc)}\!-\!\underset{H}{\overset{OH}{C}}\!-\!CH_2OH + 2HI$$

由于 Vc 的还原性很强，在空气中极易被氧化，尤其在碱性介质中容易被氧化，测定时应加入醋酸使溶液呈现弱酸性，以减少 Vc 的副反应。

测定 Vc 含量时，将试样溶解在新煮沸且冷却的蒸馏水中，以醋酸酸化，加入淀粉指示剂，迅速用 I_2 标准溶液滴定至终点（呈现稳定的蓝色）。

Vc 在空气中易被氧化，所以在醋酸酸化后应立即滴定。由于蒸馏水中溶解有氧，因此蒸馏水必须事先煮沸，否则会使测定结果偏低。如果试液中有能被 I_2 直接氧化的物质存在，则对测定有干扰。

【任务实施】

维生素C药片中Vc含量的测定

一、实验器材

分析天平、酸式滴定管（棕色，50mL）、碱式滴定管（棕色，50mL）、碘量瓶（250mL）、移液管（25mL）、烧杯（100mL）、量筒（10mL、50mL）、研钵、称量瓶、吸水纸、乳胶手套等。

二、实验试剂

I_2 溶液（0.025mol·L^{-1}）、$K_2Cr_2O_7$ 标准溶液（0.0170mol·L^{-1}）、$Na_2S_2O_3$ 溶液（0.1mol·L^{-1}）、KI 溶液（100g·L^{-1}）、淀粉溶液（0.5%）、HCl 溶液（6mol·L^{-1}）、H_2SO_4 溶液（10%）、维生素C药片等。

三、实验步骤

1. $Na_2S_2O_3$ 标准溶液的标定

移取 25.0mL $K_2Cr_2O_7$ 标准溶液于碘量瓶中，加入 3mL HCl 溶液、5mL KI 溶液，盖上塞子，加上水密封，以防止 I_2 因挥发而损失，摇匀后置于暗处 5min，使反应完全。加入 50mL 水稀释，用 $Na_2S_2O_3$ 标准溶液滴定到溶液呈浅黄绿色时，加 2mL 淀粉溶液。继续滴入 $Na_2S_2O_3$ 溶液，直至蓝色刚刚消失而溶液呈亮绿色为止。平行测定 3 次，同时做空白试验。

2. I_2 标准溶液的标定

移取 25.0mL I_2 标准溶液置于碘量瓶中，加入 50mL 水，用 $Na_2S_2O_3$ 标准溶液滴定至溶液呈浅黄色时，加入 2mL 淀粉指示剂，继续用 $Na_2S_2O_3$ 标准溶液滴定至蓝色恰好消失，即为终点。平行测定 3 次，同时做空白试验。

3. 维生素C药片中Vc含量的测定

取 20 片维生素C药片，准确称量其质量。研成细粉末并混合均匀，准确称取粉末约 0.6g（三份）。置于碘量瓶中（操作一定要快），加 50mL 水和 25mL H_2SO_4 溶液，轻摇溶解、混匀。立即用 I_2 标准溶液进行滴定，近终点时，加入 2mL 淀粉溶液，继续滴定至溶液刚好呈现蓝色，30s 内不褪色即为终点。平行测定 3 次，同时做空白试验。

四、实验记录及结果处理

1. $Na_2S_2O_3$ 标准溶液的标定

$Na_2S_2O_3$ 标准溶液的标定见表 4-7。

表 4-7　$Na_2S_2O_3$ 标准溶液的标定

记录项目		1	2	3	空白
吸取 $K_2Cr_2O_7$ 溶液体积/mL					
$Na_2S_2O_3$ 标准溶液滴定管读数/mL	起点				
	终点				
$Na_2S_2O_3$ 标准溶液用量	$Na_2S_2O_3$ 标准溶液用量 V/mL				
	减去空白后 $Na_2S_2O_3$ 标准溶液用量 V/mL				
$c(Na_2S_2O_3)/mol \cdot L^{-1}$					
$c_{平均值}/mol \cdot L^{-1}$					
相对平均偏差					

2. I_2 标准溶液的标定

I_2 标准溶液的标定见表 4-8。

表 4-8　I_2 标准溶液的标定

记录项目		1	2	3	空白
吸取 I_2 溶液体积/mL					
$Na_2S_2O_3$ 标准溶液滴定管读数/mL	起点				
	终点				
$Na_2S_2O_3$ 标准溶液用量	$Na_2S_2O_3$ 标准溶液用量 V/mL				
	减去空白后 $Na_2S_2O_3$ 标准溶液用量 V/mL				
$c(I_2)/mol \cdot L^{-1}$					
$c_{平均值}/mol \cdot L^{-1}$					
相对平均偏差					

3. 维生素 C 药片中 Vc 含量的测定

维生素 C 药片中 Vc 含量的测定见表 4-9。

表 4-9　维生素 C 药片中 Vc 含量的测定

记录项目		1	2	3	空白
称取试样质量/g					
I_2 标准溶液滴定管读数/mL	起点				
	终点				
I_2 标准溶液用量	I_2 标准溶液用量 V/mL				
	减去空白后 I_2 标准溶液用量 V/mL				
Vc 含量/%					
Vc 平均含量/%					
相对平均偏差					

计算参考公式：

（1）$Na_2S_2O_3$ 标准溶液浓度的计算公式

$$c_{Na_2S_2O_3}=\frac{6c_{K_2Cr_2O_7}\times 25.0}{V_{Na_2S_2O_3}}$$

式中，$c_{Na_2S_2O_3}$ 为 $Na_2S_2O_3$ 标准溶液的浓度，$mol\cdot L^{-1}$；$c_{K_2Cr_2O_7}$ 为 $K_2Cr_2O_7$ 标准溶液的浓度，$mol\cdot L^{-1}$；$V_{Na_2S_2O_3}$ 为减去空白后 $Na_2S_2O_3$ 标准溶液的体积，mL。

（2）I_2 标准溶液浓度的计算公式

$$c_{I_2}=\frac{c_{Na_2S_2O_3}V_{Na_2S_2O_3}}{2\times 25.0}$$

式中，$c_{Na_2S_2O_3}$ 为 $Na_2S_2O_3$ 标准溶液的浓度，$mol\cdot L^{-1}$；$V_{Na_2S_2O_3}$ 为减去空白后 $Na_2S_2O_3$ 标准溶液的体积，mL。

（3）维生素 C 药片中 Vc 含量的计算公式

$$Vc\%=\frac{c_{I_2}V_{I_2}M_{Vc}}{m_{试样}}$$

式中，c_{I_2} 为 I_2 标准溶液的浓度，$mol\cdot L^{-1}$；V_{I_2} 为减去空白后 I_2 标准溶液的体积，L；M_{Vc} 为 Vc 的摩尔质量，$g\cdot mol^{-1}$；$m_{试样}$ 为维生素 C 试样的质量，g。

五、注意事项

1. I_2-KI 溶液呈深棕色，在滴定管中较难分辨凹液面，但液面最高点较清楚，所以常读取液面最高点，读数时应调节眼睛的位置，使之与液面最高点前后在同一水平位置上。

2. 使用碘量法时，应该用碘量瓶，防止 I_2、$Na_2S_2O_3$、Vc 被氧化，影响实验结果的准确性。

3. 由于实验中不可避免摇动锥形瓶，因此空气中的氧会将 Vc 氧化，使结果偏低。

4. 实验中所用指示剂为淀粉溶液。I_2 与淀粉形成蓝色的配合物，灵敏度很高。温度升高，灵敏度反而下降。淀粉指示剂要在接近终点时加入。

5. 配制 $Na_2S_2O_3$ 标准溶液时用新煮沸并冷却的蒸馏水，否则 $Na_2S_2O_3$ 因氧气、二氧化碳和微生物的作用而分解，使滴定时消耗 $Na_2S_2O_3$ 溶液的体积偏大。

【学习延展】

碘量瓶

碘量瓶（图 4-2）一般为碘量法测定中专用的一种锥形瓶，用于碘量分析，盖塞子后以水封瓶口。碘量瓶是在锥形瓶口上使用磨口塞子，并且加水封槽。

一、使用方法

使用时加入反应物后，盖紧塞子，塞子外加上适量水作密封，防止碘挥发，静置反应一定时间后，慢慢打开塞子，让密封水沿瓶塞流入锥形瓶，再用水将瓶口及塞子上的碘液洗入瓶中。

碘量瓶可以加热，但是温度不宜过高。

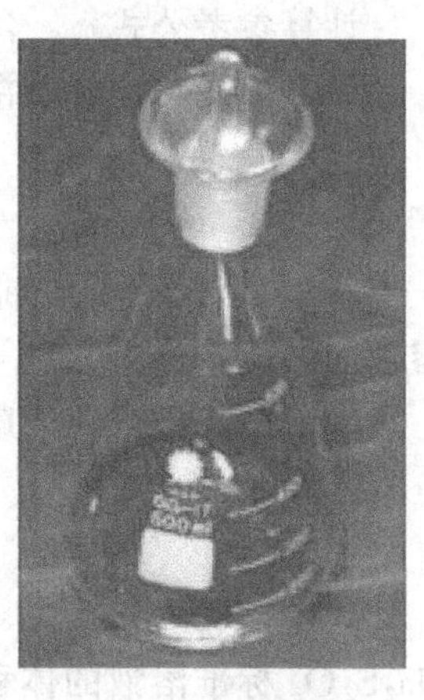

图 4-2　碘量瓶

二、使用注意事项

1. 为防止瓶内物质挥发，瓶口用水封。
2. 加热时要打开瓶塞。
3. 加热时垫石棉网，不可干烧。
4. 加热时应受热均匀。
5. 反应液体不超过容积的 2/3，加热时不超过容积的 1/2。

三、与锥形瓶区别

1. 使用场合不同

碘量瓶一般为碘量法测定中专用的一种锥形瓶，也可用作其他产生挥发性物质的反应容器。

锥形瓶用于一般的滴定实验中，亦可用于普通实验中制取气体或作为反应容器。其锥形结构相对稳定，不会倾倒。

2. 所属关系不同

碘量瓶属于锥形瓶，是锥形瓶的一种。在锥形瓶口上使用磨口塞子，并且加水封槽。如果没有水封槽，这种锥形瓶称为具塞锥形瓶，塞子和瓶口正好配套，盖好后，塞子和瓶口相平。

项目五

沉淀滴定法

【学习目标】

- **知识目标：**

1. 熟悉沉淀滴定法的原理、特点；
2. 掌握沉淀滴定法测定的操作要点。

- **能力目标：**

1. 能够准确配制和标定沉淀滴定法所用标准溶液；
2. 能够熟练应用沉淀滴定法进行测定分析；
3. 能够准确、整齐、简明记录实验原始数据并进行计算。

一、概述

以沉淀反应为基础的滴定分析法称为沉淀滴定法，基于沉淀溶解平衡的沉淀滴定分析是最古老的分析方法之一。然而因为这一分析方法反应慢；一些晶状沉淀易形成过饱和溶液；沉淀溶解度较大，等量点时沉淀不完全；组成不稳定、副反应及共沉淀等对滴定分析结果的影响较大；缺乏合适的指示剂等因素，其应用受到了限制。

根据滴定分析对化学反应的要求，适合滴定用的沉淀反应具备以下条件：

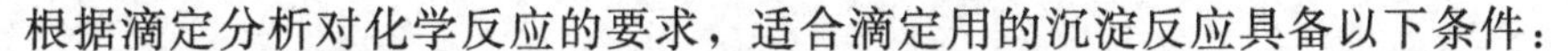

1. 沉淀物有恒定的组成，反应物之间有准确的计量关系；
2. 沉淀反应的速率快，沉淀物的溶解度小；
3. 有适当的方法确定滴定终点；
4. 沉淀的吸附现象不影响滴定终点的确定。

二、沉淀滴定法的分类

能用于沉淀滴定分析的反应较少，目前使用较多的是生成难溶银盐的反应，比如利用反应生成 AgCl、AgSCN 等。利用生成难溶银盐反应进行的沉淀滴定法称为银量法，根据滴定终点所用指示剂不同，沉淀滴定法可分为三种：以铬酸钾为指示剂的银量法称为莫尔法，以铁铵矾为指示剂的银量法称为佛尔哈德法，以吸附指示剂确定终点的银量法称为法扬司法。

银量法主要用于测定 Cl^-、Br^-、I^-、Ag^+、SCN^- 和 CN^- 等，以及含卤素的有机物。

任务 1. 自来水中氯离子含量的测定

【任务描述】

学习莫尔法测定自来水中氯离子含量的原理、操作及注意事项，能熟练地使用滴定分析仪器进行氯离子含量测定操作。

【任务目标】

1. 熟悉莫尔法的原理、特点；
2. 掌握莫尔法测定氯离子含量的操作要点；
3. 能够准确配制和标定硝酸银标准溶液；
4. 能够熟练应用莫尔法进行氯离子含量的测定；
5. 能够准确、整齐、简明记录实验原始数据并进行计算。

【知识准备】

一、莫尔法概述

用 K_2CrO_4 作为指示剂的银量法称为莫尔法，其基本原理为在含 Cl^- 的中性溶液中，以 K_2CrO_4 为指示剂，用 $AgNO_3$ 标准溶液滴定。由于 AgCl 的溶解度比 Ag_2CrO_4 的溶解度小，根据分步沉淀的原理，溶液中首先析出 AgCl 沉淀。当 AgCl 定量沉淀后，过量的 $AgNO_3$ 标准溶液，就与指示剂中的 CrO_4^{2-} 作用生成 Ag_2CrO_4 砖红色的沉淀，指示滴定终点到达。用化学方程式表示为：

$$Ag^+ + Cl^- \longrightarrow AgCl\downarrow \text{（白色沉淀）}$$

$$2Ag^+\text{（过量）} + CrO_4^{2-} \longrightarrow Ag_2CrO_4\downarrow \text{（砖红色沉淀）}$$

莫尔法中，指示剂的用量和溶液的酸度是两大关键问题。

1. 指示剂的用量

用 $AgNO_3$ 标准溶液滴定 Cl^- 时，指示剂 K_2CrO_4 的用量对于终点指示有较大的影响，CrO_4^{2-} 浓度过高或过低，Ag_2CrO_4 沉淀的析出会过早或过迟，就会产生一定的终点误差。因此要求 Ag_2CrO_4 沉淀应该恰好在滴定反应的化学计量点时出现。

根据溶度积规则，在等量点时，Ag^+浓度为：

$$c(Ag^+)=c(Cl^-)=\sqrt{K_{sp}(AgCl)}=\sqrt{1.56\times10^{-10}}=1.25\times10^{-5}mol\cdot L^{-1}$$

要求刚好析出 Ag_2CrO_4 沉淀，以指示终点的到达。此时，

$$c(CrO_4^{2-})=\frac{K_{sp}(Ag_2CrO_4)}{c^2(Ag^+)}=\frac{9\times10^{-12}}{(1.25\times10^{-5})^2}=5.8\times10^{-2}mol\cdot L^{-1}$$

在滴定时，由于 K_2CrO_4 显黄色，当其浓度较高时颜色较深，不易判断砖红色的出现。为了能观察到明显的终点，指示剂的浓度以略低一些为好。实验证明，滴定溶液中 K_2CrO_4 的浓度 $5\times10^{-3}mol\cdot L^{-1}$ 是确定滴定终点的适宜浓度。

显然，K_2CrO_4 浓度降低后，要使 Ag_2CrO_4 析出沉淀，必须多加些 $AgNO_3$ 标准溶液，这时滴定剂就过量了，终点将在化学计量点后出现，但由于产生的终点误差一般都小于 0.1%，不会影响分析结果的准确度。但是如果溶液较稀，如用 $0.01000mol\cdot L^{-1}$ $AgNO_3$ 标准溶液滴定 $0.01000mol\cdot L^{-1}$ Cl^- 溶液，滴定误差可达 0.6%，影响分析结果的准确度，应做指示剂空白试验进行校正。

2. 溶液的酸度

在酸性溶液中，CrO_4^{2-} 有如下反应：

$$2CrO_4^{2-}+2H^+\rightleftharpoons 2HCrO_4^-\rightleftharpoons Cr_2O_7^{2-}+H_2O$$

因而降低了 CrO_4^{2-} 的浓度，使 Ag_2CrO_4 沉淀出现过迟，甚至不会沉淀。

在强碱性溶液中，会有棕黑色 Ag_2O 沉淀析出：

$$2Ag^++2OH^-=Ag_2O\downarrow+H_2O$$

因此，莫尔法只能在中性或弱碱性（pH=6.5～10.5）溶液中进行。若溶液酸性太强，可用 $Na_2B_4O_7\cdot10H_2O$ 或 $NaHCO_3$ 中和；若溶液碱性太强，可用稀 HNO_3 溶液中和；当溶液中有铵盐存在时，要求滴定酸度为 pH=6.5～7.2。因为 pH>7.2 时，NH_4^+ 将转化为 NH_3，会使溶液中 NH_3 的浓度增大，而 NH_3 与 Ag^+ 能生成 $[Ag(NH_3)]^+$ 和 $[Ag(NH_3)_2]^+$，增加难溶银盐的溶解度，影响滴定反应的定量进行。

3. 干扰离子

凡是能与 Ag^+ 生成难溶化合物或配合物的阴离子都干扰测定，如 PO_4^{3-}、AsO_4^{3-}、SO_3^{2-}、S^{2-}、CO_3^{2-} 及 $C_2O_4^{2-}$ 等离子，其中 S^{2-} 可生成 H_2S，经加热煮沸而除去，SO_3^{2-} 可经氧化生成 SO_4^{2-} 而不发生干扰。大量 Cu^{2+}、Ni^{2+}、Co^{2+} 等有色离子将影响终点的观察。凡是能与 CrO_4^{2-} 生成难溶化合物的阳离子也干扰测定，如 Ba^{2+}、Pb^{2+} 与 CrO_4^{2-} 分别生成 $BaCrO_4$ 和 $PbCrO_4$ 沉淀，但 Ba^{2+} 的干扰可加入过量 Na_2SO_4 而消除。

4. 减少吸附

莫尔法在滴定过程中生成的 AgCl 沉淀会强烈地吸附 Cl^-，从而使溶液中 Cl^- 浓度降低，以至终点提前而导致误差。因此，在滴定过程中必须剧烈摇动溶液，使被吸附的 Cl^- 释放出来，以减小误差。

二、应用范围

莫尔法主要用于测定 Cl^-、Br^- 和 Ag^+，如氯化物、溴化物纯度测定以及自来

水中氯含量的测定。当试样中 Cl^- 和 Br^- 共存时，测得的结果是它们的总量。若测定 Ag^+，应采用返滴定法，即向 Ag^+ 的试液中加入过量的 NaCl 标准溶液，然后再用 $AgNO_3$ 标准溶液滴定剩余的 Cl^-（若直接滴定，先生成的 Ag_2CrO_4 转化为 AgCl 的速度缓慢，滴定终点难以确定）。莫尔法不宜测定 I^- 和 SCN^-，因为滴定生成的 AgI 和 AgSCN 沉淀表面会强烈吸附 I^- 和 SCN^-，使滴定终点过早出现，造成较大的滴定误差。

三、测定原理

在中性或弱碱性（pH＝6.5～10.5）溶液中，以 K_2CrO_4 作为指示剂，用 $AgNO_3$ 标准溶液直接滴定 Cl^-。由于 AgCl 的溶解度比 Ag_2CrO_4 小，根据分步沉淀原理，溶液中首先析出 AgCl 白色沉淀。

当 AgCl 定量析出后，微过量的 Ag^+，即与 CrO_4^{2-} 生成砖红色的 Ag_2CrO_4 沉淀，它与 AgCl 沉淀一起，使溶液略带橙红色，即为终点。

【任务实施】

自来水中氯离子含量的测定

一、实验器材

分析天平、滴定台（带滴定管夹）、酸式滴定管（棕色，50mL）、锥形瓶（250mL）、烧杯（100mL）、移液管（50mL）、量筒（10mL、50mL）、洗耳球、吸水纸、称量瓶、乳胶手套等。

二、实验试剂

$AgNO_3$ 溶液（0.1mol·L^{-1}）、K_2CrO_4 溶液（10%）、NaCl（基准物质）、自来水试样等。

三、实验步骤

1. $AgNO_3$ 标准溶液的标定

用减量法准确称取 NaCl（基准物质）0.15g（准确至 0.1mg）于锥形瓶中，加入 50mL 水溶解完全后，加入 1mL K_2CrO_4 溶液，摇匀，然后用 $AgNO_3$ 标准溶液滴定至溶液出现砖红色沉淀即为终点。平行测定 3 次，同时做空白试验。

2. 自来水中氯离子含量的测定

准确移取 100mL 自来水试样于 250mL 锥形瓶中，加入 1mL K_2CrO_4 溶液，用标定好的 $AgNO_3$ 标准溶液滴定至溶液中出现砖红色沉淀，持续 30s 不褪色即为滴定终点。平行测定 3 次，同时做空白试验。

四、实验记录及结果处理

1. $AgNO_3$ 标准溶液的标定

$AgNO_3$ 标准溶液的标定见表 5-1。

表 5-1　$AgNO_3$ 标准溶液的标定

<table>
<tr><td colspan="2">记录项目</td><td>1</td><td>2</td><td>3</td><td>空白</td></tr>
<tr><td colspan="2">称取氯化钠的质量/g</td><td colspan="4"></td></tr>
<tr><td rowspan="2">$AgNO_3$ 标准溶液滴定管读数/mL</td><td>起点</td><td></td><td></td><td></td><td></td></tr>
<tr><td>终点</td><td></td><td></td><td></td><td></td></tr>
<tr><td rowspan="2">$AgNO_3$ 标准溶液用量</td><td>$AgNO_3$ 标准溶液用量 V/mL</td><td></td><td></td><td></td><td></td></tr>
<tr><td>减去空白后 $AgNO_3$ 标准溶液用量 V/mL</td><td></td><td></td><td></td><td></td></tr>
<tr><td colspan="2">$c(AgNO_3)$/mol·L^{-1}</td><td></td><td></td><td></td><td></td></tr>
<tr><td colspan="2">$c_{平均值}$/mol·L^{-1}</td><td colspan="4"></td></tr>
<tr><td colspan="2">相对平均偏差</td><td colspan="4"></td></tr>
</table>

2. 自来水中氯离子含量的测定

自来水中氯离子含量的测定见表 5-2。

表 5-2　自来水中氯离子含量的测定

<table>
<tr><td colspan="2">记录项目</td><td>1</td><td>2</td><td>3</td><td>空白</td></tr>
<tr><td colspan="2">吸取自来水样体积/mL</td><td colspan="4"></td></tr>
<tr><td rowspan="2">$AgNO_3$ 标准溶液滴定管读数/mL</td><td>起点</td><td></td><td></td><td></td><td></td></tr>
<tr><td>终点</td><td></td><td></td><td></td><td></td></tr>
<tr><td rowspan="2">$AgNO_3$ 标准溶液用量</td><td>$AgNO_3$ 标准溶液用量 V/mL</td><td></td><td></td><td></td><td></td></tr>
<tr><td>减去空白后 $AgNO_3$ 标准溶液用量 V/mL</td><td></td><td></td><td></td><td></td></tr>
<tr><td colspan="2">$c(Cl^-)$/mol·L^{-1}</td><td></td><td></td><td></td><td></td></tr>
<tr><td colspan="2">$c_{平均值}$/mol·L^{-1}</td><td colspan="4"></td></tr>
<tr><td colspan="2">相对平均偏差</td><td colspan="4"></td></tr>
</table>

计算参考公式：

(1) $AgNO_3$ 标准溶液的浓度

$$c_{AgNO_3}=\frac{m_{NaCl}}{M_{NaCl}V_{AgNO_3}}$$

式中，c_{AgNO_3} 为 $AgNO_3$ 标准溶液的浓度，mol·L^{-1}；m_{NaCl} 为氯化钠的质量，g；M_{NaCl} 为氯化钠的摩尔质量，g·mol^{-1}；V_{AgNO_3} 为减去空白后 $AgNO_3$ 标准溶液的体积，L。

(2) 自来水中氯离子的含量

$$c_{Cl^-}=\frac{c_{AgNO_3}V_{AgNO_3}}{100}$$

式中，c_{AgNO_3} 为 $AgNO_3$ 标准溶液的浓度，$mol \cdot L^{-1}$；V_{AgNO_3} 为减去空白后 $AgNO_3$ 标准溶液的体积，mL。

五、注意事项

1. 银盐溶液不应该随意丢弃，所有润洗滴定管的标准溶液和沉淀都应收集起来，以便回收。

2. 实验结束后，盛装硝酸银溶液的滴定管应先用蒸馏水冲洗 2～3 次，再用自来水冲洗，以免在滴定管中产生氯化银沉淀，难以洗净。

3. 配制好的 $AgNO_3$ 溶液要贮于棕色瓶中，并置于暗处。

4. 莫尔法不适用于以 NaCl 标准溶液直接滴定 Ag^+。因为在 Ag^+ 试液中加入指示剂 K_2CrO_4 后，就会立即析出 Ag_2CrO_4 沉淀。加入 NaCl 标准溶液滴定 Ag_2CrO_4 再转化成 AgCl 的速度极慢，使终点推迟。

【学习延展】

分步沉淀和沉淀的转化

一、难溶电解质的溶度积

在一定温度下，难溶电解质饱和溶液中各离子浓度幂的乘积为一常数，称为溶度积，用 K_{sp} 表示。溶度积的大小只与此时温度有关。

严格地说，溶度积应该用溶解平衡时各离子活度幂的乘积来表示。但由于难溶电解质的溶解度很小，溶液很稀。一般计算中，可用浓度代替活度。

对于物质 $A_nB_m(s) \rightleftharpoons nA^{m+}(aq)+mB^{n-}(aq)$

溶度积 $K_{sp}=(c_{A^{m+}})^n \times (c_{B^{n-}})^m$

此公式只适用于饱和溶液。

K_{sp} 的大小反映了难溶电解质溶解能力的大小。K_{sp} 越小，则该难溶电解质的溶解度越小。

K_{sp} 的物理意义如下：

(1) K_{sp} 的大小只与此时温度有关，而与难溶电解质的质量无关；

(2) 表达式中的浓度是沉淀溶解达平衡时离子的浓度，此时的溶液是饱和溶液或准饱和溶液；

(3) 由 K_{sp} 的大小可以比较同种类型难溶电解质的溶解度的大小；不同类型的难溶电解质不能直接用 K_{sp} 比较溶解度的大小。

二、分步沉淀

在实际工作中，常常会遇到系统中同时含几种离子，当加入某种沉淀剂时，几种离子均可能发生沉淀反应，生成难溶电解质。例如，向含有相同浓度的 Cl^- 和 CrO_4^{2-} 的溶液中，滴加 $AgNO_3$ 溶液，首先会生成白色的 AgCl 沉淀，然后生成砖红色的 Ag_2CrO_4 沉淀。这种先后沉淀的现象，叫分步沉淀。对于混合溶液中几种离子与同一种沉淀剂反应生成沉淀的先后次序，可用溶度积规则来进行判断。根据溶度积原理，适当地控制条件就可以达到分离的目的。

三、分步沉淀的次序

1. 与 K_{sp} 及沉淀类型有关

沉淀类型相同，被沉淀离子浓度相同时，K_{sp} 小者先沉淀，K_{sp} 大者后沉淀；沉淀类型不同时，要通过计算确定分步沉淀的次序。

2. 与被沉淀离子浓度有关

溶度积先达到 K_{sp} 者先沉淀。

四、沉淀转化

借助于某种试剂，将一种难溶电解质转变为另一种难溶电解质的过程，叫作沉淀的转化。例如，

$$CaSO_4 + CO_3^{2-} = CaCO_3 + SO_4^{2-}$$

一般来讲，溶解度较大的难溶电解质容易转化为溶解度较小的难溶电解质。两种难溶电解质的溶解度相差越大，沉淀转化越完全。但是欲将溶解度较小的难溶电解质转化为溶解度较大的难溶电解质就比较困难；如果溶解度相差太大，则转化实际上不能实现。

任务 2. 酱油中氯化钠含量的测定

【任务描述】

学习佛尔哈德法测定酱油中氯化钠含量的原理、操作及注意事项，能熟练地使用滴定分析仪器进行氯化钠含量测定操作。

【任务目标】

1. 熟悉佛尔哈德法的原理、特点；
2. 掌握佛尔哈德法测定酱油中氯化钠含量的操作要点；
3. 能够准确配制和标定 NH_4SCN 标准溶液；
4. 能够熟练应用佛尔哈德法进行氯化钠含量的测定；
5. 能够准确、整齐、简明记录实验原始数据并进行计算。

【知识准备】

一、佛尔哈德法概述

用铁铵矾 [$NH_4Fe(SO_4)_2 \cdot 12H_2O$] 作为指示剂的银量法称为佛尔哈德法。本法可分为直接滴定和返滴定两种方式。

1. 直接滴定

直接滴定可测定 Ag^+。在含 Ag^+ 的酸性（pH＝0～1）溶液中，以铁铵矾溶液作为指示剂，用 NH_4SCN（或 KSCN）标准溶液滴定。溶液中先析出 AgSCN 沉淀，当 Ag^+ 定量沉淀后，过量的 NH_4SCN 溶液与 Fe^{3+} 生成浅红色配合物，即为滴定终点。

$$Ag^+ + SCN^- \longrightarrow AgSCN\downarrow（白色） \quad K_{sp}=1\times10^{-12}$$

$$Fe^{3+} + SCN^- \longrightarrow [Fe(SCN)]^{2+}（红色） \quad K_c=1.38\times10^2$$

滴定时，溶液酸度控制在 pH＝0～1 范围内，溶液浓度控制在 0.1～1mol·L^{-1}之间。这时，Fe^{3+} 主要以 $[Fe(H_2O)_6]^{3+}$ 形式存在，颜色较浅。如果酸度较低，Fe^{3+} 会发生水解生成颜色较深的棕色 $[Fe(H_2O)_5(OH)]^{2+}$ 或 $[Fe(H_2O)_4(OH)_2]^+$，影响终点的观察。

在等量点时，SCN^-浓度为：

$$c(SCN^-)=c(Ag^+)=\sqrt{K_{sp}(AgSCN)}=\sqrt{1.0\times10^{-12}}=1.0\times10^{-6}mol\cdot L^{-1}$$

要求此时刚好生成$[Fe(SCN)]^{2+}$以确定终点，Fe^{3+}的浓度应为：

$$c_{Fe^{3+}}=\frac{c_{[Fe(SCN)]^{2+}}}{1.38\times10^2\times c_{SCN^-}}$$

一般$[Fe(SCN)]^{2+}$浓度要达到$6.0\times10^{-6}mol\cdot L^{-1}$左右才能观察到明显的浅红色，所以：

$$c_{Fe^{3+}}=\frac{6.0\times10^{-6}}{1.38\times10^2\times1.0\times10^{-6}}=4.3\times10^{-2}mol\cdot L^{-1}$$

但在实际中，Fe^{3+}如此大的浓度呈较深的橙黄色，影响终点的观察，故通常保持Fe^{3+}浓度为$0.015mol\cdot L^{-1}$。这样引起的误差小，又不影响终点的观察。为防止Ag^+被AgSCN吸附，滴定时必须充分摇动锥形瓶，以防滴定结果偏低。

2. 返滴定

返滴定常用于测定Cl^-、Br^-、I^-、SCN^-。例如测定Cl^-时，首先要向试液中加入已知量的过量的$AgNO_3$标准溶液，然后，以铁铵矾作为指示剂，用NH_4SCN标准溶液返滴定过量的Ag^+。

返滴定时，NH_4SCN标准溶液首先与溶液中剩余的Ag^+反应，Ag^+与SCN^-反应完全以后，过量的NH_4SCN便与Fe^{3+}反应，生成浅红色配合物，指示终点到达。但是，由于AgCl的溶解度比AgSCN大，过量的SCN^-将使沉淀发生转化，平衡右移。

$$AgCl(s)+SCN^- \longrightarrow AgSCN(s)+Cl^-$$

沉淀的转化进行得较慢，所以溶液出现红色后，随着不断地摇动溶液，红色又消失，这样就得不到准确的终点。要想得到持久的红色，就必须继续滴入NH_4SCN标准溶液，直到Cl^-与SCN^-建立起平衡关系为止，这样，会产生较大的误差。为避免上述误差，通常采用以下两种措施：

(1) 将溶液煮沸，使AgCl沉淀凝聚，滤去沉淀并用稀硝酸洗涤沉淀，洗涤液并入滤液后再进行滴定。

(2) 加入保护沉淀的有机溶剂，如硝基苯或1,2-二氯乙烷，用力振荡，使AgCl沉淀表面覆盖一层有机溶剂，避免与滴定溶液接触，防止沉淀转化。但要注意，有机溶剂对人体有害，使用时要小心。

用返滴定测定溴化物或碘化物时，由于生成的AgBr或AgI沉淀的溶解度比AgSCN的小，不至于发生上述转化反应。因而，不必滤去沉淀或加入有机溶剂。但在测定I^-时，应先加入过量的$AgNO_3$标准溶液，将I^-全部沉淀为AgI以后，才能加指示剂，否则，将发生以下反应产生误差：

$$2Fe^{3+}+2I^- \longrightarrow 2Fe^{2+}+I_2$$

二、应用范围

由于佛尔哈德法比莫尔法选择性好、操作简单、准确度也高，所以，在农业中常用于测定有机氯农药。许多弱酸根，如PO_4^{3-}、AsO_4^{3-}等都不干扰测定。但是，强氧化剂、氮的低价氧化物、铜盐及汞盐则干扰测定，应预先除去。

三、测定原理

测定时，首先加入过量的 $AgNO_3$ 标准溶液，将待测 Cl^- 全部沉淀为难溶银盐后，再用 NH_4SCN 标准溶液返滴定剩余的 Ag^+。发生的反应为：

$$Cl^- + Ag^+(\text{过量}) = AgCl\downarrow$$

$$Ag^+(\text{剩余量}) + SCN^- = AgSCN(\text{白色})\downarrow$$

到达化学计量点时，再滴入稍过量的 SCN^-，即与溶液中的 Fe^{3+} 作用，生成红色的配离子 $[Fe(SCN)]^{2+}$，指示终点到达。

$$Fe^{3+} + SCN^- = [Fe(SCN)]^{2+}(\text{红色})$$

因沉淀能吸附溶液中的 Ag^+，实际上略早于计量点时，便生成 $[Fe(SCN)]^{2+}$ 配离子，使溶液呈现红色，而提前到达终点。因此，在滴定过程中，要充分摇动，使被吸附的 Ag^+ 解吸释出。只有当溶液刚呈现出的红色经充分摇动仍不消失时，才能真正到达终点。

滴定时，溶液中的 H^+ 浓度一般控制在 $0.1\sim1mol\cdot L^{-1}$ 之间。酸度过低，Fe^{3+} 易水解。能与 SCN^- 生成配离子或沉淀的阳离子（如 Hg^{2+} 或 Hg_2^{2+} 等），以及能与 Ag^+ 生成沉淀的 Cl^-、Br^-、I^- 等离子，对测定有干扰，应在滴定前除去；能把 Fe^{3+} 还原为 Fe^{2+} 的还原剂，以及能破坏 SCN^- 的强氧化剂，也应在滴定前除去。

【任务实施】

酱油中氯化钠含量的测定

一、实验器材

分析天平、滴定台（带滴定管夹）、酸式滴定管（棕色，50mL）、移液管（5mL、25mL）、容量瓶（100mL）、锥形瓶（250mL）、烧杯（100mL、250mL）、量筒（10mL、50mL）、吸水纸、称量瓶、乳胶手套等。

二、实验试剂

$AgNO_3$ 标准溶液（$0.1mol\cdot L^{-1}$）、NH_4SCN（$0.1mol\cdot L^{-1}$）、铁铵矾溶液（$100g\cdot L^{-1}$）、硝酸溶液（1：1）、硝基苯、脱色处理后的酱油样品等。

酱油样品脱色处理：移取酱油 5.0mL 加入装有 50mL 水的烧杯中，加入 10g 活性炭在 80℃水浴中加热 30min 进行脱色处理并进行过滤，重复几次直到酱油为澄清透明或带有淡黄色的液体为止。将滤液转移至 100mL 容量瓶中，备用。

三、实验步骤

1. NH_4SCN 标准溶液的标定

移取 25.0mL 已知准确浓度的 $AgNO_3$ 标准溶液于锥形瓶中，加入 HNO_3 溶液

5mL，混匀后加入铁铵矾指示剂 1mL，用待标定的 NH_4SCN 标准溶液滴定。滴定时，剧烈振荡溶液，当滴定至溶液颜色变为浅红色且稳定不再变时，即为终点。平行测定 3 次，同时做空白试验。

2. 酱油中氯化钠含量的测定

移取脱色处理后的酱油样品 25.0mL 于锥形瓶中，加水 50mL，混匀。加 HNO_3 5mL、$AgNO_3$ 标准溶液 25.0mL 以及硝基苯 5mL，摇匀。加入铁铵矾指示剂 1mL，用 NH_4SCN 标准溶液滴定至刚有血红色产生，即为终点。平行测定 3 次，同时做空白试验。

四、数据记录及计算

1. NH_4SCN 标准溶液的标定

NH_4SCN 标准溶液的标定如表 5-3 所示。

表 5-3　NH_4SCN 标准溶液的标定

记录项目		1	2	3	空白
吸取的 $AgNO_3$ 体积/mL					
NH_4SCN 标准溶液滴定管读数/mL	起点				
	终点				
NH_4SCN 标准溶液用量	NH_4SCN 标准溶液用量 V/mL				
	减去空白后 NH_4SCN 标准溶液用量 V/mL				
$c(NH_4SCN)/mol \cdot L^{-1}$					
$c_{平均值}/mol \cdot L^{-1}$					
相对平均偏差					

2. 酱油中氯化钠含量的测定

酱油中氯化钠含量的测定如表 5-4 所示。

表 5-4　酱油中氯化钠含量的测定

记录项目		1	2	3	空白
吸取的酱油样品体积/mL					
NH_4SCN 标准溶液滴定管读数/mL	起点				
	终点				
NH_4SCN 标准溶液用量	NH_4SCN 标准溶液用量 V/mL				
	减去空白后 NH_4SCN 标准溶液用量 V/mL				
$c(NaCl)/mol \cdot L^{-1}$					
$c_{平均值}/mol \cdot L^{-1}$					
相对平均偏差					

计算参考公式：

(1) NH_4SCN 标准溶液浓度的计算公式

$$c_{NH_4SCN}=\frac{c_{AgNO_3}\times 25.0}{V_{NH_4SCN}}$$

式中，c_{NH_4SCN} 为 NH_4SCN 标准溶液的浓度，$mol \cdot L^{-1}$；V_{NH_4SCN} 为减去空白后 NH_4SCN 标准溶液的体积，mL；c_{AgNO_3} 为 $AgNO_3$ 标准溶液的浓度，$mol \cdot L^{-1}$。

(2) 酱油中氯化钠含量的计算公式

$$c_{NaCl}=\frac{(25.0-V_{NH_4SCN})\times c_{AgNO_3}}{\frac{5}{100.0}\times 25.0}$$

式中，V_{NH_4SCN} 为减去空白后 NH_4SCN 标准溶液的体积，mL；c_{AgNO_3} 为 $AgNO_3$ 标准溶液的浓度，$mol \cdot L^{-1}$。

【学习延展】

沉淀溶解平衡

一、沉淀溶解平衡

在一定温度下难溶电解质晶体与溶解在溶液中的离子之间存在溶解和结晶的平衡，称作多项离子平衡，也称为沉淀溶解平衡。

以 AgCl 为例，尽管 AgCl 在水中溶解度很小，但并不是完全不溶解。从固体溶解平衡角度认识，AgCl 在溶液中存在如下两个过程：

(1) 在水分子作用下，少量 Ag^+ 和 Cl^- 脱离 AgCl 表面溶入水中；

(2) 溶液中的 Ag^+ 和 Cl^- 受 AgCl 表面正负离子的吸引，回到 AgCl 表面，析出沉淀。

在一定温度下，当沉淀溶解和沉淀生成的速率相等时，得到 AgCl 的饱和溶液，即建立下列动态平衡：

$$AgCl(s) \rightleftharpoons Ag^+(aq)+Cl^-(aq)$$

溶解平衡的特点是动态平衡，即溶解速率等于结晶速率，且不等于零。

其平衡常数 K_{sp} 称为溶解平衡常数，它只是温度的函数，即一定温度下 K_{sp} 是一定值。

二、溶解度

固体及少量液体物质的溶解度是指在一定的温度下，某固体物质在 100g 溶剂（通常为水）里达到饱和状态时所能溶解的质量（在一定温度下，100g 溶剂里溶解某物质的最大量），用 S 表示，其单位是“g/100g 水(g)”。在未注明的情况下，通常溶解度指的是物质在水里的溶解度。例如，在 20℃ 的时候，100g 水里溶解

0.165g氢氧化钙，溶液就饱和了，氢氧化钙在20℃的溶解度就是0.165g，也可以写成0.165g/100g水。又如，在20℃的时候，100g水里要溶解36g食盐或者溶解203.9g蔗糖才能饱和，食盐和蔗糖在20℃的溶解度就分别是36g和203.9g，也可以写成36g/100g水和203.9g/100g水。特别注意：溶解度的单位是g（或者是g/100g溶剂）而不是没有单位。溶解度明显受温度的影响，大多数固体物质的溶解度随温度的升高而增大。

三、溶解度和溶度积的相互换算

根据溶度积常数关系式，可以进行溶度积和溶解度之间的计算。但在换算时必须注意采用物质的量浓度（$mol \cdot L^{-1}$）作单位。另外，由于难溶电解质的溶解度很小，溶液很稀，难溶电解质饱和溶液的密度可认为近似等于水的密度，即$1kg \cdot L^{-1}$。

对于 $A_nB_m(s) \rightleftharpoons nA^{m+}(aq) + mB^{n-}(aq)$，有如下关系：

$$K_{sp} = (nS_A)^n \times (mS_B)^m$$

式中，S为溶解度，$mol \cdot L^{-1}$。

只有对同一类型的难溶电解质，才能应用溶度积来直接比较其溶解度的相对大小。而对于不同类型的难溶电解质，则不能简单地进行比较，要通过计算才能比较。

任务 3. 碘化物中碘离子含量的测定

【任务描述】

学习法扬司法测定碘化物中碘离子的原理、操作及注意事项，能熟练地使用滴定分析仪器进行碘离子含量测定操作。

【任务目标】

1. 熟悉法扬司法的原理、特点；
2. 掌握法扬司法测定碘化物中碘离子含量的操作要点；
3. 能够正确选用吸附指示剂；
4. 能够熟练应用法扬司法进行碘化物中碘离子含量的测定；
5. 能够准确、整齐、简明记录实验原始数据并进行计算。

【知识准备】

一、法扬司法概述

用吸附指示剂确定终点的银量法称为法扬司法。所谓的吸附指示剂是一类有机化合物，当它们被沉淀表面吸附后，会因结构的改变引起颜色的变化从而指示滴定终点。荧光黄是一种有机弱酸，用 HFIn 表示，在溶液中存在如下解离平衡：

$$HFIn \rightleftharpoons FIn^-(\text{黄绿色}) + H^+$$

例如用 $AgNO_3$ 标准溶液滴定 Cl^- 时，采用荧光黄作为指示剂。在计量点之前，溶液中 Cl^- 过量。AgCl 沉淀吸附 Cl^- 而带负电荷，FIn^- 不被吸附，溶液呈现 FIn^- 的黄绿色。在计量点后，稍过量的 $AgNO_3$ 就使 AgCl 沉淀吸附 Ag^+ 而形成带正电荷的 $AgCl \cdot Ag^+$。它将强烈地吸附 FIn^-。荧光黄阴离子被吸附后，因结构变化而呈深红色从而指示滴定终点。

此过程表示如下：

Cl^- 过量时 $AgCl \cdot Cl^- + FIn^-$（黄绿色）

Ag^+ 过量时 $AgCl \cdot Ag^+ + FIn^- \longrightarrow AgCl \cdot Ag^+ | FIn^-$（深红色）

法扬司法可以用于测定 Cl^-、Br^-、I^- 和 SCN^- 及生物碱盐类。

二、吸附指示剂

吸附指示剂是一类有机染料，当它被吸附在胶粒表面后，由于形成了某种化合物而导致指示剂分子结构的变化，从而引起颜色的变化。在沉淀滴定中，可以利用它的此种性质来指示滴定的终点。吸附指示剂可分为两大类：一类是酸性染料，如荧光黄及其衍生物，它们是有机弱酸，能解离出指示剂阴离子；另一类是碱性染料，如甲基紫等，它们是有机弱碱，能解离出指示剂阳离子。常用的吸附指示剂见表 5-5。

表 5-5　常用的吸附指示剂

序号	名称	被滴定离子	滴定剂	起点颜色	终点颜色	浓度
1	荧光黄	Cl^-、Br^-、SCN^-	Ag^+	黄绿	深红	0.1%乙醇溶液
		I^-			橙	
2	二氯(P)荧光黄	Cl^-、Br^-	Ag^+	红紫	蓝紫	0.1%乙醇(60%～70%)溶液
		SCN^-		玫瑰	红紫	
		I^-		黄绿	橙	
3	曙红	Br^-、I^-、SCN^-	Ag^+	橙	深红	0.5%水溶液
		Pb^{2+}	MoO_4^{2-}	红紫	橙	
4	溴酚蓝	Cl^-、Br^-、SCN^-	Ag^+	黄	蓝	0.1%钠盐水溶液
		I^-		黄绿	蓝绿	
		TeO_3^{2-}		紫红	蓝	
5	溴甲酚绿	Cl^-	Ag^+	紫	浅蓝绿	0.1%乙醇溶液(酸性)
6	二甲酚橙	Cl^-	Ag^+	玫瑰	灰蓝	0.2%水溶液
		Br^-、I^-			灰绿	
7	罗丹明 6G	Cl^-、Br^-	Ag^+	红紫	橙	0.1%水溶液
		Ag^+	Br^-	橙	红紫	
8	品红	Cl^-	Ag^+	红紫	玫瑰	0.1%乙醇溶液
		Br^-		橙		
		SCN^-		浅蓝		
9	刚果红	Cl^-、Br^-、I^-	Ag^+	红	蓝	0.1%水溶液
10	茜素红 S	SO_4^{2-}	Ba^{2+}	黄	玫瑰红	0.4%水溶液
		$[Fe(CN)_6]^{4-}$	Pb^{2+}			
11	偶氮氯膦Ⅲ	SO_4^{2-}	Ba^{2+}	红	蓝绿	—
12	甲基红	F^-	Ce^{3+}	黄	玫瑰红	—
			$Y(NO_3)_3$			
13	二苯胺	Zn^{2+}	$[Fe(CN)_6]^{4-}$	蓝	黄绿	1%的硫酸(96%)溶液
14	邻二甲氧基联苯胺	Zn^{2+}、Pb^{2+}	$[Fe(CN)_6]^{4-}$	紫	无色	1%的硫酸溶液
15	酸性玫瑰红	Ag^+	MoO_4^{2-}	无色	紫红	0.1%水溶液

使用吸附指示剂时要注意以下问题，以使滴定变色敏锐：

(1) 由于吸附指示剂是吸附在沉淀表面上而变色，为了使终点变色更明显，必须使沉淀有较大的比表面积和吸附能力，这就需要保持沉淀呈溶胶状态。为此，在滴定时一般要在溶液中加入胶体保护剂，如糊精或淀粉，以防止溶胶凝聚。在滴定前将待测溶液适当稀释，将有利于沉淀保持溶胶状态。但被滴定溶液的浓度不能太稀，否则沉淀很少，终点很难观察。

(2) 常用的吸附指示剂大多是有机弱酸，起指示作用的是它们的阴离子。酸度大时，H^+ 与指示剂阴离子结合成不被吸附的指示剂分子，无法指示终点，酸性的强弱与指示剂的解离常数大小有关，解离常数越大，酸性可以越强，例如：荧光黄（$K_a \approx 10^{-7}$）适用于 pH=7～10 的酸度条件下滴定；曙红（$K_a \approx 10^{-2}$）在 pH=2 时还可以进行应用。

(3) 卤化银沉淀对光非常敏锐，容易感光转变为灰黑色，影响终点观察，因此滴定应避免在强光下进行。

(4) 不同的指示剂离子被沉淀吸附的能力不同，在滴定时选择指示剂的吸附能力，应小于沉淀对被测离子的吸附能力。否则在计量点之前，指示剂离子即取代了被吸附的被测离子从而改变颜色，使终点提前出现。例如用 $AgNO_3$ 溶液滴定 Cl^- 时，若用曙红作为指示剂，因 AgCl 沉淀吸附曙红阴离子的能力强于 Cl^-，则出现终点过早到达的现象。但是在滴定 Br^-、I^- 和 SCN^- 时，采用曙红指示剂，可以得到满意的结果。因为它们的银盐沉淀吸附被测离子的能力较曙红阴离子强。当然，如果指示剂离子被吸附的能力太弱，则终点出现太晚，也会造成误差太大。卤化银对卤化物和几种指示剂的吸附能力的次序如下：$I^- > SCN^- > Br^- >$ 曙红 $> Cl^- >$ 荧光黄。

(5) 溶液中被滴定的离子的浓度不能太低，因为浓度太低，沉淀太少，观察终点比较困难，如用荧光黄（HFIn）作为指示剂，$AgNO_3$ 作为标准溶液滴定 Cl^- 时，Cl^- 的浓度要求在 $0.005 mol \cdot L^{-1}$ 以上。在滴定 Br^-、I^-、SCN^- 时，灵敏度较高，浓度降低至 $1 \times 10^{-3} mol \cdot L^{-1}$ 仍可准确滴定。

三、测定原理

在醋酸酸性溶液中，用 $AgNO_3$ 标准溶液滴定碘化物，以曙红作为指示剂，反应式为

$$Ag^+ + I^- = AgI \downarrow \text{(黄色)}$$

达到化学计量点时，微过量的 Ag^+ 吸附到 AgI 沉淀的表面，进一步吸附指示剂阴离子，使沉淀由黄色变为深红色指示滴定终点。

【任务实施】

碘化物中碘离子含量的测定

一、实验器材

分析天平、滴定台（带滴定管夹）、酸式滴定管（棕色，50mL）、容量瓶

(100mL)、量筒（50mL)、胶头滴管、玻璃棒、吸水纸、称量瓶、乳胶手套等。

二、实验试剂

$AgNO_3$（0.1mol·L^{-1})、醋酸溶液（1mol·L^{-1})、曙红指示液（2g·L^{-1}的70%乙醇溶液或5g·L^{-1}的钠盐水溶液)、碘化物试样等。

三、实验步骤

准确称取试样0.2g（准确至0.1mg)，放于锥形瓶中，加入50mL水溶解，加入1mol·L^{-1}醋酸溶液10mL，滴加曙红指示液2～3滴，用$AgNO_3$标准溶液滴定至溶液由黄色变为深红色即为终点。平行测定3次，同时做空白试验。

四、实验记录及结果处理

碘化物中碘离子含量的测定如表5-6所示。

表5-6 碘化物中碘离子含量的测定

记录项目		1	2	3	空白
称取的碘化物质量/g					
$AgNO_3$标准溶液滴定管读数/mL	起点				
	终点				
$AgNO_3$标准溶液用量	$AgNO_3$标准溶液用量V/mL				
	减去空白后$AgNO_3$标准溶液用量V/mL				
$\omega(I_2)$/mol·L^{-1}					
$\overline{\omega}(I_2)$/mol·L^{-1}					
相对平均偏差					

计算参考公式：

$$I_2\% = \frac{c_{AgNO_3} V_{AgNO_3} \times 10^{-3} \times M_{I^-}}{m} \times 100\%$$

式中，c_{AgNO_3}为$AgNO_3$标准溶液的浓度，mol·L^{-1}；V_{AgNO_3}为减去空白后$AgNO_3$标准溶液的体积，L；M_{I^-}为I^-的摩尔质量，g·mol^{-1}；m为称取试样的质量，g。

【学习延展】

吸附指示剂

一、吸附指示剂的概念

吸附指示剂是一类有色的有机化合物，其阴离子在溶液中能被带正电荷的胶状沉淀吸附，称阴离子吸附指示剂；而阳离子能被带负电荷的胶状沉淀吸附，称阳离子吸附指示剂。吸附指示剂被吸附后，由于结构发生改变引起颜色的变化。

二、吸附指示剂的使用

1. 滴定条件

当指示剂阴离子被沉淀胶粒表面吸附后，指示剂空间构型发生改变而发生明显颜色变化以指示终点的到达。终点时不是溶液颜色发生变化，而是沉淀表面颜色发生变化，这是吸附指示剂的特点。因此滴定过程中应使卤化银沉淀呈胶体状态，具有较大比表面积，以利于吸附指示剂的吸附。通常可采取的措施为滴定前将溶液稀释并加入糊精、淀粉等亲水性高分子化合物保护胶体，增大沉淀表面积；避免溶液中有大量中性盐存在，这样会使胶体聚沉。

2. 吸附剂吸附力

当使用吸附剂作为沉淀滴定的指示剂时，要求沉淀对指示剂离子的吸附力应略小于对被测离子的吸附力，否则指示剂将在计量点前变色，但沉淀对指示剂离子的吸附力也不能太小，否则计量点后不能立即变色。

卤化物和几种常用的吸附指示剂的吸附力的大小次序如下：I^-＞二甲基二碘荧光黄＞Br^-＞曙红＞Cl^-＞荧光黄。

3. 溶液 pH 的影响

溶液的 pH 值随所选用指示剂不同而不同，由于常用的吸附指示剂为有机弱酸，溶液中 FIn^-起到指示作用，所以溶液的 pH 应有利于吸附指示剂阴离子的存在，根据指示剂的 K_a 可确定滴定的 pH 值，如荧光黄 $K_a=10^{-7}$，使用的 pH＝7～10；二氯荧光黄 $K_a=10^{-4}$，使用的 pH＝4～10；曙红 $K_a=10^{-2}$，使用的 pH＝2～10。

4. 光照射的影响

带有吸附指示剂的卤化银胶体对光极敏感，遇光易变为灰或黑色，影响终点观察，因此使用吸附指示剂进行沉淀滴定时，应避免在强光照射下进行。

5. 干扰离子的影响

能与 Ag^+ 生成微溶性化合物或配合物的阴离子或配体均可干扰测定。如 S^{2-}、PO_4^{3-}、AsO_4^{3-}、SO_4^{2-}、$C_2O_4^{2-}$、CO_3^{2-} 和 NH_3 等。滴定分析前需采取相应措施减小这些干扰离子的影响。

项目六
重量分析法

【学习目标】

❖ **知识目标：**

1. 熟悉重量分析法的分类及特点；
2. 掌握重量分析法的操作要点；
3. 掌握沉淀的分类及形成条件。

❖ **能力目标：**

1. 能够应用重量分析法进行测定分析；
2. 能够准确、整齐、简明记录实验原始数据并进行计算。

重量分析法简称重量法，是将被测组分与试样中的其他组分分离后，转化为一定的称量形式，然后用称量方法测定它的质量，再据此计算该组分的含量的定量分析法。根据待测组分与试样中其他组分分离方法的不同，可以分为气化法、电解法和沉淀法。

重量分析法

一、重量分析法的分类

1. 气化法

气化法通过加热或在试样中加入一种适当的试剂与试样反应，使待测组分转化成挥发性产物，以气体形式排出，然后根据试样的失重，计算该组分的含量；或选择吸收剂将排出的气体产物吸收，根据吸收剂质量的增加来计算该组分的含量。例如，测定某纯净化合物中结晶水的含量，可以加热烘干试样至恒重，使结晶水全部气化逸出，试样所减少的质量就等于所含结晶水的质量；测定某试样中 CO_2 的含量，可以设法使 CO_2 全部逸出，用碱石灰作为吸收剂来吸收，然后根据吸收前、后碱石灰质量之差来计算 CO_2 的含量。

2. 电解法

电解法又称电重量法，利用电解的方法使待测金属离子在电极上还原析出，然后称量，根据电极增加的质量，求得其含量。例如，要测定某试液中 Cu^{2+} 的含量，可以通过电解使试液中的 Cu^{2+} 全部在阴极析出，电解前、后阴极质量之差就等于试液中 Cu^{2+} 的质量。

3. 沉淀法

沉淀法是重量分析法中应用最广泛的一种方法，又称沉淀重量法。这种方法是以沉淀反应为基础，将被测组分转化成难溶化合物沉淀下来，再将沉淀过滤、洗涤、烘干或灼烧，最后称量沉淀的质量。根据沉淀的质量算出待测组分的含量。例如，测定试液中 SO_4^{2-} 的含量时，可加入过量 $BaCl_2$ 作为沉淀剂，使 SO_4^{2-} 全部沉淀为 $BaSO_4$，再将 $BaSO_4$ 沉淀过滤、洗涤、灼烧，最后称重，据此计算出 SO_4^{2-} 的含量。

重量分析法的全部数据都是由分析天平称量获得的，不需要基准物质或标准溶液进行比较。由于称量误差一般很小，如果分析方法可靠，操作细心，测定常量组分时，通常能得到准确的分析结果，测定的相对误差一般不大于0.1%。但重量法操作繁琐，分析周期长，且不适用于微量分析和痕量组分的测定，因此应用受到限制。该法主要用于含量不太低的硅、硫、磷、钨、钼、镍及稀土元素的精确测定和仲裁分析。

二、沉淀重量法

沉淀重量法

1. 测定过程

沉淀重量法是根据反应生成物的质量来确定待测组分含量的定量分析方法。为完成此任务，最常用的方式是将欲测定的组分沉淀为一种有一定组成的难溶性化合物，然后经过一系列操作步骤来完成测定，其测定过程如下所示：

$$\text{试样}\xrightarrow{\text{溶解}}\text{试液}\xrightarrow{\text{沉淀}}\text{沉淀形式}\xrightarrow{\text{过滤、洗涤、烘干或灼烧}}\text{称量形式}\xrightarrow{\text{质量恒定}}\text{计算含量}$$

沉淀析出的形式称为沉淀形式，又称沉淀式，烘干或灼烧后称量时的形式称为称量形式，又称称量式。沉淀式与称量式可以相同，也可以不同，例如：

$$Fe^{3+}\longrightarrow \underset{\text{沉淀式}}{Fe(OH)_3}\longrightarrow \underset{\text{称量式}}{Fe_2O_3}$$

$$Ba^{2+}\longrightarrow \underset{\text{沉淀式}}{BaSO_4}\longrightarrow \underset{\text{称量式}}{BaSO_4}$$

2. 对沉淀形式的要求

(1) 沉淀要完全，沉淀形式应具有最小的溶解度，要求测定过程中沉淀的溶解损失不应超过分析天平的称量误差。一般要求溶解损失小于0.1mg。

(2) 沉淀形式必须纯净，少吸附杂质，应当尽可能具有便于过滤和洗去杂质的结构。颗粒较大的晶型沉淀比同质量的小颗粒沉淀具有较小的总表面积，易于洗净。

(3) 沉淀形式经烘干、灼烧时，应易于转化为称量形式。例如 Al^{3+} 的测定，若沉淀为8-羟基喹啉铝［$Al(C_9H_6NO)_3$］，在130℃烘干后即可称量；而沉淀为 $Al(OH)_3$，则必须在1200℃灼烧才能转变为无吸湿性的 Al_2O_3 后，方可称量。因此，测定 Al^{3+} 时选用前法比后法好。

3. 对称量形式的要求

(1) 称量形式的组成必须与化学式相符，这是定量计算的基本依据。

(2) 称量形式要有足够的稳定性，不易吸收空气中的CO_2、H_2O。例如测定Ca^{2+}时，若将Ca^{2+}沉淀为$CaC_2O_4 \cdot H_2O$，灼烧后得到CaO，易吸收空气中H_2O和CO_2，因此，CaO不宜作为称量形式。

(3) 称量形式的摩尔质量尽可能大，这样可增大称量形式的质量，以减小称量误差。

例如：测定铬含量时，称量形式有Cr_2O_3或$BaCrO_4$两种：

若称量形式为Cr_2O_3：152mg Cr_2O_3中含有104mg Cr

则1mgCr_2O_3中含有：$m_{Cr}=\frac{104}{152}mg=0.7mg$

若称量形式为$BaCrO_4$：253.4mg $BaCrO_4$中含有52mg Cr

则1mg $BaCrO_4$中含有：$m_{Cr}=\frac{52}{253.4}mg=0.2mg$

因此以$BaCrO_4$为称量形式可得到较小的误差。由以上可知，同等含量的铬，称量式采用$BaCrO_4$时得到的质量是Cr_2O_3的3.5倍。

4. 沉淀剂的选择

(1) 沉淀剂应为易挥发或易分解的物质，在灼烧时，可自沉淀中将其除去。如沉淀Fe^{3+}时，常选用氨水而不用NaOH。

(2) 沉淀剂应具有特效性或良好的选择性，沉淀剂只能和被测组分生成沉淀，或在一定条件下只和被测组分生成沉淀。如沉淀Ni^{2+}时，常选用丁二酮肟而不用H_2S。

(3) 沉淀剂应选用能与待测离子生成溶解度最小的物质。如沉淀Ba^{2+}时，常选用SO_4^{2-}，而不用CO_3^{2-}或$C_2O_4^{2-}$。

(4) 沉淀剂应选用溶解度较大的物质，这样可以减少沉淀对沉淀剂的吸附作用，如沉淀SO_4^{2-}时，常选用$BaCl_2$而不用$Ba(NO_3)_2$。

5. 沉淀剂的用量

为使被测组分达到实际上完全沉淀，加入的沉淀剂需要过量，一般按理论过量50%～100%。如果沉淀剂是不易挥发的物质，则控制过量20%～30%。

6. 沉淀的洗涤

洗涤沉淀采用少量多次原则，同时洗涤沉淀用的洗涤液，应符合下列条件：

(1) 易溶解杂质，但不溶解沉淀；

(2) 对沉淀无胶溶作用或水解作用；

(3) 烘干或灼烧沉淀时，易挥发除掉；

(4) 不影响滤液的测定。

7. 沉淀的烘干和灼烧

烘干的目的是除去沉淀中的水分，灼烧的目的是烧去滤纸，除去沉淀沾有的洗涤剂，将沉淀烧成符合要求的称量式。

任务1. 可溶性硫酸盐中硫含量的测定

【任务描述】

学习测定可溶性硫酸盐中硫含量的原理、操作及注意事项，能熟练地应用重量分析法进行可溶性硫酸盐中硫含量测定操作。

【任务目标】

1. 熟悉晶形沉淀的沉淀条件、原理和方法；
2. 掌握沉淀的过滤、洗涤和灼烧的操作要点；
3. 掌握重量分析法测定可溶性硫酸盐中硫含量的操作要点；
4. 能够熟练应用重量分析法进行可溶性硫酸盐中硫含量的测定；
5. 能够准确、整齐、简明记录实验原始数据并进行计算。

【知识准备】

一、沉淀的类型

1. 晶形沉淀

晶形沉淀是指具有一定形状的晶体，其内部排列规则有序，颗粒直径约为0.1～1μm。这类沉淀的特点是：结构紧密，具有明显的晶面，沉淀所占体积小、沾污少、易沉降、易过滤和洗涤。许多晶形沉淀如$BaSO_4$、CaC_2O_4等，容易形成能穿过滤纸的微小结晶，因此必须创造生成较大晶形的条件。这就必须使生成结晶的速度慢，而晶体成长的速度快，为此可采用以下条件：

(1) 沉淀要在适当稀的溶液中进行，这样结晶核生成的速度就慢，容易形成较大的晶体颗粒。

(2) 在不断搅拌的情况下慢慢加入沉淀剂，尤其在开始时，要避免溶液局部形成过饱和溶液，生成过多的结晶核。

(3) 要在热溶液中进行沉淀。因为在热溶液中沉淀的溶解度一般都增大，这样可使溶液的过饱和度相对降低，从而使晶核生成得较少。同时在较高的温度下晶体吸附的杂质量也较少。

（4）过滤前进行“陈化”处理。在生成晶形沉淀时，有时并非立刻沉淀完全，而是需要一定时间，此时小晶体逐渐溶解，大晶体继续成长，这个过程称“陈化”作用。陈化作用不仅可使沉淀晶体颗粒长大，而且可使沉淀更为纯净，因为随着晶体颗粒长大，总表面积变小，吸附杂质的量就少了。加热和搅拌可加速陈化作用，缩短陈化时间。

2. 无定形沉淀

无定形沉淀是指无晶体结构特征的一类沉淀，如 $Fe_2O_3 \cdot nH_2O$、$P_2O_3 \cdot nH_2O$ 就是典型的无定形沉淀。它与晶形沉淀的主要差别在于颗粒大小不同。无定形沉淀是由许多聚集在一起的微小颗粒（直径小于 $0.02\mu m$）组成的，内部排列杂乱无章、结构疏松、体积庞大、吸附杂质多，不能很好地沉降，无明显的晶面，难以过滤和洗涤。

形成无定形沉淀时首先要注意避免形成胶体溶液，其次要使沉淀形成较为紧实的形状以减少吸附，因此要求沉淀的条件为：

（1）在热溶液中进行，既可防止形成胶体沉淀，又可减少杂质的吸附量。

（2）加入电解质作为凝结剂，破坏胶体溶液。

（3）在浓溶液中，迅速加入沉淀剂并不断搅拌可促使微粒凝聚。

（4）沉淀完全后用热水冲稀。在浓溶液进行沉淀时，会增加杂质吸附量，因此沉淀后立即加入热水充分搅拌，使被吸附的杂质离子离开沉淀表面转入溶液中。

（5）冲稀后立即过滤，因为这类沉淀不需要陈化而且趁热过滤可以加快过滤速度。

二、沉淀的形成

生成的沉淀是晶形还是无定形，主要是由聚集速度和定向速度两个因素决定的。

1. 聚集速度

当向试液中加入沉淀剂时，溶液中生成难溶化合物的离子浓度乘积超过该化合物的溶度积时，溶液中的离子将聚拢形成微小的晶核，这种离子聚集成晶核的速度称为聚集速度。

2. 定向速度

生成沉淀的离子按照一定顺序排列于结晶格子内的速度称为定向速度。如果聚集速度大于定向速度，离子很快地聚集起来形成晶核，但是却来不及按顺序排列于晶格内，其余离子就在晶核上不断析出，这样得到的沉淀是非晶形沉淀。反之，如果聚集速度小于定向速度，离子缓慢地聚集成晶核，并且有足够的时间按顺序排列于晶格内，这时得到的沉淀是晶形沉淀。

聚集速度与沉淀的溶解度有关系。溶解度大的物质，聚集速度小，易形成晶形沉淀；溶解度小的物质，聚集速度大，则易形成无定形沉淀。

三、测定原理

测定时用 Ba^{2+} 将 SO_4^{2-} 沉淀为 $BaSO_4$ 形式称重，从而求得试样中 S 含量。

$$Ba^{2+} + SO_4^{2-} \longrightarrow BaSO_4 \downarrow$$

$BaSO_4$ 的溶解度很小，100mL 溶液中在 25℃时仅溶解 0.25mg，在过量沉淀剂存在时，溶解度更小，一般可以忽略不计。$BaSO_4$ 沉淀初生成时，一般形成细小的晶体，过滤时易穿过滤纸，引起沉淀的损失，因此进行沉淀时，必须注意创造和控制有利于形成较大晶体的条件。

为了防止生成 $BaCO_3$、$Ba_3(PO_4)_2$ 或 $BaHPO_4$ 等沉淀，应在酸性溶液中进行沉淀，一般在浓度约为 0.05mol·L^{-1} 的 HCl 溶液中进行沉淀。溶液中也不允许有酸不溶物和易被吸附的离子（如 Fe^{3+}、NO_3^- 等）存在，否则应预先分离或掩蔽。

【任务实施】

可溶性硫酸盐中硫含量的测定

一、实验器材

分析天平、电炉、恒温水浴锅、马弗炉、瓷坩埚、坩埚钳、干燥器、烧杯（100mL、500mL）、量筒（10mL、50mL）、长颈漏斗、玻璃棒、胶头滴管、定量滤纸等。

二、实验试剂

$BaCl_2$ 溶液（10%）、HCl 溶液（2mol·L^{-1}）、$AgNO_3$ 溶液（0.1mol·L^{-1}）、可溶性硫酸盐试样等。

三、实验步骤

1. 准确称取在 100～120℃干燥过的试样 0.2～0.3g（准确至 0.1mg）置于烧杯中，加水 25mL 溶解，加入 HCl 溶液 6mL，用水稀释至约 200mL，将溶液加热至沸腾。

2. 在不断搅拌下缓缓滴加 $BaCl_2$ 溶液（5mL 10% $BaCl_2$ 溶液预先稀释约 1 倍并加热），使沉淀完全。微沸 10min，在约 90℃保温陈化约 1h。冷至室温，用定量滤纸过滤，再用热水洗涤沉淀至无 Cl^-（用 $AgNO_3$ 溶液检验）为止。

3. 将沉淀和滤纸移入（已在 800～850℃灼烧至恒重的）瓷坩埚中，在马弗炉中烘干、灰化。

4. 再把瓷坩埚放在马弗炉中，在 800～850℃下灼烧至恒重（约 1h）。

5. 取出瓷坩埚并放入干燥器中，待冷却后称量。根据所得 $BaSO_4$ 质量，计算试样中硫含量。

四、实验记录及结果处理：

$$S\%=\frac{\frac{m_{BaSO_4}}{M_{BaSO_4}}\times M_S}{m_{试样}}\times 100\%$$

式中，$S\%$为试样中硫含量；m_{BaSO_4} 为硫酸钡的质量，g；M_{BaSO_4} 为硫酸钡的摩尔质量，$g\cdot mol^{-1}$；M_S 为硫的摩尔质量，$g\cdot mol^{-1}$；$m_{试样}$ 为试样质量，g。

【学习延展】

重量分析结果的计算

重量分析中，当最后称量形式与被测组分形式一致时，计算其分析结果就比较简单了。例如，测定要求计算 SiO_2 的含量，重量分析最后称量形式也是 SiO_2，其分析结果按下式计算：

$$SiO_2\%=\frac{m_{SiO_2}}{m_s}\times 100\%$$

式中，$SiO_2\%$为 SiO_2 的质量分数；m_{SiO_2} 为 SiO_2 沉淀质量，g；m_s 为试样质量，g。

如果最后称量形式与被测组分形式不一致时，分析结果就要进行适当的换算。如测定钡时，得到 $BaSO_4$ 沉淀 0.5051g，可按下列方法换算成被测组分钡的质量。

$$\begin{array}{cc} BaSO_4 \longrightarrow & Ba \\ 233.4 & 137.4 \\ 0.5051g & m_{Ba} \end{array}$$

$$m_{Ba}=(0.5051\times 137.4)\div 233.4g=0.2973g$$

即：$m_{Ba}=m_{BaSO_4}\frac{M_{Ba}}{M_{BaSO_4}}$

式中，m_{BaSO_4} 为称量形式 $BaSO_4$ 的质量，g；$\frac{M_{Ba}}{M_{BaSO_4}}$为将 $BaSO_4$ 的质量换算成 Ba 的质量的分式，此分式是一个常数，与试样质量无关。这一比值通常称为换算因数或化学因数（即欲测组分的摩尔质量与称量形式的摩尔质量之比，常用 F 表示）。将称量形式的质量换算成所要测定组分的质量后，即可按前面计算 SiO_2 分析结果的方法进行计算。

求解换算因数时，一定要注意使分子和分母所含被测组分的原子或分子数目相等，所以在待测组分的摩尔质量和称量形式摩尔质量比值之前，有时需要乘以适当的系数。分析化学手册中可查到常见物质的换算因数。

任务 2. 钢铁中镍含量的测定

【任务描述】

学习测定钢铁中镍含量的原理、操作及注意事项，能熟练地应用丁二酮肟重量法进行钢铁中镍含量测定操作。

【任务目标】

1. 熟悉有机沉淀剂的分类与特点；
2. 掌握玻璃砂芯漏斗的操作要点；
3. 掌握重量分析法测定钢铁中镍含量的操作要点；
4. 能够熟练应用重量分析法进行钢铁中镍含量的测定；
5. 能够准确、整齐、简明记录实验原始数据并进行计算。

【知识准备】

一、有机沉淀剂

1. 有机沉淀剂的分类

有机沉淀剂和金属离子通常生成微溶性的螯合物或离子缔合物。因此，有机沉淀剂也可分为生成螯合物的沉淀剂和生成离子缔合物的沉淀剂两类。

(1) 生成螯合物的沉淀剂

作为沉淀剂的螯合剂，绝大部分是 HL 型或 H_2L 型（H_3L 型的较少）。能形成螯合物沉淀的有机沉淀剂，它们至少应有下列两种官能团：一种是酸性官能团，如—COOH、—OH、═NOH、—SH、$—SO_3H$ 等，这些官能团中的 H^+ 可被金属离子置换；另一种是碱性官能团，如$—NH_2$、—NH═、═N═、═C═O 及═C═S 等，这些官能团具有未被共用的电子对，可以与金属离子形成配位键而成为配位化合物。金属离子与有机螯合物沉淀剂反应，通过酸性基团和碱性基团的共同作用，生成微溶性的螯合物，例如 8-羟基喹啉与 Al^{3+} 配位时，酸性基团—OH 的氢被 Al^{3+} 置换，同时 Al^{3+} 又与碱性基团═N—以配位键相结合，形成五元环结构的微溶性螯合物，生成的 8-羟基喹啉铝不带电荷，所以不易吸附其他离子，沉淀比较纯净，而且溶解度很小。

（2）生成离子缔合物的沉淀剂

有些摩尔质量较大的有机试剂，在水溶液中以阳离子和阴离子形式存在，它们与带相反电荷的离子反应后，可生成微溶性的离子缔合物（或称为正盐沉淀）。

例如，四苯硼酸钠 $NaB(C_6H_5)_4$ 与 K^+ 有下列沉淀反应：

$$B(C_6H_5)_4^- + K^+ = KB(C_6H_5)_4 \downarrow$$

$KB(C_6H_5)_4$ 的溶解度小，组成恒定，烘干后即可直接称量，所以四苯硼酸钠是测定 K^+ 的较好沉淀剂。

2. 有机沉淀剂的特点

有机沉淀剂较无机沉淀剂具有下列特点：

（1）选择性高，有机沉淀剂在一定条件下，一般只与少数离子起沉淀反应。

（2）沉淀的溶解度小，由于有机沉淀的疏水性强，所以溶解度较小，有利于沉淀完全。

（3）沉淀吸附杂质少，因为沉淀表面不带电荷，所以吸附杂质离子少，易获得纯净的沉淀。

（4）沉淀的摩尔质量大，被测组分在称量形式中占的百分比小，有利于提高分析结果的准确度。

（5）多数有机沉淀物组成恒定，沉淀经烘干后即可称重，简化了重量分析的操作。

二、测定原理

镍铬合金钢中有百分之几至百分之几十的镍，可用丁二酮肟重量法或 EDTA 配位滴定法进行测定。EDTA 方法简单，但干扰离子分离较难。丁二酮肟是选择性较高的生成螯合物的沉淀剂，在金属离子中，只有 Ni^{2+}、Pd^{2+}、Pt^{2+}、Fe^{2+} 能与它生成沉淀。在氨性溶液中，丁二酮肟与 Ni^{2+} 生成鲜红色的螯合物沉淀，沉淀组成恒定，可烘干后直接称量，常用于重量法测定镍。Fe^{3+}、Al^{3+}、Cr^{3+} 等在氨性溶液中能生成水合氧化物沉淀干扰测定，可加入柠檬酸或酒石酸进行掩蔽。

丁二酮肟是二元弱酸，以 H_2D 表示，在氨性溶液中以 HD^- 为主，与 Ni^{2+} 发生配合反应，两分子丁二酮肟与镍进行配位反应生成红色沉淀。

```
                 H
               /   \
   H3C        O     O        CH3
      \       |     |       /
       C ═ N        N ═ C
       |      ↘   ↙       |
       |        Ni         |
       |      ↗   ↖       |
       C ═ N        N ═ C
      /       |     |       \
   H3C        O     O        CH3
               \   /
                 H
```

沉淀经过滤、洗涤，在 120℃下烘干恒重，称量丁二酮肟镍沉淀的质量，进而求得 Ni 的质量分数。

丁二酮肟镍沉淀的条件为 pH＝8～9 的氨性溶液，pH 过小则生成 H_2D 沉淀，易溶解；pH 过高，易形成 $Ni(NH_3)_4^{2+}$，同样增加沉淀的溶解度。

此方法测定镍选择性高、溶解度小、组成恒定，烘干后即可称量，但丁二酮肟在氨性溶液中与镍、亚铁离子生成红色沉淀，故当亚铁离子存在时，必须预先氧化以除去干扰，可加入酒石酸或柠檬酸进行掩蔽。

【任务实施】

钢铁中镍含量的测定

一、实验器材

分析天平、玻璃砂芯漏斗、真空泵、微波炉、电炉、干燥器、恒温水浴锅、玻璃棒、烧杯（500mL)、量筒（10mL、50mL)、表面皿、钢样等。

二、实验试剂

混酸（$HCl:HNO_3:H_2O=3:1:2$)、酒石酸溶液（50%)、丁二酮肟（1%乙醇溶液)、氨水（1∶1)，HCl 溶液（1∶1)、$AgNO_3$（$0.1mol \cdot L^{-1}$)、乙醇溶液（20%)、氨-氯化铵洗涤液（100mL 水中加 1mL $NH_3 \cdot H_2O+1gNH_4Cl$）等。

三、实验步骤

1. 玻璃砂芯漏斗恒重

用水洗净砂芯漏斗，抽滤至无水珠。第一次：放入微波炉调至中高火，加热 10min，静止 3min，再继续加热 5min，放入干燥器冷却 20min 后称量。第二次：放入微波炉加热 5min，放入干燥器冷却 20min 后称量。两次称量误差在 0.4mg 以内。

2. 溶解样品及制备沉淀

称取钢铁试样（含 Ni 30～80mg）两份，分别置于烧杯中，加入 20～40mL 混合酸，盖上表面皿，低温加热溶解后，煮沸除去氮的氧化物，加入 5～10mL 50%酒石酸溶液，然后在不断搅动下，滴加氨水至溶液 pH＝8～9，此时溶液转变为蓝绿色。如有不溶物，应将沉淀过滤，并用热的氨-氯化铵洗涤液，洗涤 3 次，洗涤液与滤液合并。滤液用 HCl 溶液酸化，用热水稀释至 300mL，加热至 70～80℃，在搅拌下，加入丁二酮肟乙醇溶液（每毫克 Ni^{2+} 约需 1mL 10%丁二酮肟溶液），最后再多加 20～30mL，但所加试剂的总量不要超过试液体积的 1/3，以免增大沉淀的溶解度。然后在不断搅拌下，滴加氨水，至 pH＝8～9（在酸性溶液中，逐步中和而形成均相沉淀，有利于大晶体产生）。在 60～70℃下保温 30～40min（加热陈化），取下、冷却。

3. 过滤、干燥、恒重

用上述干燥恒重过的砂芯漏斗抽滤沉淀样品，先用 20%乙醇溶液 20mL 洗涤两次烧杯和沉淀物（洗去丁二酮肟），再用温水洗涤烧杯和沉淀物至无氯离子（用

$AgNO_3$ 检验），抽干至无水雾，放入微波炉以上述同样的方法恒重。

四、实验记录及结果处理

计算参考公式：

$$Ni\% = \frac{\frac{m_{Ni(HD)_2}}{M_{Ni(HD)_2}} \times M_{Ni}}{m_{试样}} \times 100\%$$

式中，Ni%为试样中镍含量；$m_{Ni(HD)_2}$ 为丁二酮肟镍的质量，g；$M_{Ni(HD)_2}$ 为丁二酮肟镍的摩尔质量，$g \cdot mol^{-1}$；M_{Ni} 为镍的摩尔质量，$g \cdot mol^{-1}$；$m_{试样}$ 为试样质量，g。

五、注意事项

1. 每次恒重时加热时间和冷却时间尽量保持一致。

2. 溶解试样时先小火加热使盐酸和硝酸不要过早挥发，等样品溶解后增大火力，除去氮的氧化物，但必须保持一定的液体，防止有固体析出。

3. 用氨水调节 pH＝8～9 要准确，丁二酮肟的加入量要准确才能使沉淀完全。

【学习延展】

影响沉淀溶解度和纯度的因素

一、影响沉淀溶解度的因素

沉淀重量分析中，通常要求被测组分在溶液中的溶解量不超过称量误差（即0.2mg），此时即可认为沉淀已完全。但是很多沉淀不能满足此要求。因此必须了解影响沉淀溶解度的因素，以便控制沉淀反应的条件，使沉淀达到分析的要求。影响沉淀溶解度的因素主要有以下几种：

1. 同离子效应

组成沉淀的离子称为构晶离子，在难溶电解质的饱和溶液中，如果加入含有某一构晶离子的溶液，则沉淀的溶解度减少，这一效应称为同离子效应。

例如，在 $BaCl_2$ 溶液中，加入过量沉淀剂 H_2SO_4，则可使 $BaSO_4$ 沉淀的溶解度大为减小。

但不能片面理解为沉淀剂加得越多越好，因为沉淀剂过量太多，可以引起盐效应、配位效应等，反而使沉淀的溶解度增大。

2. 盐效应

在难溶电解质的饱和溶液中，加入其他易溶的强电解质，使难溶电解质的溶解度比同温度时在纯水中的溶解度增大，这种现象称为盐效应。

3. 酸效应

溶液的酸度对沉淀溶解度的影响称为酸效应。若沉淀是强酸盐（如 $BaSO_4$、$AgCl$ 等），影响不大，但对弱酸盐（如 CaC_2O_4、ZnS 等），影响就较大。例如 CaC_2O_4 沉淀，在酸性较强的溶液中，由于生成了 $HC_2O_4^-$ 或 $H_2C_2O_4$ 而溶解。

4. 配位效应

当溶液中存在能与沉淀的构晶离子形成配合物的配位剂时，则沉淀的溶解度增大，称为配位效应。例如，用 HCl 溶液沉淀 Ag^+ 时，生成 AgCl 沉淀，若 HCl 溶液过量太多，则会形成 $AgCl_2^-$、$AgCl_3^{2-}$ 等配合物，使 AgCl 溶解度增加。所以，沉淀剂不能过量太多，加入沉淀剂时既要考虑同离子效应，也要考虑盐效应和配位效应。

5. 其他因素

（1）温度：一般温度升高，沉淀溶解度增大。

（2）溶剂：无机物沉淀，一般在有机溶剂中的溶解度比在水中小，所以对溶解度较大的沉淀，常在水溶液中加入乙醇、丙酮等有机溶剂，以降低其溶解度。

（3）沉淀颗粒：同一种沉淀物质，晶体颗粒大的，溶解度小。反之，颗粒小的则溶解度大。

二、影响沉淀纯度的因素

1. 共沉淀现象

当沉淀从溶液中析出时，溶液中其他可溶性组分被沉淀带下来而混入沉淀之中的现象称为共沉淀现象。共沉淀是沉淀重量分析法中最重要的误差来源之一，引起共沉淀的原因主要有下列三种：

（1）表面吸附

沉淀表面吸附杂质，其吸附量与下列因素有关：①杂质浓度，杂质浓度越大，则吸附杂质的量越多；②沉淀的总表面积，对于同质量的沉淀，颗粒越大，则总表面积越小，与溶液接触面就小，因而吸附杂质的量就少；③溶液的温度，吸附作用是一个放热过程，溶液温度升高，吸附杂质的量减少。

（2）生成混晶

如果杂质离子半径与构晶离子半径相近，电荷又相同，它们极易生成混晶。

（3）吸留

吸留是指在沉淀过程中，特别是沉淀剂加入过快时，沉淀迅速长大，使得吸附在沉淀表面的杂质离子来不及离开，而被包夹在沉淀内部的现象。

2. 后沉淀现象

后沉淀是指沉淀析出后，在沉淀与母液一起放置的过程中，溶液中本来难以析出的某些杂质离子可能沉淀到原沉淀表面上的现象。这是由于沉淀表面吸附了构晶离子，它再吸附溶液中带相反电荷的杂质离子时，在表面附近形成了过饱和溶液，因而使杂质离子沉淀到原沉淀表面上。

三、减少沉淀杂质含量的方法

为了提高沉淀的纯度，可采用下列措施。

1. 采用适当的分析程序

当试液中含有几种组分时，首先应沉淀低含量组分，再沉淀高含量组分。反之，由于大量沉淀析出，会使部分低含量组分掺入沉淀，产生测定误差。

2. 降低易被吸附杂质离子的浓度

对于易被吸附的杂质离子，可采用适当的掩蔽方法或改变杂质离子价态来降低其浓度。例如：将 SO_4^{2-} 沉淀为 $BaSO_4$ 时，Fe^{3+} 易被吸附，可把 Fe^{3+} 还原为不易被吸附的 Fe^{2+}，也可以加酒石酸、EDTA 等，使 Fe^{3+} 生成稳定的配离子，以减小沉淀对 Fe^{3+} 的吸附。

3. 选择沉淀条件

沉淀条件包括溶液浓度、温度、试剂的加入次序和速度，陈化与否等，对不同类型的沉淀，应选用不同的沉淀条件，以获得符合重量分析要求的沉淀。

4. 再沉淀

必要时将沉淀过滤、洗涤、溶解后，再进行一次沉淀。再沉淀时，溶液中杂质的量大为降低，共沉淀和后沉淀现象自然减小。

5. 选择适当的洗涤液洗涤沉淀

吸附作用是可逆过程，用适当的洗涤液通过洗涤交换的方法，可洗去沉淀表面吸附的杂质离子。例如：$Fe(OH)_3$ 吸附 Mg^{2+}，用 NH_4NO_3 稀溶液洗涤时，被吸附在表面的 Mg^{2+} 与洗涤液的 NH_4^+ 发生交换，吸附在沉淀表面的 NH_4^+，可在灼烧沉淀时分解除去。

为了提高洗涤沉淀的效率，同体积的洗涤液应尽可能分多次洗涤，通常称为“少量多次”的洗涤原则。

6. 选择合适的沉淀剂

无机沉淀剂选择性差，易形成胶状沉淀，吸附杂质多，难以过滤和洗涤。有机沉淀剂选择性高，常能形成结构较好的晶形沉淀，吸附杂质少，易于过滤和洗涤。因此，在可能的情况下，尽量选择有机试剂作为沉淀剂。

项目七
紫外-可见分光光度法

【学习目标】

❖ **知识目标：**

1. 了解紫外-可见分光光度计的组成和结构；
2. 熟悉紫外-可见分光光度法的原理、特点；
3. 掌握紫外-可见分光光度法的操作要点。

❖ **能力目标：**

1. 能够准确配制系列标准溶液；
2. 能够制作吸收曲线和标准曲线；
3. 能够熟练应用紫外-可见分光光度计进行测定分析；
4. 能够准确、整齐、简明记录实验原始数据并进行计算。

一、紫外-可见分光光度法的概念

许多物质本身具有明显的颜色，例如，高锰酸钾溶液呈紫红色，硫酸铜溶液呈蓝色。有些物质本身无色或呈浅色，但遇到某些试剂后，可变成有色物质，如淡黄色的 Fe^{3+} 与 SCN^- 反应生成血红色的配合物，淡绿色的 Fe^{2+} 与邻二氮菲作用生成橙红色的配合物等。物质呈现不同的颜色是物质对不同波长的光选择性吸收的结果，而颜色的深浅是由物质对光的吸收程度不同而引起的。基于物质对光的选择性吸收而建立起来的分析方法称为吸光光度法。

对于有色溶液来说，溶液颜色的深浅在一定条件下与溶液中有色物质的含量成正比关系，目视比色法就是利用眼睛观察比较溶液颜色的深浅，以确定物质含量的分析方法。常用的目视比色法（图 7-1）是标准系列法，也叫标准色阶法。但此法的准确度不高，主观误差较大。另外，标准系列不能久存，需要在测定时临时配制。该方法可用于准确度要求不高的半定量分析中，如土壤和植株中氮、磷、钾的速测等。

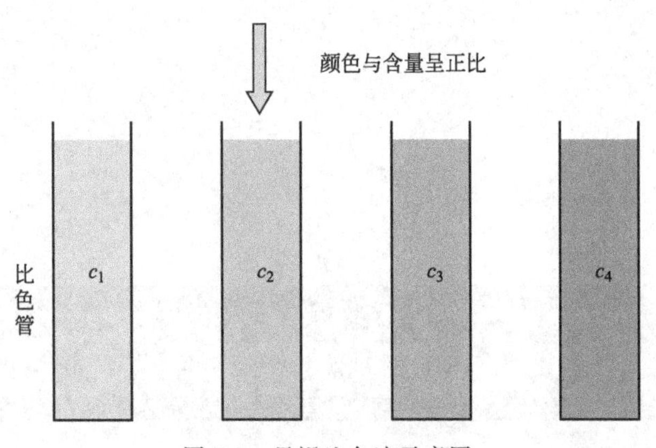

图 7-1　目视比色法示意图

通过分光光度计测得溶液中物质对光的吸收程度而对物质进行定性和定量分析的分析方法称为分光光度法。分光光度法可分为可见分光光度法、紫外分光光度法和红外分光光度法等类型，目前常用前两种，使用的仪器称为可见分光光度计和紫外分光光度计。可见分光光度计使用波长范围为 400～780nm，主要测定有色物质溶液对光的吸收，紫外分光光度法使用波长范围为 200～400nm，主要测定有机物溶液。新型分光光度计将两者合二为一，制得紫外-可见分光光度计。紫外-可见分光光度法（简称 UV-Vis）就是利用物质对 200～780nm 光谱区域内的电磁辐射具有选择性吸收，使用紫外-可见分光光度计对物质进行定性和定量分析的一种分析方法。

二、紫外-可见分光光度法的特点

（1）灵敏度高：适用于测定微量物质，被测组分的最低浓度为 10^{-5}～10^{-6} mol·L^{-1}。

（2）准确度高：相对误差通常为 2%～5%，完全能够满足微量组分测定要求。

（3）操作简便：仪器设备简单，操作简便，分析速度快。若采用灵敏度高、选择性好的显色剂，再采用适宜的掩蔽剂消除干扰，有的样品可不经分离直接测定。完成一个样品的测定一般只需要几分钟到十几分钟，有的甚至更短。

（4）应用范围广泛：几乎所有的无机离子和许多有机化合物均可直接或间接地用该法测定，不仅可以进行定量分析，还可用于定性分析和有机化合物官能团的鉴定。此外，也可用于有关的物理化学常数的测定，紫外-可见分光光度法已经成为生产、科研、环境监测等部门的一种不可缺少的测试手段。

三、物质对光的选择性吸收

1. 物质颜色的产生

同一波长的光称为单色光，由不同波长的光组成的光称为复合光，人们日常所熟悉的白光就是复合光。凡是能够被肉眼所感受到的光称为可见光，它在波长 400～780nm 范围内，不同的波长会让人感觉到不同的颜色，按照波长从长到短的变化，而呈现红、橙、黄、绿、青、蓝、紫等各种颜色。

一种物质呈现何种颜色，与入射光的组成和物质本身的结构有关，而溶液呈现不同的颜色是由溶液中的吸光质点（离子或分子）选择性地吸收某种颜色的光而引起的。当一束白光通过某一透明溶液时，如果该溶液对可见光区各波长的光都不吸收，则此溶液是透明无色溶液；当该溶液对各种波长的光全部吸收时，则该溶液是黑色溶液；如果该溶液吸收了一部分波长的光，而另一部分波长的光透过溶液，则溶液呈现出被吸收光的互补色光的颜色。如图 7-2 所示，绿色光与紫红色光互补，黄色光与蓝色光互补。例如，$KMnO_4$ 溶液吸收绿色的光，透过紫红色的光，因而 $KMnO_4$ 溶液呈现紫红色。

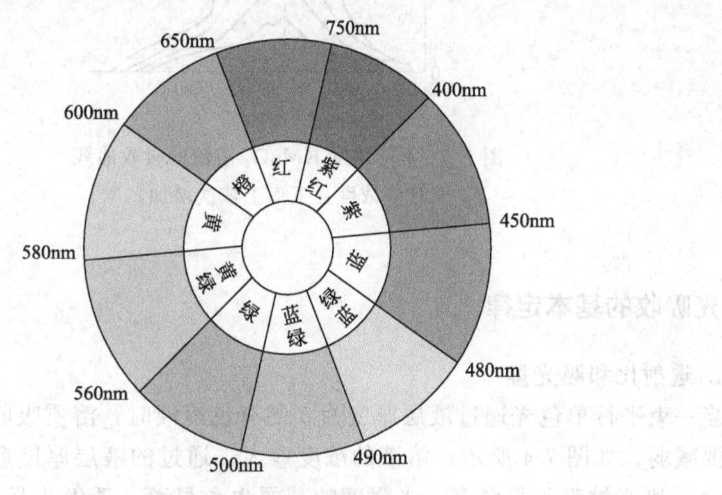

图 7-2　光的颜色与互补色

在可见光区，溶液的颜色由透射光的波长所决定。一些溶液的颜色与吸收光颜色的互补对应关系，如表 7-1 所示。溶液呈现的颜色是物质对不同波长的光选择性吸收的结果。

表 7-1　溶液颜色和吸收光颜色的关系

溶液颜色		黄绿	黄	橙	红	紫红	紫	蓝	绿蓝	蓝绿
吸收光	颜色	紫	蓝	绿蓝	蓝绿	绿	黄绿	黄	橙	红
	波长/nm	400～450	450～480	480～490	490～500	500～560	560～580	580～600	600～650	650～750

2. 吸收曲线

为了更准确地描述物质对各种波长光选择性吸收的情况，可以用不同波长的光依次照射某一固定浓度和液层厚度的有色溶液，并测得每一波长下溶液对光的吸收程度（又称吸光度，通常用 A 表示），以吸光度为纵坐标，相应波长为横坐标所得 A-λ 曲线称为吸收曲线，如图 7-3 所示。

从图 7-3 中可以看出：

(1) $KMnO_4$ 溶液对不同波长光的吸收程度不同，对波长 525nm 光吸收最多，在吸收曲线中形成一个最高峰，称为吸收峰。吸光度最大处所对应波长称为最大吸收波长，用 λ_{max} 表示。

(2) 不同浓度 $KMnO_4$ 溶液，吸收曲线的形状相同，λ_{max} 也不变。但在同一波长处的吸光度随溶液浓度的增加而增大。

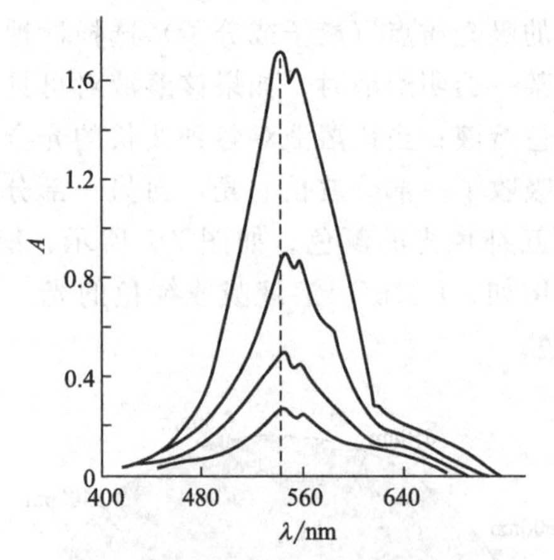

图 7-3　不同浓度 $KMnO_4$ 溶液的吸收曲线
（溶液浓度自下而上依次增加）

四、光吸收的基本定律

1. 透射比和吸光度

当一束平行单色光通过液层厚度为 b 的有色溶液时，溶质吸收了光能，光的强度就要减弱，如图 7-4 所示。溶液的浓度愈大，通过的液层厚度愈大，入射光强度 I_0 愈强，则光被吸收得愈多，光强度的减弱也愈显著，透射光强度 I_t 越小。I_t 与 I_0 的比值称为透射比，也称为透光率，用 T 表示为 $T=\frac{I_t}{I_0}$。T 的取值范围为 0～1.0。T 越大，物质对光的吸收越少，透过越多；T 越小，物质对光的吸收越多，透过越少；$T=1.0$ 表示光全部透过。

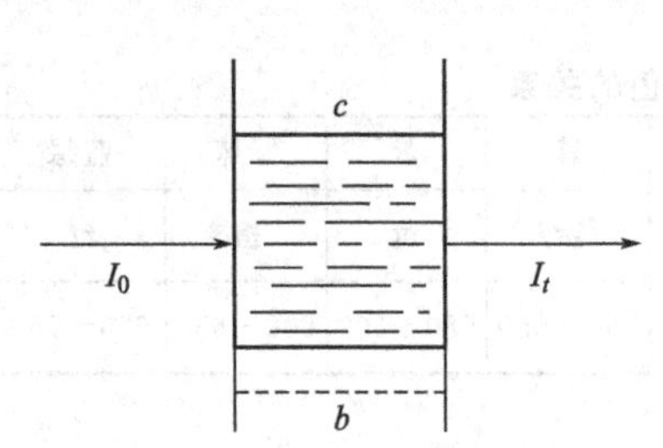

图 7-4　光通过溶液示意图

溶液对光的吸收程度可用吸光度 A 表示。$A=-\lg T$，A 的取值范围为 0.00～∞。A 愈小，物质对光的吸收愈少；A 愈大，物质对光的吸收愈大。$A=0.00$ 表示光全部透过；$A\to\infty$ 表示光全部被吸收。

2. 朗伯-比尔定律

朗伯-比尔定律是吸收光谱的基本定律，是描述物质对单色光吸收的强弱与吸光物质的厚度和浓度间关系的定律。

1760 年，朗伯（Lambert）研究指出，如果溶液的浓度一定，则光的吸收程度与液层厚度成正比，此关系称为朗伯定律。表达式如下：

$$A=\lg\frac{I_0}{I_t}=K_1 b$$

式中，I_0 为入射光强度；I_t 为透射光强度；A 为吸光度；K_1 为比例常数；b 为吸收池（又称比色皿）液层厚度。

1852 年，比尔（Beer）进行了大量研究工作后指出：如果吸收池液层厚度一定，吸光强度与物质浓度成正比，这种关系称为比尔定律，表达式如下：

$$A=\lg\frac{I_0}{I_t}=K_2c$$

式中，c 为有色物质溶液的浓度；K_2 为比例常数。

如果同时考虑溶液的浓度及液层厚度对光吸收的影响，就可将朗伯定律和比尔定律结合起来，称为物质对光吸收的基本定律，即朗伯-比尔定律，用下式表示：

$$A=\lg\frac{I_0}{I_t}=abc$$

朗伯-比尔定律是吸光光度法进行定量分析的理论依据，它的数学表达式物理意义是：当一束单色光平行照射并通过均匀的、非散射的吸光物质的溶液时，溶液的吸光度 A 与溶液浓度 c 和液层厚度 b 的乘积成正比。

式中的比例常数 a 称为吸光系数，其数值及单位随 b、c 所取单位的不同而不同。当 b 的单位用 cm，c 的单位用 $g\cdot L^{-1}$ 时，吸光系数的单位为 $L\cdot g^{-1}\cdot cm^{-1}$；如果溶液浓度 c 的单位用 $mol\cdot L^{-1}$，b 的单位用 cm，则吸光系数称为摩尔吸光系数，用符号 ε 表示，单位为 $L\cdot mol^{-1}\cdot cm^{-1}$。摩尔吸光系数是物质吸光能力大小的量度。常运用 ε 值估算显色反应的灵敏度，ε 值大说明显色反应的灵敏度高，ε 值小则说明显色反应的灵敏度低，大多数 ε 在 $10^4\sim10^5$ 数量级，根据 ε 值的大小可选择适宜的显色反应体系。

显然不能直接采用 c 为 $1mol\cdot L^{-1}$ 这样高的浓度来测定 ε，一般在很稀浓度下进行实验，所得数据按下式计算：

$$A=\varepsilon bc$$

a 与 ε 的关系可用下式计算：

$$\varepsilon=Ma$$

式中，M 为所测物质的摩尔质量。

此外，在含有多种吸光物质的溶液中，只要各种组分之间相互不发生化学反应，朗伯-比尔定律也适用于溶液中每一种吸收物质。故当某一波长的单色光通过这样一种多组分溶液时，由于各种吸光物质对光均有吸收作用，溶液的总吸光度应等于各吸收物质的吸光度之和，即吸光度具有加和性。

五、偏离朗伯-比耳定律的因素

根据朗伯-比耳定律，当待测溶液液层厚度不变时，以吸光度对浓度作图时，应得到一条通过原点的直线。但在实际工作中，吸光度与浓度间的线性关系常常发生偏离，引起偏差，如图 7-5 所示，一般产生负偏差的情况居多。导致偏离光吸收定律的因素有多种，主要有非单色光引起的偏离、比耳定律的局限性引起的偏离及化学因素引起的偏离等。

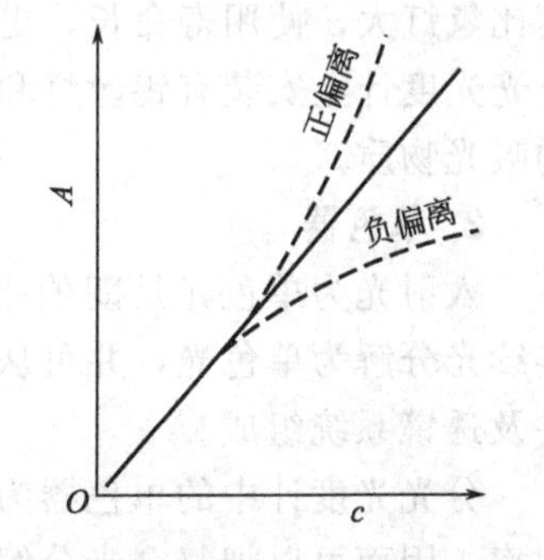

图 7-5　标准曲线（工作曲线）偏离朗伯-比尔定律

1. 非单色光引起的偏离

朗伯-比耳定律是以单色光作为入射光为前提的，但事实上的单色光并非是纯粹的单色光，而是由波长范围较窄的光带组成的复合光，由于吸光物质对不同波长光的吸收能力不同，导致对朗伯-比耳定律的偏离。波长范围愈窄，单色光愈纯，标准曲线愈直。使用棱镜或光栅等所得到的“单色光”实际上是有一定波长范围的光谱带，“单色光”的纯度与狭缝宽度有关，狭缝越窄，所包含的波长范围也越窄。

2. 比耳定律的局限性引起的偏离

比耳定律的前提是浓度小于 $10^{-2}mol \cdot L^{-1}$ 的稀溶液，它是一个有局限性的定律。当溶液浓度较大时，吸光粒子间的平均距离缩小，使相邻的吸光粒子的电荷分布互相影响，从而改变了它对光的吸收能力。因此，朗伯-比耳定律只适用于稀溶液。

3. 化学因素引起的偏离

溶液中的吸光物质因解离、缔合或互变异构等作用形成新的化合物而改变了吸光物质的浓度，都可导致对光吸收定律的偏离。因此，测量前的化学预处理工作是十分重要的，如控制好显色反应条件、溶液的浓度及化学平衡等。

六、紫外-可见分光光度计的组成

用于测定溶液吸光度的仪器称为分光光度计，分光光度计的种类、型号繁多、构造也各不相同，但基本组成都是光源、单色器、吸收池、检测器和显示记录系统五大部件，如图 7-6 所示。

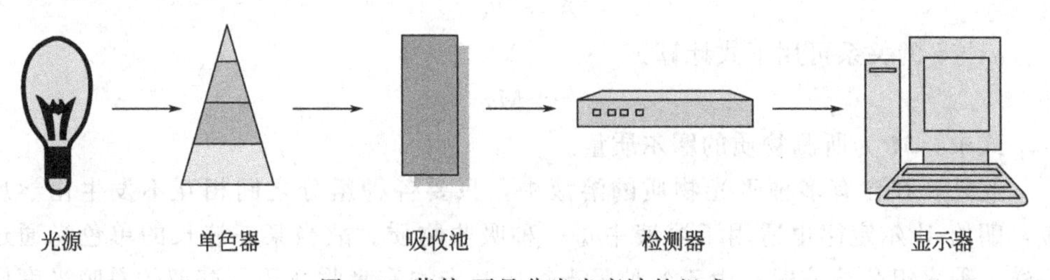

图 7-6　紫外-可见分光光度计的组成

1. 光源

可见光区通常用 6～12V 钨丝灯作光源，发出的连续光谱波长在 360～1000nm 范围内。为了获得准确的测定结果，要求光源要稳定，通常要配置稳压器；为了得到平行光，仪器中都装有聚光镜和反射镜等。紫外区常用氢灯和氘灯，氘灯的光强度比氢灯大，使用寿命长，更常用。氘灯能发射 150～400nm 波长的光。紫外-可见分光光度计上安装有钨丝灯和氘灯两种光源，常用于测定 200～780nm 波长范围内的吸光物质。

2. 单色器

入射光为单色光是朗伯-比尔定律的前提条件之一，单色器就是将光源发出的连续光分解为单色光，并可从中分出任一波长单色光的装置，一般由狭缝、色散元件及透镜系统组成。

分光光度计中的单色器为棱镜和光栅。对于不同波长的光，棱镜具有不同的折射率，因而可以把复合光分解为单色光。光栅是利用光的衍射和干涉作用制成的高分辨率的色散元件，其优点是色散均匀、分辨率高、适用波长范围较宽等。由于分光光度计的单色器能获得纯度较高的单色光，适用的波长范围也较广，所以分光光度法的灵敏度、选择性和准确度等均比较高。

3. 吸收池

吸收池是用于盛装参比液和被测试液的容器，也称比色皿，一般由无色透明、耐腐蚀的光学玻璃制成，也有的用石英玻璃制成（紫外光区必须采用石英池）。厚度有 0.5cm、1.0cm、2.0cm、3.0cm、5.0cm 等数种规格，同一规格的吸收池间透光率的差应小于 0.5%。使用过程中要注意保持比色皿的光洁，特别要保护其透光面不受磨损。

4. 检测器

检测器是利用光电效应，将透过的光信号转变为电信号进行测量的装置。常用的有光电管、光电倍增管等。

光电管是由一个阳极和一个光敏阴极构成的真空或充有少量惰性气体的二极管，阴极表面镀有碱金属或碱土金属氧化物等光敏材料，当被光照射时，阴极表面发射电子，电子流向阳极而产生电流，电流大小与光强度成正比。光电管的特点是灵敏度高，不易疲劳。

光电倍增管是在普通光电管中引入具有二次电子发射特性的倍增电极组合而成，比普通光电管灵敏度高 200 多倍，是目前高中档分光光度计中常用的一种检测器。

5. 显示记录系统

显示记录系统的作用是把电信号以吸光度或透光率的方式显示或记录下来。光电流的大小通常用检流计测量，在检流计标尺上有透射比 T 和吸光度 A 两种不同的刻度，因为 $A=-\lg T$，即吸光度与透射比是负对数关系，所以吸光度标尺的刻度是不均匀的。读数时要注意标尺上的刻度（透光率是等刻度的，吸光度刻度是不均匀的，由于溶液的吸光度与其浓度成正比，所以测定时一般都读取吸光度）。

现代的分光光度计在主机中装备有微处理机或外接微型计算机，控制仪器操作和处理测量数据。装有屏幕显示、打印机和绘图仪等，使测量精密度、自动化程度提高，应用功能增加。

七、定量分析方法

1. 单一组分定量分析

（1）比较法

取含有已知准确浓度被测组分的标准溶液，将标准溶液及被测试液在完全相同的条件下显色，测定吸光度，分别以 A_s 和 A_x 表示标准溶液和被测试液的吸光度，以 c_s 和 c_x 表示标准溶液和被测试液的浓度，根据朗伯-比尔定律可得：

$$A_x=\varepsilon bc_x \qquad A_s=\varepsilon bc_s$$

则 $c_x=\dfrac{A_x}{A_s}\times c_s$

式中，c_s 已知，A_s 和 A_x 可以测得，c_x 便很容易求得。

采用比较法时应注意，所选择的标准溶液浓度要与被测试液浓度尽量接近，以避免产生较大的测定误差。测定的样品数较少，采用比较法较为方便，但准确度较低。

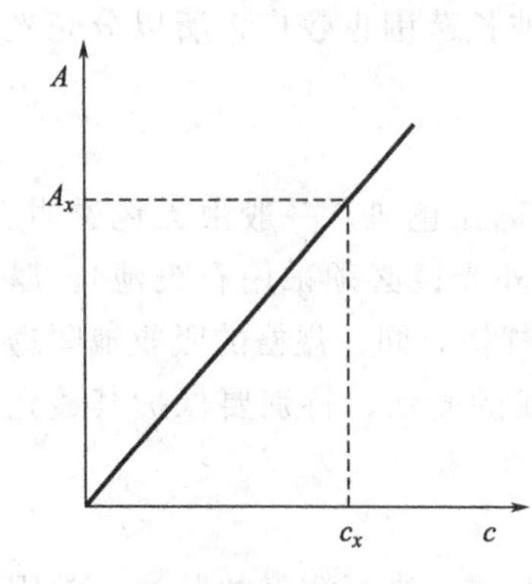

图 7-7　标准曲线（工作曲线）

(2) 标准曲线法

标准曲线法又称工作曲线法，该法应用广泛，简便易行。先以标准样品配制一系列浓度不同的标准溶液，在测定条件相同的情况下，分别测定其吸光度，然后以标准溶液的浓度为横坐标，以相应的吸光度为纵坐标，绘制吸光度-浓度曲线，即 A-c 关系图。理论上应该得到一条过原点的直线，称为标准曲线（图 7-7）。在相同条件下测出样品溶液的吸光度，就可从标准曲线上查得它的浓度。也可以用计算机软件求得吸光度与溶液浓度的关系方程，代入方程求得样品的浓度。

标准曲线法适用于样品中的单组分（样品中只有一种吸收物质）或互相不干扰的吸收组分进行定量测定。但要注意以下几点：

① 进行定量测定用的波长最好在待测样品的吸收峰处。

② 制作一条标准曲线至少要 5～7 个点。

③ 待测样品的浓度范围要在标准曲线范围内。

④ 标准样品和待测样品必须使用相同的溶剂系统和反应系统，在相同的条件下测定。

⑤ 如仪器进行维修，更换元件，或重新校正波长时，必须重新制作标准曲线。

2. 多组分定量分析

(1) 第一种情况

各种吸光物质吸收曲线相互不重叠或很少重叠，则可分别在 λ_1 及 λ_2 处测 a 及 b 组分的浓度 c。

(2) 第二种情况

两吸收曲线互相重叠，但服从朗伯-比尔定律，可采用解方程组法求解。

若试样中需要测定两种组分，则选定两个波长 λ_1 及 λ_2，测得试液的吸光度为 A_1 和 A_2，则可解方程组求得组分 a、b 的浓度 c_a、c_b，其中相关参数利用纯物质测得：

$$\begin{cases} A_1 = \varepsilon_{a_1} b c_a + \varepsilon_{b_1} b c_b \\ A_2 = \varepsilon_{a_2} b c_a + \varepsilon_{b_2} b c_b \end{cases}$$

如果混合物含有 n 个组分，可不经分离，在 n 个适当波长处进行 n 次测量，获得 n 个吸光度值，然后解 n 个联立方程可求得各组分的浓度。

任务 1. 水中微量铁离子含量的测定

【任务描述】

学习紫外-可见分光光度法测定水中微量铁离子含量的原理、操作及注意事项，能熟练地使用紫外-可见分光光度计进行水中微量铁离子含量测定操作。

【任务目标】

1. 熟悉水中微量铁离子含量测定的原理、特点；
2. 能够准确配制系列标准溶液；
3. 能够制作吸收曲线和标准曲线；
4. 能够熟练应用紫外-可见分光光度法进行水中微量铁离子含量的测定；
5. 能够准确、整齐、简明记录实验原始数据并进行计算。

【知识准备】

紫外-可见分光光度计的使用

一、显色反应

在光度分析中，将试样中被测组分转变成有色化合物的化学反应叫显色反应。

显色反应可分为两大类，即配位反应和氧化还原反应，而配位反应是最主要的显色反应。与被测组分化合成有色物质的试剂称为显色剂。同一被测组分常可与若干种显色剂反应，生成多种有色化合物，其原理和灵敏度亦有差别。一种被测组分究竟应该用哪种显色反应，可依据标准加以选择。在光度分析中，对显色主要有以下要求。

1. 选择性要好

一种显色剂最好只与一种被测组分起显色反应。或者干扰离子容易被消除，或者显色剂与被测组分和干扰离子生成的有色化合物的吸收峰相隔较远。

2. 灵敏度要高

灵敏度高的显色反应有利于微量组分的测定。灵敏度的高低，可从摩尔吸光系数值的大小来判断（但灵敏度高，同时应注意选择性）。

3. 有色化合物的组成要恒定，化学性质要稳定

有色化合物的组成若不符合一定的化学式，测定的再现性就较差。有色化合物若易受空气的氧化、光的照射而分解，就会引入测量误差。

4. 显色剂和有色化合物之间的颜色差别要大

显色剂和有色化合物之间的颜色差别较大时，试剂空白一般较小。一般要求有色化合物的最大吸收波长与显色剂最大吸收波长之差在60nm以上。

5. 显色反应的条件要易于控制

如果显色条件要求过于严格，难以控制，测定结果的再现性就差。

二、显色剂

许多无机试剂能与金属离子发生显色反应，如 Cu^{2+} 与氨水生成 $[Cu(NH_3)_4]^{2+}$；硫氰酸盐与 Fe^{3+} 生成红色的配离子 $[FeSCN]^{2+}$ 或 $[Fe(SCN)_5]^{2-}$ 等。有机试剂在一定条件下能与金属离子生成有色的金属螯合物。由于螯合物稳定，因此，有机显色剂具有许多优点：金属螯合物都很稳定，一般解离常数很小，而且能抗辐射。大部分金属螯合物呈现鲜明的颜色，摩尔吸光系数都大于 10^4。而且螯合物中金属所占比率很低，提高了测定灵敏度。同时，绝大多数有机螯合剂在一定条件下只与少数或某一种金属离子配位。而且同一种有机螯合物与不同的金属离子配位时，生成不同特征颜色的螯合物。

常用的有机显色剂有邻二氮菲、双硫腙、偶氮胂（Ⅲ）、铬天青S等。

三、显色条件的选择

分光光度法测定的是显色反应达到平衡后溶液的吸光度，因此要想得到准确的结果，必须了解影响显色反应的因素，控制适当的条件，保证显色反应完全和稳定。

1. 显色剂的用量

设M为被测物质，R为显色剂，MR为反应生成的有色配合物，则显色反应可用下式表示：

$$M(被测组分)+nR(显色剂)\rightleftharpoons MR_n(有色化合物)$$

根据溶液平衡原理，有色配合物稳定常数越大，显色剂过量越多，越有利于待测组分形成有色配合物。但是过量显色剂的加入，有时会引起空白增大或副反应发生等对测定不利的因素。因此显色剂一般应适当过量，显色剂的适宜用量通常由实验来确定。

2. 溶液酸度

酸度对显色反应的影响是多方面的。许多显色剂本身就是有机弱酸，酸度会影响它们的解离平衡和显色反应能否进行完全；另外，酸度降低可能使金属离子形成各种形式的羟基配合物乃至沉淀，某些逐级配合物的组成可能随酸度而改变。如 Fe^{3+} 与磺基水杨酸的显色反应，当 pH＝2～3 时，生成组成为1∶1的紫红色配合物；当 pH＝4～7 时，生成组成为1∶2的橙红色配合物；当 pH＝8～10 时，生成组成为1∶3的黄色配合物。

一般确定适宜酸度的具体方法：固定其他实验条件不变，分别测定不同pH条件下显色溶液的吸光度。适宜酸度可在吸光度较大且恒定的平坦区域所对应的pH范围中选择。控制溶液酸度的有效办法是加入适宜的pH缓冲溶液，但同时应考虑由此可能引起的干扰。

3. 显色温度

不同的显色反应对温度的要求不同。大多数显色反应是在常温下进行的，但有些反应必须在较高温度下才能进行或进行得比较快。例如Fe^{2+}和邻二氮菲的显色反应常温下就可完成，而硅钼蓝法测微量硅时，应先加热，使之生成硅钼黄，然后将硅钼黄还原为硅钼蓝，再用分光光度法测定。有的有色物质加热时容易分解，例如$[Fe(SCN)_6]^{3-}$，加热时褪色很快，因此对不同的反应，应通过实验找出各自适宜的显色温度范围。由于温度对光的吸收及颜色的深浅都有影响，因此在绘制工作曲线和进行样品测定时应该使溶液温度保持一致。

4. 显色时间

时间对显色反应的影响需从以下两方面综合考虑。一方面要保证足够的时间使显色反应进行完全，对于反应速率较小的显色反应，显色时间需长一些；另一方面测定必须在有色配合物稳定的时间内完成。对于较不稳定的有色配合物，应在显色反应已完成且吸光度下降之前尽快测定，确定适宜的显色时间同样需通过实验作出显色温度下的吸光度时间关系曲线，在该曲线的吸光度较大且恒定的平坦区域所对应的时间范围内完成测定是最适宜的。

5. 溶剂

由于溶质与溶剂分子的相互作用对紫外-可见吸收光谱有影响，因此在选择显色反应条件的同时需选择合适的溶剂。水作为溶剂，简便且无毒，所以一般尽量采用水相测定。如果水相测定不能满足测定要求（如灵敏度差、干扰无法消除等），则应考虑使用有机溶剂。如$[Co(SCN)_4]^{2-}$在水溶液中大部分解离，加入等体积的丙酮后，因水的介电常数减小而降低了配合物的解离度，溶液显示配合物的天蓝色，可用于钴的测定。对于大多数不溶于水的有机物的测定，常使用脂肪烃、甲醇、乙醇和乙醚等有机溶剂。

6. 共存离子

分光光度法中，若共存离子有色或共存离子与显色剂形成的配合物有色，将干扰待测组分测定。共存离子干扰主要有以下几种情况：

(1) 共存离子与试剂生成有色化合物；

(2) 共存离子本身具有颜色；

(3) 共存离子与被测离子或显色剂生成无色化合物，降低被测组分或显色剂的浓度。

干扰离子通常采用下列方法消除：

(1) 加入掩蔽剂　如测定Ti^{4+}可加入H_3PO_4作掩蔽剂，与共存的Fe^{3+}（黄色）生成无色的$[Fe(PO_4)_2]^{3-}$消除干扰；用铬天青S光度法测定Al^{3+}，加抗坏血酸作掩蔽剂将Fe^{3+}还原为Fe^{2+}，从而消除Fe^{3+}的干扰。

掩蔽剂的选择原则是掩蔽剂不与待测组分反应、掩蔽剂本身及掩蔽剂与干扰组分的反应产物不干扰待测组分的测定。

(2) 控制溶液的酸度　这是消除共存离子干扰的一种简单而重要的方法。控制酸度使待测离子显色而干扰离子不生成有色化合物。例如；以磺基水杨酸测定 Fe^{2+} 时，若 Cu^{2+} 共存，此时 Cu^{2+} 也能与磺基水杨酸形成黄色配合物而干扰测定，若溶液酸度控制在 pH＝2.5，此时铁能与磺基水杨酸形成配合物，而铜就不能，这样就可以消除 Cu^{2+} 的干扰。

(3) 分离干扰离子　在不能掩蔽干扰离子的情况下，一般可采用沉淀、有机溶剂萃取、离子交换和蒸馏挥发等分离方法除去干扰离子，其中以有机溶剂萃取在分光光度法中应用最多。

(4) 选择适当的吸收波长　如用 4-氨基安替比林显色测定废水中酚时，氧化剂铁氰化钾和显色剂都呈黄色，干扰测定结果，但若选择用 520mm 单色光为入射光，则可以消除干扰。因为黄色溶液在 420nm 左右有强吸收，但在 500nm 后则无吸收。

(5) 选择适当的参比溶液　选用适当的参比溶液可消除显色剂和某些共存离子的干扰。

当没有适当的掩蔽剂或方法消除干扰时，可利用沉淀、萃取、离子交换、蒸发和蒸馏以及色谱分离法等预先除去干扰离子。还可以利用双波长法、导数光谱法等技术来消除干扰。

四、测定条件的选择

1. 入射光波长的选择

入射光波长选择的依据是吸收曲线，一般以最大吸收波长为测量的入射光波长。这是因为在此波长处吸光系数最大，测定的灵敏度最高，而且在此波长处吸光度有一较小的平坦区，可以减小或消除由单色光的不纯而引起的对朗伯-比耳定律的偏离，从而提高测定的准确度。若在最大吸收波长处有共存离子的干扰，则应考虑选择灵敏度稍低但能避免干扰的入射光波长。

2. 狭缝的选择

在定量分析中，狭缝宽度直接影响测定的灵敏度和工作曲线的线性范围。狭缝宽度增加，入射光的单色性降低，在一定程度上会使灵敏度降低，以致偏离朗伯-比耳定律，但狭缝宽度太小，入射光太弱，也不利于测定。狭缝的选择一般依据测定灵敏度，以保证吸光度不明显降低时的最大狭缝宽度作为最合适的宽度。

3. 吸光度范围的选择

通常吸光度控制在 0.2～0.8 范围内，这样测量的相对误差≤±2%。可通过改变取样量或改变显色后溶液总体积或选择不同厚度的比色皿改变吸光度范围。

4. 选择适当的参比溶液

参比溶液亦称空白溶液，常用标准空白溶液作为参比溶液。

参比溶液的作用：测定前调零（$A=0$；$T=100\%$），建立测定的相对标准；可消除显色剂色泽、基体溶液的色泽、某些干扰离子存在的影响，减少分析误差。

常见的参比溶液有显色剂、共存离子、所用其他试剂无色的蒸馏水；显色剂，或加入的其他试剂有颜色，共存离子无色的试剂空白（不加试样，而其他试剂照加）；显色剂无色，共存离子有色的试样空白（不加显色剂的试液）；显色剂、共存离子均有色的掩蔽被测离子的试样空白。

五、测定原理

亚铁离子在 pH 3～9 的条件下，与邻二氮菲反应，生成橘红色配位离子，此配离子在 pH 3～4.5 时最为稳定。水中三价铁离子用盐酸羟胺（或抗坏血酸）还原成亚铁离子，即可测定总铁的含量。

邻二氮菲（又称邻菲罗啉、邻菲啰啉、邻菲咯啉）是测定铁的高灵敏性、高选择性试剂之一，邻二氮菲分光光度法是化工产品中微量铁测定的通用方法。在 pH 2～9 的溶液中，Fe^{2+} 和邻二氮菲生成 1∶3 橘红色配合物，配合物的稳定常数为 $10^{21.3}$，摩尔吸光系数为 $1.1\times10^{4}L\cdot mol^{-1}\cdot cm^{-1}$。

$Fe^{2+}+3$ (N N) ⟶ $\{[\ (N, N)\ ]_3 Fe\}^{2+}$

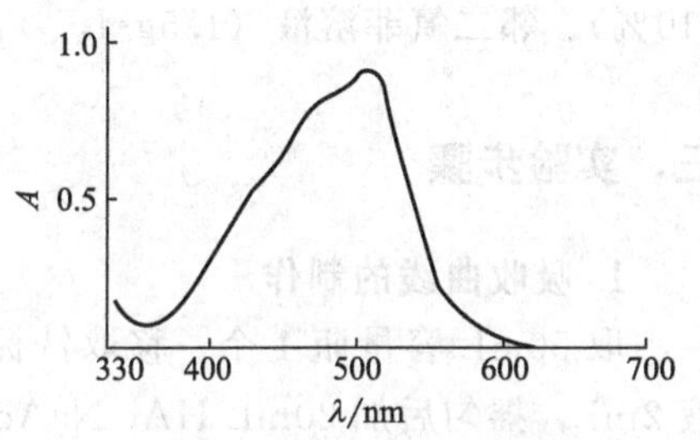

图 7-8　Fe^{2+} 与邻二氮菲配合物的吸收曲线

其吸收曲线如图 7-8 所示。

Fe^{3+} 亦可以与邻二氮菲生成蓝色配合物，因此，在显色前需用盐酸羟胺溶液将全部的 Fe^{3+} 还原为 Fe^{2+}。反应式如下：

$$2Fe^{3+}+2NH_2OH = 2Fe^{2+}+N_2\uparrow+2H_2O+2H^+$$

定量分析时采用标准曲线法（又称工作曲线法），即配制一系列浓度由小到大的标准溶液，在选定条件下依次测量各标准溶液的吸光度 A，在被测物质的一定浓度范围内，溶液的吸光度与其浓度呈线性关系（邻二氮菲测 Fe^{2+}，浓度在 $0\sim5.0\mu g\cdot mL^{-1}$ 范围内呈线性关系）。测定时，控制溶液 pH＝5 较为适宜，酸度高时，反应进行较慢；酸度太低，则二价铁离子水解，影响显色。以溶液的浓度为横坐标，相应的吸光度为纵坐标，绘制出标准曲线。测绘标准曲线一般要配制 5～7 个浓度递增的标准溶液，测出的吸光度至少要有 4 个点在一条直线上。作图时，坐标选择要合适，使测量数据的有效数字位数与坐标的读数精度相符合。

分光光度法测定未知铁试样中铁含量

测定未知样时，操作条件应与测绘标准曲线时相同。根据测得的吸光度从标准曲线上查出相应的浓度，就可计算出试样中被测物质的含量。通常应以试剂空白溶液为参比溶液，调节仪器的吸光度零点。

测定时，有很多元素干扰测定，须预先进行掩蔽或分离，如钴、镍、铜、铅与试剂形成有色配合物；钨、铂、镉、汞与试剂生成沉淀；还有些金属离子如锡、铅、铋则在邻二氮菲铁配合物形成的 pH 范围内发生水解；因此当这些离子共存时，应注意消除它们的干扰作用。

【任务实施】

水中微量铁离子含量的测定

一、实验器材

紫外-可见分光光度计（带 1cm 玻璃比色皿）、吸量管（10mL）、量筒（10mL、25mL）、容量瓶（50mL）、烧杯（100mL）、玻璃棒、吸水纸、擦镜纸等。

二、实验试剂

铁标准溶液（$50\mu g\cdot mL^{-1}$）、HAc-NaAc 缓冲溶液（pH≈5.0）、盐酸羟胺溶液（10%）、邻二氮菲溶液（$1.5g\cdot L^{-1}$）、未知铁试样溶液等。

三、实验步骤

1. 吸收曲线的制作

取 50mL 容量瓶 1 个，移取铁标准溶液 5.0mL 于容量瓶中，加入盐酸羟胺溶液 2mL，摇匀后加 20mL HAc-NaAc 缓冲溶液和 10mL 邻二氮菲溶液，用水稀释至刻度，摇匀，放置不少于 15min。另取 50mL 容量瓶 1 个，不加铁标准溶液，其他操作同上述步骤，配制铁参比溶液。

以不加铁标准溶液作为参比，从 440nm 到 590nm，每间隔 10nm 测量一次上述溶液吸光度，其中在 500～520nm 之内，每间隔 5nm（或 2nm）测量一次。以波长为横坐标，以相应的吸光度为纵坐标绘制吸收曲线，找出最大吸收波长。吸收曲线可用计算绘图纸绘图得到，也可借助计算机数据处理软件得到。

2. 标准曲线的制作

取 50mL 容量瓶 7 个，分别移取铁标准溶液 0.0mL、1.0mL、2.0mL、4.0mL、6.0mL、8.0mL 和 10.0mL 于容量瓶中，各加盐酸羟胺溶液 2mL，摇匀后分别加 20mL HAc-NaAc 缓冲溶液和 10mL 邻二氮菲溶液，用水稀释至刻度，摇匀，放置不少于 15min。

以不加铁标准溶液的一份作为参比，在最大吸收波长处进行吸光度测定。以浓度为横坐标，以相应的吸光度为纵坐标绘制标准曲线，也可借助计算机利用数据拟合得到标准曲线方程，方便后续未知试样溶液浓度的准确求解。

3. 未知铁试样溶液的测定

取 50mL 容量瓶 3 个，分别吸取未知液 5.0mL，按上述与标准曲线相同条件和步骤测定其吸光度。

由测得吸光度从标准曲线上查出待测溶液中铁的浓度，也可根据标准曲线方程求解，最后依据稀释倍数求出未知铁试样溶液中铁含量。

若采用计算机联用分光光度计测定，可利用操作软件设置连续扫描得到吸收曲线，标准曲线和未知液浓度可在软件操作界面直接得到。

四、实验记录及结果处理

1. 吸收曲线的制作

吸收曲线的制作见表 7-2。

表 7-2　吸收曲线的制作

波长/nm	440	450	460	470	480	490	500	505	510
吸光度									
波长/nm	515	520	530	540	550	560	570	580	590
吸光度									

2. 标准曲线的制作

标准曲线的制作见表 7-3。

表 7-3　标准曲线的制作

溶液序号	吸取铁标准溶液体积/mL	$c/\mu g \cdot mL^{-1}$	A
0			
1			
2			
3			
4			
5			
6			

3. 水中微量铁离子含量的测定

水中微量铁离子含量的测定见表 7-4。

表 7-4　水中微量铁离子含量的测定

平行测定次数	1	2	3
吸光度 A			
查得的浓度 $c_x/\mu g \cdot mL^{-1}$			
原始试液浓度 $c_0/\mu g \cdot mL^{-1}$			
原始试液的平均浓度 $\bar{c}_0/\mu g \cdot mL^{-1}$			

五、注意事项

1. 在仪器开机自检过程中，不要按动任何键，不要打开样品室的盖子；

2. 注意保护比色皿，比色皿的光学面必须保持清洁，严禁用手触摸，如果光学面有污渍或尘土时，可用擦镜纸轻轻拭去；

3. 比色皿内部应用去离子水进行清洗，然后用少量丙酮或乙醇除水，常温下放置干燥；

4. 测定过程中比色皿可用玻璃比色皿，也可用石英比色皿（紫外光区必须使用石英比色皿）。

【学习延展】

比色法

比色法是通过比较或测量有色物质溶液颜色深度来确定待测组分含量的方法，是利用有色物质对特定波长光的吸收特性来进行定性分析的一种方法。其原理是基于被测物质溶液的颜色或加入显色剂后生成的有色溶液的颜色，其颜色深度与物质含量成正比，根据光被有色溶液吸收的强度，即可测定溶液中物质的含量。比色法以生成有色化合物的显色反应为基础，对显色反应要求具有较高的灵敏度和选择性，反应生成的有色化合物的组成恒定且较稳定，它和显色剂的颜色差别应较大。选择适当的显色反应和控制适宜的反应条件是比色分析的关键。常用的比色法有两种：目视比色法和光电比色法，两种方法都以朗伯-比尔定律为基础。

一、目视比色法

用眼睛观察、比较待测溶液颜色深浅以确定物质含量的分析方法称为目视比色法。常用的目视比色法采用标准系列法，这种方法是使用一套由同种材料制成、大小形状相同的平底玻璃管（称为比色管），依次分别在比色管中加入一系列不同量的标准溶液，向另外一只比色管中加入待测溶液，在实验条件相同的情况下，再加入等量的显色剂和其他试剂进行显色反应，稀释至一定刻度，充分摇匀后，放置。然后从管口垂直向下观察，比较待测溶液与标准溶液颜色的深浅。若待测液与某一标准溶液颜色一致，则说明两者浓度相等；若待测液颜色介于两标准溶液之间，则取其算术平均值作为待测液的浓度。其测定原理与中学使用的广泛 pH 试纸测定溶液 pH 值类似。

目视比色法的优点是仪器简单，操作简便，适用于大批试样的分析。因为是在复合光即白光下进行测定，故某些显色反应不符合朗伯-比尔定律时，仍可用该法进行测定。因而它广泛用于准确度要求不高的常规分析中，例如土壤和植株中氮、磷、钾的速测等。

目视比色法的缺点是准确度不高，相对误差为 5%～20%，如果待测液中存在第二种有色物质，就无法进行测定。由于许多有色溶液不够稳定，标准系列不能长期保存，常需临时配制标准色阶，比较费时费事。另外，人眼睛的辨色能力有限，目视测定往往带有主观误差，使测定的准确度不高。

目视比色法主要用于限界分析（确定试样中待测杂质含量是否在规定的最高限界以下）。

二、光电比色法

光电比色法是在光电比色计上测量一系列标准溶液的吸光度，将吸光度对浓度作图，绘制工作曲线，然后根据待测组分溶液的吸光度在工作曲线上查得其浓度或含量。光电比色计通常由光源（钨灯）、滤光片、吸收池、接收器（光电池或光电管）、检流计五部分组成。光路结构上有单光电池式和双光电池式两种：单光电池式仪器的测量结果受光源强度变化影响较大，而双光电池式仪器则避免了这种影响。

与目视比色法相比，光电比色法消除了主观误差，提高了测量准确度，而且可以通过选择滤光片来消除干扰，从而提高了选择性。但光电比色计采用钨灯光源和滤光片，只适用于可见光谱区和只能得到一定波长范围的复合光，而不是单色光束，还有其他一些局限，使它无论在测量的准确度、灵敏度和应用范围上都不如紫外-可见分光光度计。

光电比色计和紫外-可见分光光度计的光路结构非常相似，它们之间所不同的地方在于：分光光度计采用棱镜或光栅作色散元件，因而可以得到纯度较高的单色光束。而光电比色计采用滤光片，只能得到一定波长范围的光谱带（复合光）；紫外-可见分光光度计采用紫外和可见区的光源，即氘灯和钨灯，而光电比色计只用一种钨灯光源，因而前者适用于紫外-可见光谱区，而后者只适用于可见光谱区；紫外-可见分光光度计可以测定待测组分的精细吸收光谱，不仅可用于定量分析，而且可以作定性和有机化合物的结构分析，而光电比色计只能作定量分析。此外，分光光度计一般都采用灵敏度高的光电倍增管作为检测器，而光电比色计一般用光电池或光电管作为检测器。因此，光电比色计无论在测量的准确度、灵敏度还是应用范围上都不如紫外-可见分光光度计。

随着光学仪器制造技术的发展，紫外-可见分光光度计应用日益普及，精密度较高而价格又较低的紫外-可见分光光度计已逐渐代替光电比色计，分光光度法也随之逐渐代替了比色法。

任务 2. 水中总酚含量的测定

【任务描述】

学习紫外-可见分光光度法测定水中总酚含量的原理、操作及注意事项，能熟练地使用紫外-可见分光光度计进行水中总酚含量测定操作。

【任务目标】

1. 熟悉水中总酚含量测定的原理、特点；
2. 掌握紫外-可见分光光度法测定水中总酚含量的操作要点；
3. 能够熟练应用紫外-可见分光光度计进行水中总酚含量的测定；
4. 能够准确、整齐、简明记录实验原始数据并进行计算。

未知液中待测物质的定性分析

【知识准备】

一、概述

与紫外-可见吸收光谱有关的电子有三种，即形成单键的σ电子、形成双键的π电子以及未参与成键的n电子。跃迁类型有：$\sigma \rightarrow \sigma^*$，$n \rightarrow \sigma^*$，$n \rightarrow \pi^*$，$\pi \rightarrow \pi^*$四种。在以上几种跃迁中，只有$\pi \rightarrow \pi^*$和$n \rightarrow \pi^*$两种跃迁的能量小，相应波长出现在近紫外区甚至可见光区，且对光的吸收强烈。

影响有机化合物紫外吸收光谱的因素有内因和外因两个方面。内因是指有机物的结构，主要是共轭体系的电子结构。随着共轭体系增大，吸收带向长波方向移动（称作红移），吸收强度增大。紫外光谱中含有π键的不饱和基团称为生色团，如C═C、C═O、NO_2、苯环等。含有生色团的化合物通常在紫外或可见光区域产生吸收带；含有杂原子的饱和基团称为助色团，如OH、NH_2、OR、Cl等。助色团本身在紫外及可见光区域不产生吸收带，但当其与生色团相连时，因形成$n \rightarrow \pi^*$共轭而使生色团的吸收带红移，吸收强度也有所增加。外因是指测定条件，如溶剂效应等。溶剂效应是指受溶剂的极性或酸碱性的影响，溶质吸收峰的波长、强度以及形状发生不同程度的变化。这是因为溶剂分子和溶质分子间可能形成氢键，或极性溶剂分子的偶极使溶质分子的极性增强，从而引起溶质分子能级的变化，使吸收带发生迁移。由于有机化合物在极性溶剂中存在溶剂效应，所以在记录紫外吸收光谱时，应注明所用的溶剂。另外，由于溶剂本身在紫外光谱区也有其吸收波长范围，故在选用溶剂时，必须考虑它们的干扰。

二、测定原理

具有苯环结构的化合物在紫外光区均有较强的特征吸收峰，在苯环上的第一类取代基（致活基团）使吸收更强，而苯酚在 270nm 处有特征吸收峰，其吸收程度与苯酚的含量成正比，因此可用紫外-可见分光光度法，根据朗伯-比尔定律直接测定水中总酚的含量。

苯酚在溶液中存在如下电离平衡：

$$C_6H_5OH \underset{H^+}{\overset{OH^-}{\rightleftharpoons}} C_6H_5O^-$$

苯酚在紫外区有三个吸收峰，在酸性或中性溶液中，吸收峰波长为 196.3nm、210.4nm 和 269.8nm；在碱性溶液中吸收峰波长位移至 207.1nm、234.8nm 和 286.9nm，由此可知，在盐酸溶液与氢氧化钠溶液中，苯酚的紫外吸收光谱有很大差别，所以在用紫外-可见分光光度分析苯酚时应加缓冲溶液，也可通过加氢氧化钠等强碱溶液来控制溶液 pH 值。

【任务实施】

水中总酚含量的测定

一、实验器材

玻璃比色皿和石英比色皿的区别

紫外-可见分光光度计（带 1.0cm 石英比色池）、吸量管（10mL）、容量瓶（50mL）、洗耳球、玻璃棒、胶头滴管、吸水纸、擦镜纸等。

二、实验试剂

苯酚标准溶液（0.1mg·mL^{-1}）、NaOH 溶液（0.25mol·L^{-1}）、待测水样等。

三、实验步骤

1. 吸收曲线的制作

准确移取苯酚标准溶液 5.0mL 置于 50mL 容量瓶中，加入 10 滴 NaOH 溶液，并用水稀释至刻度，摇匀。在波长 200～300nm 范围，每间隔 2～10nm，以 NaOH 空白溶液为参比，测定吸光度制作吸收曲线，找出最大吸收波长 λ_{max}。

2. 标准曲线的制作

准确移取苯酚标准溶液 0.0mL、2.0mL、4.0mL、6.0mL、8.0mL、10.0mL 分别置于 50mL 容量瓶中，各加 10 滴 NaOH 溶液，并用水稀释至刻度，摇匀。

以空白溶液为参比，在选定的最大吸收波长下分别测定标准系列样品的吸光度，绘制标准曲线。

3. 测定未知溶液

取 50mL 容量瓶 3 个，分别移取待测水样 10.0mL 置于容量瓶中，加入 10 滴 NaOH 溶液，用水稀释至刻度；以空白溶液为参比，在选定的最大吸收波长处测定吸光度 A，得到未知溶液的总酚含量。

吸收曲线和标准曲线制作也可采用计算机软件得到或采用计算机联机操作得到。

四、实验记录及结果处理

1. 吸收曲线的制作

吸收曲线的制作见表 7-5。

表 7-5 吸收曲线的制作

波长/nm	200	210	220	230	240	250	260	262	264
吸光度									
波长/nm	266	268	270	272	274	276	280	290	300
吸光度									

2. 标准曲线的制作

标准曲线的制作见表 7-6。

表 7-6 标准曲线的制作

溶液序号	吸取苯酚标准溶液体积/mL	$c/\mu g \cdot mL^{-1}$	A
0			
1			
2			
3			
4			
5			
6			

3. 水中总酚含量的测定

水中总酚含量的测定见表 7-7。

表 7-7 水中总酚含量的测定

平行测定次数	1	2	3
吸光度 A			
查得的浓度 $c_x/\mu g \cdot mL^{-1}$			
原始试液浓度 $c_0/\mu g \cdot mL^{-1}$			
原始试液的平均浓度 $\bar{c}_0/\mu g \cdot mL^{-1}$			

【学习延展】

紫外-可见分光光度计的日常维护与保养

紫外-可见分光光度计要经常维护才能保持其精准度，确保实验仪器的正常运行与实验的准确性。

一、试样室

分析测定试样过程中，应避免把溶液溅洒在试样室中。易挥发和腐蚀性的液体，如果不小心溅洒在试样室中，应立即将试样室擦拭干净，以防止溶液蒸发后腐蚀光学系统和引起样品室内的部件腐蚀，造成仪器测量结果误差。分析完成后，严禁将盛有液体的比色皿遗忘在试样室内。

二、光源

光源灯有一定的寿命，仪器不工作时不要开灯，若工作间歇时间短，可不关灯。一旦停机，则要待灯冷却后再重新启动，并预热 15min。灯泡发黑或亮度明显减弱或不稳定时，要及时更换。

三、比色皿

拿比色皿时，手指只能捏住比色皿的毛玻璃面，不要碰比色皿的透光面，以免沾污。清洗比色皿时，先用自来水冲洗，再用超纯水（蒸馏水）洗净。若比色皿被有机物沾污，可用盐酸-乙醇混合洗涤液（1∶2）浸泡片刻，再用水冲洗。经紫外光照射后形成结痕可用无水乙醇去除。每次做完实验应立即洗净比色皿。比色皿外壁的水用擦镜纸或细软的吸水纸吸干，以保护透光面。

四、作业环境

1. 放置要求

紫外-可见分光光度计应平稳地摆放在水平的固定的工作台面上。在仪器工作的过程中，如果放置仪器不稳，会影响测定的稳定性，且仪器作业时，灯丝处于高温状态，如果有剧烈的颤动可能会导致灯丝折断。

2. 温度要求

紫外-可见分光光度计在测定过程中内部温度较高，需要用仪器自身的散热电扇与外界空气进行热交换散热。如果外界温度较高，会导致仪器内部温度过高，加快仪器器材与灯的老化速度，进而影响仪器的运用寿命。一般要求仪器使用外界温度最好低于 35℃。

3. 湿度要求

紫外-可见分光光度计内部有很多电器元件与光学元件，在湿度太高的情况下，会加快电器元件老化或烧坏，光学元件表面的镀铝膜也会发霉。因此，测定环境的相对湿度最好不超过85%。

4. 空气状况

空气中不应有足以引起腐蚀的有害气体和过多的尘土存在。

五、电源

1. 接电源插座时，应检查当前电压是否与仪器标识的电压一致。
2. 为了使仪器工作更安稳和更牢靠，建议给仪器外配一个稳压器。
3. 仪器不用时应拔掉电源插头。

项目八
电位分析法

【学习目标】

知识目标：

1. 了解电位分析仪器的组成和结构；
2. 熟悉电位分析法的原理、特点；
3. 掌握电位分析法的操作要点。

能力目标：

1. 能够准确配制标准缓冲溶液；
2. 能够准确选用电位分析电极；
3. 能够熟练应用电位分析法进行测定操作；
4. 能够准确、整齐、简明记录实验原始数据并进行计算。

一、概述

1. 电位分析法的概念

电化学分析法主要是应用电化学的基本原理和技术，研究在化学电池内发生的特定现象，利用物质的电学或电化学性质来进行分析的方法。通常是使待分析的试样溶液构成一个化学电池（原电池或电解池），通过测量所组成电池的某些物理量（与待测物质有定量关系）来确定物质的量。根据测量的参数不同，电化学分析法主要分为电位分析法、库仑分析法、极谱分析法、电导分析法及电解分析法等。

直接电位法

电位分析法是电化学分析法的一个重要组成部分，是通过测定含有待测溶液的化学电池的电动势，进而求得溶液中待测组分含量的方法。通常在待测电解质溶液中，插入两支性质不同的电极，用导线相连组成化学电池。利用电池电动势与试液中离子活度之间一定的数量关系，从而测得离子的活度。它包括直接电位法和电位滴定法。直接电位法是通过测量电池电动势来确定待测离子活度的方法。例如用玻璃电极测定溶液中的 H^+ 的活度 a_{H^+}，用离子选择性电极测定各种阴离子或阳离子的活度等。电位滴定法是通过测量滴定过程中电池电动势的变化来确定滴定终点的滴定分析法，可用于酸碱滴定、配位滴定、氧化还原滴定、沉淀滴定等各类滴定反

电位滴定法

应终点的确定。此外，电位滴定法还可用来测定电对的条件电极电位、酸碱的解离常数、配位化合物的稳定常数等。

2. 电位分析法的特点

(1) 灵敏度高，准确度高，选择性好，被测物质的最低量可以达到 10^{-12} mol·L^{-1} 数量级。

(2) 电位分析仪器装置简单，操作方便。测定时可直接得到电信号，易传递，尤其适用于生产中的自动控制和在线分析。

(3) 应用广泛。可用于无机离子的分析，测定有机化合物范围也日益广泛（如在药物分析中）；可应用于活体分析（如用超微电极）；能进行组成、状态、价态和相态分析；可用于各种化学平衡常数的测定、一级化学反应机理和历程的研究。

3. 电位分析法的分类

第一类：在某些特定条件下，通过待测液的浓度与化学电池中某些电参量的关系进行定量分析，如电导、电位、库仑极谱及伏安分析。

第二类：通过某一电参量的变化来指示终点的电容量分析和电位滴定。

第三类：通过电极反应把被测物质转变为金属或其他形式的化合物，用重量法测定其含量。

二、电位分析常用的电极

电位分析法的实质是通过在零电流条件下测定两电极间的电位差（即所构成原电池的电动势）进行分析测定。由于电位分析法测定的是一个原电池的平衡电动势值，而电池的电动势与组成电池的两个电极的电极电位密切相关，所以我们一般将电极电位与被测离子活度变化相关的电极称为指示电极或工作电极，而将在测定过程中其电极电位保持恒定不变的另一支电极称为参比电极。

电位分析法中使用的参比电极和指示电极有很多种。应当注意的是，某一电极是作为指示电极还是参比电极不是绝对的，在一定条件下作为参比电极，在另一种情况下，又可作为指示电极。

1. 参比电极

标准氢电极

参比电极是测量电池电动势，计算电极电位的基准，因此要求它的电极电位已知，同时是恒定的。在测量过程中，即使有微小电流（约 10^{-8} A 或更小）通过，依旧能够保持不变，它与不同的测试溶液间的液体接界电位差异很小，数值很低（1～2mV），可以忽略不计，并且容易制作，寿命长。标准的氢电极（NHE）是最精确的参比电极（图 8-1），是参比电极的一级标准，它的电位值规定在任何温度下都是 0V。用标准氢电极与另一电极组成电池，测得的电池两极的电位差值就是另一电极的电极电位。

但是由于标准氢电极制作麻烦，氢气的净化、压力的控制等难以满足要求，而且铂黑容易中毒，所以直接使用标准氢电极作为参比电极很不方便，在实际工作中常用的参比电极是甘汞电极和银-氯化银电极。

(1) 甘汞电极

甘汞电极是金属汞和 Hg_2Cl_2 及 KCl 溶液组成的电极。其构造如图 8-2 所示。

甘汞电极玻璃管中封接一根铂丝，铂丝插入纯汞中，下置一层甘汞（Hg_2Cl_2）

和汞的糊状物，外玻璃管中装入 KCl 溶液。电极下端与待测溶液接触部分是熔结陶瓷芯或玻璃砂芯等多孔物质或是一毛细管通道。

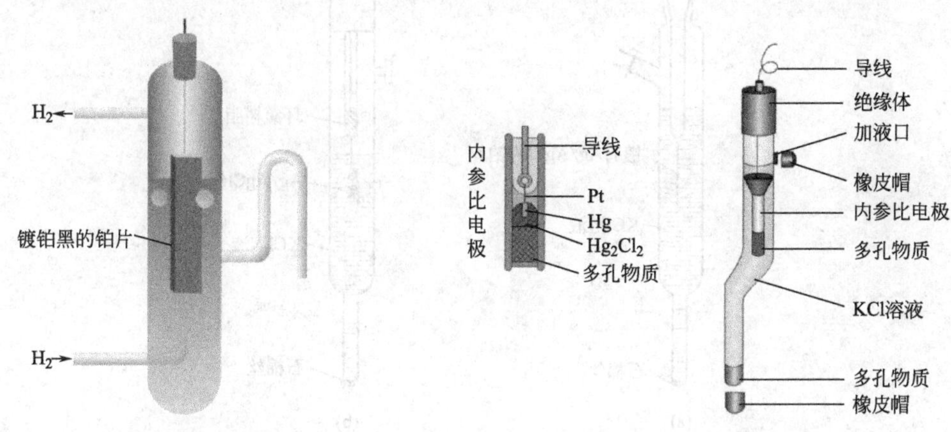

图 8-1 标准氢电极示意图　　图 8-2 甘汞电极示意图

甘汞电极半电池组成：Hg，Hg_2Cl_2(固)|KCl

电极反应为 $Hg_2Cl_2 + 2e^- \rightleftharpoons 2Hg + 2Cl^-$

甘汞电极电位的大小由电极表面的 Hg_2^{2+} 的活度决定，有微溶盐 Hg_2Cl_2 存在时，Hg_2^{2+} 的活度取决于 Cl^- 的活度。甘汞电极对标准氢电极的电极电位见表 8-1。

表 8-1 甘汞电极的电极电位（25℃）

电极类型	KCl 溶液浓度	电极电位/V
0.1mol·L^{-1} 甘汞电极	0.1mol·L^{-1}	+0.3365
标准甘汞电极(NCE)	1.0mol·L^{-1}	+0.2828
饱和甘汞电极(SCE)	饱和溶液	+0.2438

甘汞电极使用时应注意以下几点：

① 甘汞电极内应充满饱和氯化钾溶液，并有少许氯化钾晶体存在。打开甘汞电极的橡皮塞后，其渗出氯化钾溶液的速度应为几分钟在滤纸上就有一个湿印为宜。

② 甘汞电极不用时应将其侧管的橡皮塞塞紧，将下端的橡皮套套上，存放在盒内。若甘汞电极盐桥端的毛纫孔被氯化钾晶体堵塞，则可放入蒸馏水中浸泡溶解。

③ 甘汞电极的上部绝缘管应保持干净，以避免氯化钾溶液沾污而造成漏电。甘汞电极内部不允许有气泡存在。

④ 甘汞电极内的饱和氯化钾溶液应能浸没甘汞糊体，当溶液减少时应从侧管加入少许饱和氯化钾溶液。测量时甘汞电极内的氯化钾液面应高于被测液面，以防止电极由于被测液的渗入而被沾污。

⑤ 保存和使用甘汞电极的地方的温度不能变化太大，否则会引起电极电势的改变。

(2) 银-氯化银电极

银丝上镀一层氯化银，浸在一定浓度的氯化钾溶液中，构成 Ag-AgCl 电极，如图 8-3 所示。

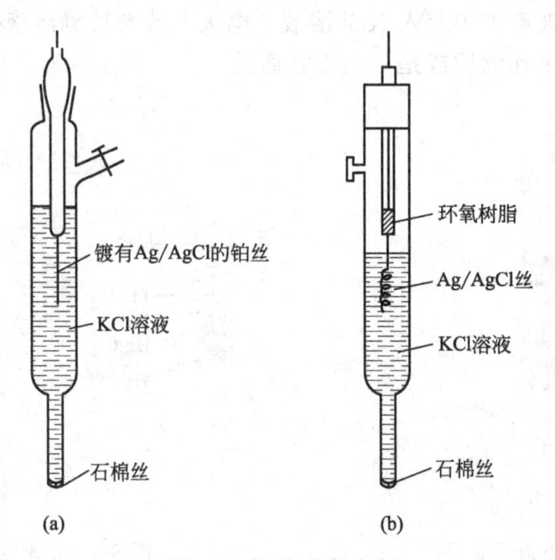

图 8-3　银-氯化银电极

银-氯化银电极半电池组成：Ag，AgCl(固)|KCl

电极反应为 $AgCl+e^- \rightleftharpoons Ag+Cl^-$

银-氯化银电极的电位取决于电极表面 Ag^+ 的活度的大小，在微溶盐 AgCl 的存在下，$a(Ag^+)$ 又取决于溶液中 Cl^- 的活度的值。银-氯化银电极对标准氢电极的电极电位见表 8-2。

表 8-2　银-氯化银电极的电极电位（25℃）

电极类型	KCl 溶液浓度/mol·L^{-1}	电极电位/V
0.1mol·L^{-1} 银-氯化银电极	0.1	+0.2880
标准银-氯化银电极	1.0	+0.2223
饱和银-氯化银电极	饱和溶液	+0.2000

银-氯化银电极主要有以下特点：

① 电极体积小，常用作离子选择性电极的内参比电极。

② 所用 KCl 溶液必须事先用 AgCl 饱和，否则会使电极上的 AgCl 溶解，这主要是因为 AgCl 在 KCl 溶液中有一定的溶解度。

③ 作外参比电极时，电极内不能有气泡，内参比溶液的液面要高于测定液面。

④ 在温度较高时具有较小的温度滞后效应，在温度接近 300℃时仍可使用，且有足够的稳定性。在高温测定时可替代甘汞电极使用。

2. 指示电极

电位分析中，还需要另一类性质的电极，它能快速而灵敏地对溶液中参与半反应的离子的活度或不同氧化态的离子的活度，产生能斯特响应，这类电极称为指示电极。

常用的指示电极主要是金属电极和膜电极两大类，根据其结构上的差异可以分为金属-金属离子电极、金属-金属难溶盐电极、汞电极、惰性金属电极、离子选择性电极等。

(1) 金属-金属离子电极

金属-金属离子电极是由某些金属插入该金属离子的溶液中而组成的，称为第一类电极。这类电极只包括一个界面，金属与该金属离子在该界面上发生可逆的电子转移。其中电极电位的变化能准确地反映溶液中金属离子活度的变化。

组成这类电极的金属有银、铜、汞等。某些较活泼的金属，如铁、钴、钨和铬等，它们的电极电位都是负值，由于易受表面结构因素和表面氧化膜等影响，其电位重现性差，不能用作指示电极。

(2) 金属-金属难溶盐电极

金属-金属难溶盐电极是将表面带有该金属难溶盐的涂层的金属，浸在与其难溶盐有相同阴离子的溶液中组成的，也称为第二类电极。包括两个界面，如甘汞电极、银-氯化银电极等，其电极电位随溶液中难溶盐的阴离子活度变化而变化。

此类电极能用于测量并不直接参与电子转移的难溶盐的阴离子活度。如银-氯化银电极可以用于测定 a_{Cl^-}。这类电极电位值稳定，重现性好，常用作参比电极。在电位分析中，作为指示电极使用的金属-金属难溶盐电极逐渐被离子选择性电极所取代。

(3) 汞电极

汞电极是由金属汞（或汞齐丝）浸入含少量 Hg^{2+}-EDTA 配合物及被测金属离子 M^{n+} 的溶液中所组成的，称为第三类电极。汞电极适用的 pH 范围是 2～11。

(4) 惰性金属电极

惰性金属电极一般由惰性材料如铂、金、石墨等作成片状或棒状，浸入含有均相和可逆的同一元素的两种不同氧化态的离子溶液中组成，称为零类电极或氧化还原电极。这类电极的电极电位与两种氧化态离子活度的比值有关，电极起传递电子的作用，本身不参与氧化还原反应。

(5) 离子选择性电极

离子选择性电极（图 8-4）是通过电极上的薄膜对各种离子有选择性的电位响应而作为指示电极的。它与上述金属基电极的区别在于电极的薄膜并不给出或得到电子，而是选择性地让一些离子渗透，同时也包含着离子交换过程。离子选择性电极种类繁多，有 pH 玻璃电极、氟离子电极、液膜电极和敏化电极等。目前指示电极中使用更多的是离子选择性电极。这类电极基本上属于膜电极。

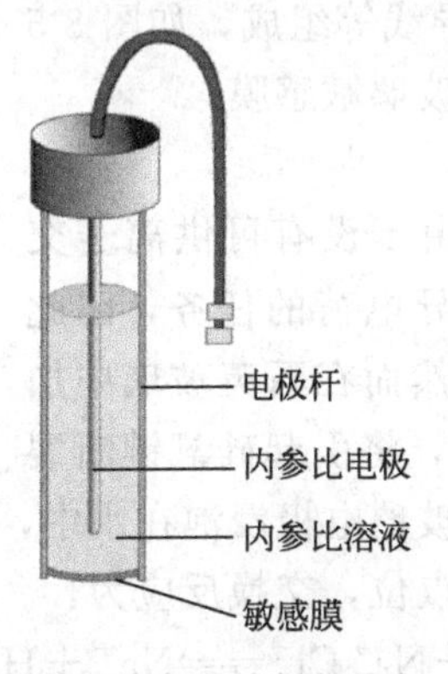

图 8-4　离子选择性电极

任务1. 果汁饮料中有效酸度的测定

【任务描述】

学习电位分析法测定果汁饮料中有效酸度的原理、操作及注意事项，能熟练地使用酸度计进行果汁饮料中有效酸度的测定操作。

【任务目标】

1. 熟悉果汁饮料中有效酸度测定的原理、特点；
2. 掌握电位分析法测定果汁饮料中有效酸度的操作要点；
3. 能够准确配制标准缓冲溶液；
4. 能够熟练应用酸度计进行果汁饮料中有效酸度的测定；
5. 能够准确、整齐、简明记录实验原始数据并进行计算。

【知识准备】

一、玻璃电极

1. 玻璃电极的构造

玻璃电极由 pH 敏感膜、内参比电极（Ag/AgCl）、内参比液、带屏蔽的导线等组成，如图 8-5 所示，玻璃电极的核心部分是玻璃敏感膜。

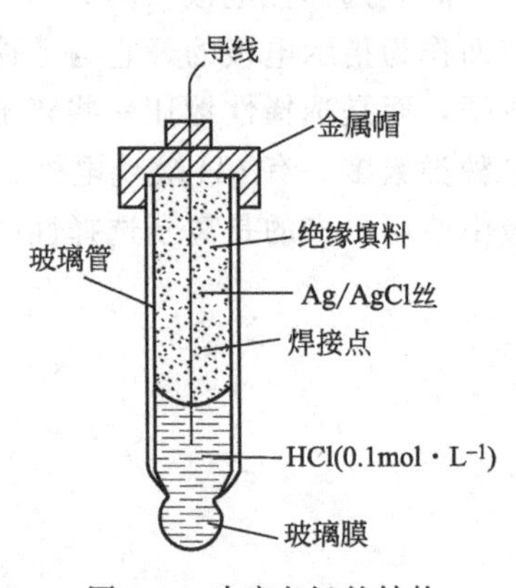

图 8-5 玻璃电极的结构

2. 玻璃电极的响应原理

纯 SiO_2 制成的石英玻璃由于没有可供离子交换用的电荷质点，不能完成传导电荷的任务，因此石英玻璃对氢离子没有响应。然而在石英玻璃中加入碱金属的氧化物（如 Na_2O），将引起硅氧键断裂形成荷电的硅氧交换点位，当玻璃电极浸泡在水中，溶液中的氢离子可进入玻璃膜与钠离子交换而占据钠离子的点位，交换反应为：

$$H^+ + Na^+Cl^- \rightleftharpoons Na^+ + H^+Cl^-$$

此交换反应的平衡常数很大，由于氢离子取代了钠离子的点位，玻璃膜表面形成了一个类似硅酸结构（—Si—OH）的水化胶层。

玻璃电极之所以能测定溶液 pH，是由于玻璃膜产生的膜电位与待测溶液 pH 有关。由于内参比溶液的作用，玻璃的内表面同样也形成了内水化胶层。当浸泡好的玻璃电极浸入待测溶液时，水化胶层与溶液接触，由于硅胶层表面和溶液的 H^+ 活度不同，形成活度差，H^+ 便从活度大的一方向活度小的一方迁移，硅胶层与溶液中的 H^+ 建立了平衡，改变了胶-液两相界面的电荷分布，产生一定的相界电位。同理，在玻璃膜内侧水化胶层-内部溶液界面也存在一定的相界电位。通过计算可知 $E_{膜}=K+0.0592\lg a_1=K-0.0592\text{pH}$，由此可知在一定的温度下玻璃电极的膜电位与试液的 pH 呈直线关系，同时也表明玻璃电极可作为 pH 测定的指示电极。

3. 玻璃电极的特性

（1）不对称电位

如果玻璃膜两侧溶液的 pH 相同，则膜电位应等于零，但实际上仍有一微小的电位差存在，这个电位差称为不对称电位。

（2）碱差

当所测溶液的 pH＞10 或钠离子浓度较高时，测得的 pH 比实际数值偏低，这种现象称为碱差（钠差）。

（3）酸差

当所测溶液的 pH＜1 时，测得的 pH 比实际值高，这种现象称为酸差。

pH计的结构和操作

二、测定原理

1. 测定装置

如图 8-6 所示，将 pH 玻璃电极和参比电极放入待测溶液中，测得溶液电位即可得到结果。可以借助酸度计实现测定过程。

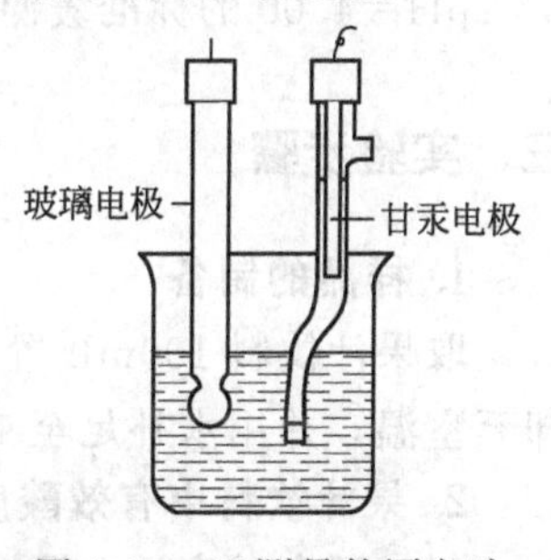

图 8-6　pH 测量的原电池

2. 原理

测定过程中的电池可表示为：

$$\text{Ag, AgCl} \mid \text{HCl} \mid \text{玻璃} \mid \text{试液} \parallel \text{KCl（饱和）} \mid \text{Hg}_2\text{Cl}_2\text{, Hg}$$

$\varphi_{膜}$　　φ_L

|←—玻璃电极—→|　　|←—甘汞电极—→|

$\varphi_{玻璃}=\varphi_{AgCl/Ag}+\varphi_{膜}$　　$\varphi_L=\varphi_{Hg_2Cl_2/Hg}$

25℃时，电动势可用下式计算：

$$E_{电池}=E_{SCE}-E_{玻}+E_{不对称}+E_{液接}=E_{SCE}-E_{AgCl/Ag}-E_{膜}+E_{不对称}+E_{液接}$$

在一定条件下，E_{SCE}、$E_{不对称}$、$E_{液接}$ 及 $E_{AgCl/Ag}$ 可视为常数，将这些值合并为一个常数 k。

则：$E_{电池}=k-0.0592\lg \alpha_{H^+}$ 或 $E_{电池}=k+0.0592\text{pH}$

在实际中，未知溶液 pH_x 的测定是通过与标准缓冲溶液的 pH_s 相比较而确定的。

若测得标准缓冲溶液 pH_s 的电动势为 E_s，则：$E_s=k+0.0592\text{pH}_s$

在相同条件下，测得未知溶液 pH_x 的电动势为 E_x，则：$E_x=k+0.0592\text{pH}_x$

未知溶液中pH值的测定

合并 E_s 和 E_x 可得：$\text{pH}=\text{pH}_s+\dfrac{E_x-E_s}{0.0592}$

在同一条件下，采用同一支 pH 玻璃电极和甘汞电极分别测出 E_x 和 E_s，即可求得待测的 pH_x。

利用酸度计测定饮料中的有效酸度（pH），是将玻璃电极和甘汞电极插入除去 CO_2 的饮料中，组成一个电化学原电池，其电动势的大小与溶液的 pH 有关。即在25℃时，每相差一个 pH 单位，就产生 59.2mV 的电极电位，从而可通过对原电池电动势的测量，在酸度计上直接读出饮料的 pH。

【任务实施】

果汁饮料中有效酸度的测定

一、实验器材

酸度计、电炉、pH 电极、甘汞电极、锥形瓶（250mL）、量筒（50mL）、烧杯（100mL）等。

MP512型精密pH计的组成与安装

二、实验试剂

pH＝4.00 的标准缓冲溶液、pH＝6.86 的标准缓冲溶液、果汁饮料样品等。

MP512型精密pH计的操作

三、实验步骤

1. 样品的制备

取果汁饮料 100mL 置于锥形瓶中，加热煮沸 10min（逐出 CO_2），取出自然冷却至室温，并用水补足至 100mL，待用。

2. 果汁饮料中有效酸度的测定

（1）开启酸度计电源。

（2）先用温度计测得样品液温度，设置仪器温度为样品液温度值，按校正键（或 CAL 键），转换至校正状态。

（3）摘下电极保护罩，清洗电极并用滤纸擦干，将电极置于 pH＝6.86 的标准缓冲溶液中，轻摇缓冲液，按校正键，等待数秒至屏幕重新出现 CAL 标志，显示校准值。

（4）清洗电极并用滤纸擦干，将电极置于 pH＝4.00 的标准缓冲溶液中，轻摇缓冲液，按校正键，等待数秒至屏幕重新出现 CAL 标志，显示校准值。

（5）清洗电极并用滤纸擦干，将电极置于样品液中，轻摇样品液，按校正键，等待数秒至屏幕出现 pH 标志，显示测定值至读数稳定后记录，平行测定 3 次。

（6）清洗电极并用滤纸擦干，继续测定其他样品或插入保护罩中。

（7）不同品牌型号的酸度计，操作和显示图标可能不同。

四、实验记录及结果处理

果汁饮料中有效酸度的测定见表 8-3。

表 8-3 果汁饮料中有效酸度的测定

第一次测定	第二次测定	第三次测定	平均值

五、注意事项

1. 标准缓冲溶液必须准确配制且不能长久放置。

2. 每次电极从一个溶液插到另一个溶液前，要用蒸馏水清洗电极并用滤纸擦干。

3. 电极用完后要盖好保护罩，保护罩内要有足够的保护液确保液面浸过电极头。

【学习延展】

离子活度的测定

一、测定原理

用离子选择性电极测定离子浓度时将指示电极与参比电极浸入被测溶液中组成一电池，并测量其电动势。例如，使用氟离子选择性电极测定溶液中氟离子浓度时组成如下电池。

Ag，AgCl | NaF，NaCl | LaF_3 单晶膜 | 试液 ‖ KCl(饱和) | Hg_2Cl_2，Hg

该电池的电动势为：

$$E_{电池}=E_{SCE}-(K-0.059\lg a_{F^-})+E_{液接}+E_{不对称}$$

设 $K'=E_{SCE}-K+E_{液接}+E_{不对称}$，则 $E_{电池}=K'+0.059\lg a_{F^-}$

若氟离子选择性电极与参比电极组成如下电池：

Hg，Hg_2Cl_2 | KCl(饱和) ‖ 试液 | LaF_3 单晶膜 | NaF，NaCl | AgCl，Ag

此时，电动势为：$E_{电池}=K'-0.059\lg a_{F^-}$。

二、定量方法

1. 标准曲线法

将离子选择性电极与参比电极插入一系列浓度已知的标准溶液中，测出相应的电动势，以各标准溶液的电动势为纵坐标，离子活度（或浓度）的对数或负对数为横坐标，绘制出标准曲线。用同样的方法测定试样溶液的 E 值，即可从标准曲线上查出被测溶液的浓度。

2. 标准加入法

在一定条件下，向一定体积的待测溶液中准确加入少量离子活度（或浓度）已知的标准溶液，分别测定加入标准溶液前后待测溶液的电动势，根据能斯特方程计算出待测离子的活度（或浓度）。标准加入法只需要一种标准溶液，且操作简便，适用于组成复杂的个别试样的测定，能较好地消除试样基体干扰，测定准确度较高。

3. 浓度直读法

如果测定时使用离子计，则与用酸度计测定溶液 pH 相似。测定时，离子计经过标准溶液校准后，可以直接读出待测液的 pM_x 或 c_x。

任务 2. 人造奶油中过氧化值的测定

【任务描述】

学习电位滴定法测定人造奶油中过氧化值的原理、操作及注意事项，能熟练地使用电位滴定仪进行人造奶油中过氧化值的测定操作。

【任务目标】

1. 熟悉电位滴定法测定人造奶油中过氧化值的原理、特点；
2. 掌握电位滴定法测定人造奶油中过氧化值的操作要点；
3. 能够熟练应用电位滴定法进行人造奶油中过氧化值的测定；
4. 能够准确、整齐、简明记录实验原始数据并进行计算。

【知识准备】

一、电位滴定法

1. 电位滴定的概念

当滴定反应平衡常数较小，滴定突跃不明显，或试液有色、浑浊，用指示剂指示终点有困难时，可以采用电位滴定法，即根据滴定过程中化学计量点附近的电位突跃来确定终点。电位滴定法是根据电池电动势在滴定过程中的变化来确定滴定终点的一种方法。进行电位滴定时，在溶液中插入待测离子的指示电极和参比电极组成化学电池，随着滴定剂的加入，由于发生了化学反应，待测离子的浓度不断发生变化，指示电极的电位随之发生变化，在计量点附近，待测离子的浓度发生突变，指示电极的电位发生相应的突跃。因此，测量滴定过程中电池电动势的变化，就能确定滴定反应的终点。

电位滴定法以测量电位变化为基础，它比直接电位法具有较高的准确度和精密度，但是分析时间较长，使用自动电位滴定仪时，由计算机处理数据，可以达到简便、快速的目的。

使用不同的指示电极，电位滴定法可以进行酸碱滴定、氧化还原滴定、配位滴定和沉淀滴定。酸碱滴定时，使用 pH 玻璃电极为指示电极；在氧化还原滴定中，可以用铂电极作为指示电极；在配位滴定中，若用 EDTA 作为滴定剂，可以用汞电极作指示电极；在沉淀滴定中，若用硝酸银滴定卤素离子，可以用银电极作指示电极。在滴定过程中，随着滴定剂的不断加入，电极电位不断发生变化，电极电位发生突跃时，说明滴定到达终点。用微分曲线比普通滴定曲线更容易确定滴定终点。

如果使用自动电位滴定仪，在滴定过程中可以自动绘出滴定曲线，自动找出滴定终点，自动给出体积，滴定快捷方便。

2. 电位滴定装置

电位滴定的基本仪器装置包括滴定管、滴定池、指示电极、参比电极、搅拌器及测电动势的仪器。测量电动势可以用电位计，也可以用直流毫伏计。因为在电位滴定的过程中需多次测量电动势，所以使用能直接读数的毫伏计是比较方便的。电位滴定装置如图 8-7 所示。

在滴定过程中，每加一次滴定剂，测量一次电动势，直到超过化学计量点为止。这样就得到一系列的滴定剂用量（V）和响应的电动势（E）数值。通过计算可求得待测试样的浓度，但计算过程非常繁琐。

3. 自动电位滴定

目前使用较多的为自动电位滴定仪，不再需要进行手动计算求试样浓度。自动电位滴定的装置如图 8-8 所示，在滴定管末端连接可通过电磁阀的细乳胶管，此管下端接上毛细管。滴定前根据具体的滴定对象为仪器设置电位（或 pH）的终点控制值（理论计算值或滴定实验值）。滴定开始时，电位测量信号使电磁阀断续开关，滴定自动进行。电位测量值到达仪器设定值时，电磁阀自动关闭，滴定停止。

滴定管
指示电极
参比电极
待测溶液
搅拌棒
N S
磁力搅拌器

图 8-7　电位滴定装置图

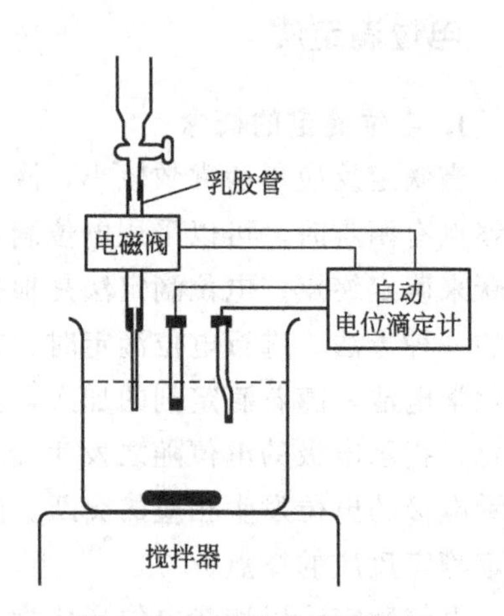

图 8-8　自动电位滴定装置

自动电位滴定已广泛采用计算机控制，计算机对滴定过程中的数据自动采集、处理，并利用滴定反应化学计量点前后电位突变的特性，自动寻找滴定终点、控制滴定速度，到达终点时自动停止滴定，因此更加自动、快速和便捷。

二、测定原理

制备的人造奶油试样溶解在异辛烷和冰乙酸中，试样中过氧化物与碘化钾反应生成碘，反应后用硫代硫酸钠标准溶液滴定析出的碘，用电位滴定仪确定滴定终点。用过氧化物相当于碘的质量分数或 1kg 样品中活性氧的毫摩尔数表示过氧化值的量。

【任务实施】

人造奶油中过氧化值的测定

一、实验器材

自动电位滴定仪（带铂电极）、磁力搅拌器、电热恒温干燥箱、分析天平、烧杯（200mL）、量筒（100mL）、吸量管（10mL）、滤纸等。

二、实验试剂

异辛烷、冰乙酸、异辛烷-冰乙酸混合液（40＋60）、硫代硫酸钠溶液（$0.01mol \cdot L^{-1}$）、碘化钾饱和溶液等。

三、实验步骤

1. 试样的制备

将样品置于密闭容器中，于 60～70℃的恒温干燥箱中加热至融化，振摇混匀后，继续加热至破乳分层并将油层通过快速定性滤纸过滤到烧杯中，烧杯中滤液为待测试样，制备的待测试样应澄清。趁待测试样为液态时立即取样测定。

2. 试样的测定

称取人造奶油试样 5g（精确至 0.1mg）于电位滴定仪的滴定杯中，加入 50mL 异辛烷-冰乙酸混合液，轻轻振摇使试样完全溶解。如果试样溶解性较差（如硬脂或动物脂肪），可先向滴定杯中加入 20mL 异辛烷，轻轻振摇使样品溶解，再加 30mL 冰乙酸后混匀。

向滴定杯中准确加入 0.5mL 饱和碘化钾溶液，开动磁力搅拌器，在合适的搅拌速度下反应 60s±1s。立即向滴定杯中加入 30～100mL 水，插入电极和滴定头，设置好滴定参数，运行滴定程序，采用动态滴定模式进行滴定并观察滴定曲线和电位变化，硫代硫酸钠标准溶液加液量一般控制在 0.05～0.2mL/滴。到达滴定终点后，记录滴定终点消耗的标准溶液体积 V。同时进行空白实验。每完成一个样品的滴定后，须将搅拌器或搅拌磁子、滴定头和电极浸入异辛烷中清洗表面的油脂。

采用等量滴定模式进行滴定并观察滴定曲线和电位变化，硫代硫酸钠标准溶液加液量一般控制在 0.005mL/滴。到达滴定终点后，记录滴定终点消耗的标准溶液

体积 V_0。空白实验所消耗硫代硫酸钠溶液体积 V_0 不得超过 0.1mL。

四、实验记录及结果处理

$$X_1=\frac{(V-V_0)\times c\times 0.1269}{m}\times 100$$

式中，X_1 为过氧化值，g/100g；V 为试样消耗的硫代硫酸钠标准溶液体积，mL；V_0 为空白实验消耗的硫代硫酸钠标准溶液体积，mL；c 为硫代硫酸钠标准溶液的浓度，$mol \cdot L^{-1}$；0.1269 为与 1.00mL 1.000$mol \cdot L^{-1}$ 硫代硫酸钠标准溶液相当的碘的质量；m 为试样质量，g；100 为换算系数。

五、注意事项

1. 要保证样品混合均匀又不会产生气泡影响电极响应，应选择一个合适的搅拌速度。

2. 加水量会影响起始电位，但不影响测定结果。被滴定相位于下层，更大量的水有利于相转化，加水量越大，滴定起点和滴定终点间的电位差异越大，滴定曲线上的拐点越明显。

3. 应避免在阳光直射下进行试样测定。

【学习延展】

电位滴定终点确定方法

在直接电位滴定中，确定终点的方法有 φ-V 曲线法、$\Delta\varphi/\Delta V$-$\overline{V}$ 曲线法和二阶微商法三种。

一、 φ-V 曲线法

以加入滴定剂的体积 V 为横坐标，相应电动势 φ 为纵坐标，绘制 φ-V 曲线（图 8-9）。其形状类似于滴定分析中的滴定曲线，曲线的拐点相应的体积即为终点时消耗滴定剂的体积 V_{ep}，确定拐点的方法为作两条与横坐标成 45°角的 φ-V 曲线的平行切线，并在两条切线间作一条与两条切线等间距的平行线，该线与 φ-V 曲线的交点即为拐点。

与一般滴定分析相同，电位突跃范围和斜率的大小取决于滴定反应的平衡常数和被测物质的浓度。电位突跃范围越大，分析误差越小。

φ-V 曲线法准确度不高，特别是当滴定曲线斜率不够大时，较难确定终点。

二、$\Delta\varphi/\Delta V$-$\overline{V}$ 曲线法（又称一阶微商法）

若 φ-V 曲线比较平坦，突跃不明显，则可以绘制 $\Delta\varphi/\Delta V$-$\overline{V}$ 曲线（图 8-10）求

终点时消耗滴定剂的体积。首先根据实验数据计算出 ΔV、$\Delta\varphi$、$\Delta\varphi/\Delta V$、$\overline{V}$。

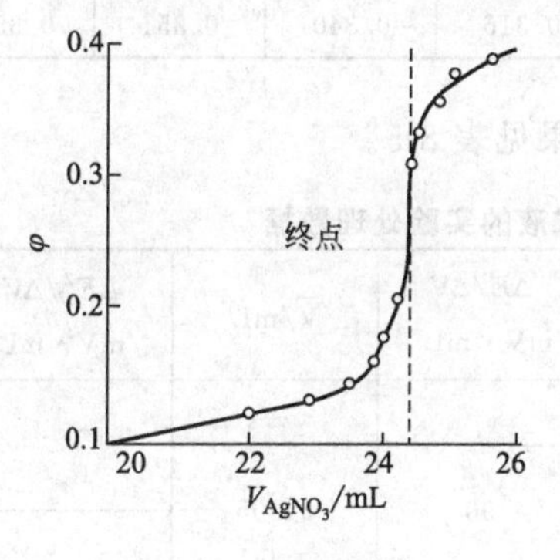

图 8-9 φ-V 曲线

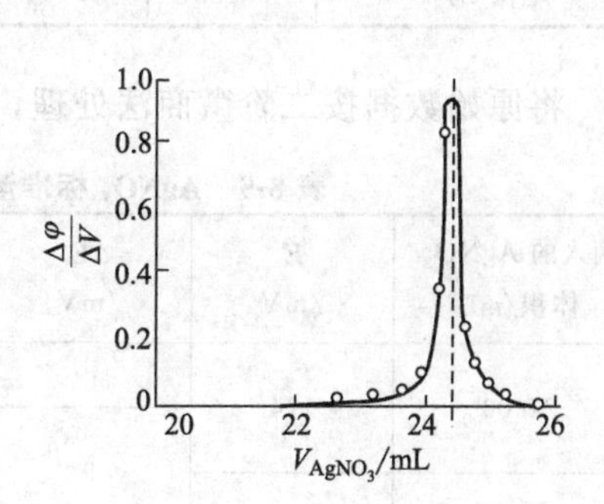

图 8-10 $\Delta\varphi/\Delta V$-$\overline{V}$ 曲线

其中，ΔV 为相邻两次加入滴定剂体积的差，即 $\Delta V=V_2-V_1$；$\Delta\varphi$ 为相邻两次加入滴定剂体积为 V_2 和 V_1 时测得电动势之差，即 $\Delta\varphi=\varphi_2-\varphi_1$；$\Delta\varphi/\Delta V=(\varphi_2-\varphi_1)/(V_2-V_1)$；$\overline{V}$ 为相邻两次加入滴定剂体积为 V_2 和 V_1 时的平均值，即 $\overline{V}=(V_2-V_1)/2$；

由计算结果绘制 $\Delta\varphi/\Delta V$-$\overline{V}$ 曲线，曲线最高点对应的体积即为终点时消耗滴定剂的体积 V_{ep}，该法准确度较高，但计算较繁琐。

三、二阶微商法

二阶微商法有作图法和计算法两种。

1. $\Delta^2\varphi/\Delta V^2$-$V$ 曲线

以 $\Delta^2\varphi/\Delta V^2$ 对 V 作图可得二阶微商曲线（图 8-11），曲线的最高点和最低点的连线与横坐标的交点即 $\Delta^2\varphi/\Delta V^2=0$，所对应的体积即为终点时消耗滴定剂的体积 V_{ep}，该法准确度高，结果更直观。

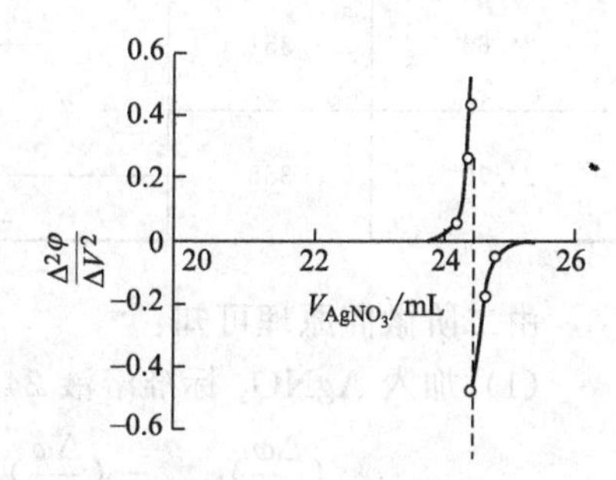

图 8-11 $\Delta^2\varphi/\Delta V^2$-$V$ 曲线

2. 计算法

首先计算出 ΔV、$\Delta(\Delta\varphi/\Delta V)$、$\Delta^2\varphi/\Delta V^2$、$\overline{V}$。

其中，ΔV 为相邻两次 $\Delta\varphi/\Delta V$ 消耗的滴定剂体积的差，即 $\Delta V=V_2-V_1$；$\Delta(\Delta\varphi/\Delta V)$ 为相邻两次 $\Delta\varphi/\Delta V$ 的差，即 $\Delta(\Delta\varphi/\Delta V)=(\Delta\varphi/\Delta V)_2-\Delta(\Delta\varphi/\Delta V)_1$；$\overline{V}$ 为相邻两次加入滴定剂体积为 V_2 和 V_1 时的平均值，即 $\overline{V}=(V_2-V_1)/2$；$\Delta^2\varphi/\Delta V^2$ 为 $[\Delta(\Delta\varphi/\Delta V)_2-\Delta(\Delta\varphi/\Delta V)_1]/(\overline{V}_2-\overline{V}_1)$。

利用内插法可计算得到终点时消耗滴定剂的体积 V_{ep}。

3. 二级微商法实例

以银电极为指示电极，双液接饱和甘汞电极为参比电极，用 $0.1000\text{mol}\cdot\text{L}^{-1}$ $AgNO_3$ 标准溶液滴定含 Cl^- 试液，得到的原始数据（电位突越时的部分数据）如表 8-4 所示。用二阶微商法求出滴定终点时消耗的 $AgNO_3$ 标准溶液体积。

表 8-4　$AgNO_3$ 标准溶液滴定含 Cl^- 试液数据

滴定体积/mL	24.10	24.20	24.30	24.40	24.50	24.60	24.70
电位 E/V	0.183	0.194	0.233	0.316	0.340	0.351	0.358

将原始数据按二阶微商法处理，处理后的结果见表 8-5。

表 8-5　$AgNO_3$ 标准溶液滴定含 Cl 试液的实验处理数据

滴入的 $AgNO_3$ 体积/mL	E /mV	ΔE /mV	ΔV /mL	$\Delta E/\Delta V$ /$mV \cdot mL^{-1}$	$\overline{V}$/mL	$\Delta E^2/\Delta V^2$ /$mV \cdot mL^{-2}$
24.00	174					
		9	0.10	90	24.05	
24.10	183					200
		11	0.10	110	24.15	
24.20	194					2800
		39	0.10	390	24.25	
24.30	233					4400
		83	0.10	830	24.35	
24.40	316					−5900
		24	0.10	240	24.45	
24.50	340					−1300
		11	0.10	110	24.55	
24.60	351					
		7	0.10	70	24.65	
24.70	358					

由二阶微商原理可知：

(1) 加入 $AgNO_3$ 标准溶液 24.30mL 时的 $\Delta^2\varphi/\Delta V^2$

$$\frac{\Delta^2\varphi}{\Delta V^2}=\frac{\left(\frac{\Delta\varphi}{\Delta V}\right)_{24.35}-\left(\frac{\Delta\varphi}{\Delta V}\right)_{24.25}}{\Delta V}=\frac{830-390}{24.35-24.25}=4400\text{mV}\cdot\text{mL}^{-1}$$

(2) 加入 $AgNO_3$ 标准溶液 24.40mL 时的 $\Delta^2\varphi/\Delta V^2$

$$\frac{\Delta^2\varphi}{\Delta V^2}=\frac{\left(\frac{\Delta\varphi}{\Delta V}\right)_{24.45}-\left(\frac{\Delta\varphi}{\Delta V}\right)_{24.35}}{\Delta V}=\frac{240-830}{24.45-24.35}=-5900\text{mV}\cdot\text{mL}^{-1}$$

则利用内插法可计算得到滴定终点时消耗的 $AgNO_3$ 标准溶液体积 V_{ep}。

$$V_{ep}=24.30+(24.40-24.30)\times\frac{0-4400}{-5900-4400}=24.34\text{mL}$$

项目九 原子吸收分光光度法

【学习目标】

❖ **知识目标：**

1. 了解原子吸收分光光度计的组成和结构；
2. 熟悉原子吸收分光光度法的原理、特点；
3. 掌握原子吸收分析法的操作要点。

❖ **能力目标：**

1. 能够正确选择原子吸收分光光度法测定条件；
2. 能够熟练应用原子吸收分光光度法进行测定操作；
3. 能够准确、整齐、简明记录实验原始数据并进行计算。

原子吸收光谱法

一、概述

1. 原子吸收分光光度法的概念

原子吸收分光光度法（也称原子吸收光谱法，简称AAS）是20世纪50年代中期出现并在以后逐渐发展起来的一种新型仪器分析方法，是基于蒸气相中被测元素的基态原子对其原子共振辐射的吸收强度来测定试样中被测元素含量的一种方法。

原子吸收分光光度法和紫外-可见分光光度法在原理上都遵循朗伯-比尔定律，都是利用物质对辐射的吸收来进行分析的方法。但是两者的吸收机理完全不同，紫外-可见分光光度法测量的是溶液中分子（或离子）的吸收，一般为宽带吸收，吸收带宽从几纳米到几十纳米，使用的是连续光源；而原子吸收分光光度法测量的是气态基态原子的吸收，这种吸收为窄带吸收，吸收带宽仅为10^{-3}nm数量级，使用的是锐线光源。由于两种方法的吸收机理完全不同，在试样的处理技术、实验方法和对仪器的要求等方面也不同，如图9-1所示。

AAS与UV-Vis仪器设备比较

2. 原子吸收分光光度法的特点

(1) 灵敏度高。火焰原子吸收分光光度法的灵敏度为10^{-9}g·mL^{-1}，而高温石墨炉法的绝对灵敏度可达10^{-10}～10^{-14}g·mL^{-1}。

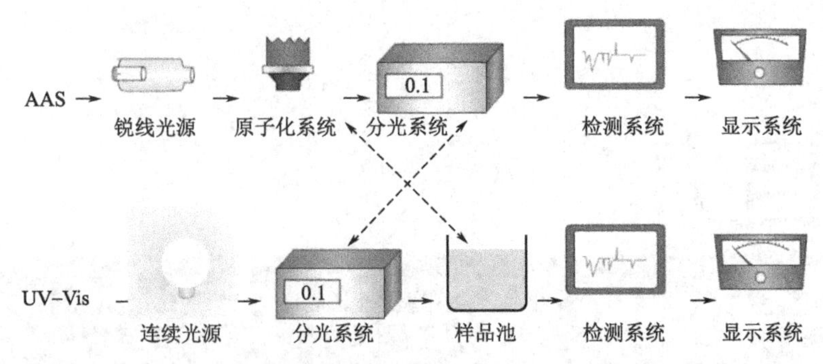

图 9-1　原子吸收分光光度法和紫外-可见分光光度法对比

(2) 选择性好。原子吸收分光光度法的干扰较比色法等其他仪器分析方法或化学分析方法都要小得多，或者说要易于克服得多。

(3) 准确度高。对于微量或痕量组分的分析，火焰原子吸收分光光度法的相对误差约为 1%～3%，石墨炉原子吸收分光光度法的相对误差约为 15%。

(4) 测定元素多。使用原子吸收分光光度法，能够测定大部分金属元素和部分非金属元素，目前总共能测定 70 多种元素，这是其他许多分析方法所无法比拟的。

(5) 操作方便，分析速度快。

(6) 适用范围广。原子吸收分光光度法既可以作常量分析，又可作微量及痕量分析；既可用于科学研究，也可用于生产监测。它已广泛地用于冶金、地质、环保、石油化工、医药卫生、农林、公安、食品、轻工等部门。

(7) 不足之处。每测定一种元素就要换上该元素的灯，还要改变某些操作条件，这给操作带来不便；对于某些具有难熔氧化物的元素，测定的灵敏度还不太高；对于某些非金属元素的测定，尚存在一定的困难。

原子吸收原理

二、原子吸收分光光度法的原理

1. 共振线、吸收线和特征谱线

原子由带有一定数目正电荷的原子核和相同数目的核外电子组成，核外电子以一定的规律在不同的轨道中运动，每一轨道都具有确定的能量，称为原子能级。当核外电子排布具有最低能级时，原子的能量状态叫基态，基态是最稳定的状态。当原子的最外层电子吸收一定能量的光子而由基态跃迁到较高的能级上时，原子的能量状态叫激发态。基态原子被激发的过程，也就是原子吸收的过程。激发态的能量较高，很不稳定，其寿命约为 10^{-7}～10^{-8}s，即在一瞬间，电子又会自发地从高能级跃迁回到低能级，同时向各个方向辐射出一定能量的光子。这一过程就是原子发射过程。

原子被外界能量激发时，最外层电子可能跃迁至不同能级，因而原子有不同的激发态，能量最低的激发态称为第一激发态。电子从基态跃迁到第一激发态需要吸收一定频率的光，这一吸收谱线称为共振吸收线。电子从第一激发态跃迁回到基态时，要发射出一定频率的光，这种发射谱线称为共振发射线。共振发射线和共振吸收线都简称共振线。对大多数元素来说，共振跃迁最易发生，因此，共振线通常是元素的灵敏线。从广义上讲，凡是能通过直接电磁辐射而回到基态的受激原子的能级都称为共振能级，在共振能级和基态能级之间跃迁产生的发射线或吸收线，都属于共振线。

各种元素的原子结构和外层电子的排布不同，它们的原子能级具有各自的特征性，因此，其共振线的波长也各不相同，元素的共振线也就是元素的特征谱线。这些特征谱线一般位于紫外和可见光区。原子吸收光谱分析就是利用待测元素的基态原子蒸气对其特征谱线的吸收来进行的。从基态到第一激发态的跃迁最容易发生，因此对大多数元素来说，共振线是指元素所有谱线中最灵敏的线。在原子吸收分光光度法中，就是利用待测元素原子蒸气中基态原子对光源发出的共振线的吸收来进行分析的。

2. 原子吸收光谱的谱线轮廓与变宽

原子吸收光谱谱线并不是严格几何意义上的线，而是占据着有限的相当窄的频率或波长范围，即有一定的宽度。原子吸收光谱的谱线轮廓以原子吸收谱线的中心波长和半宽度来表征。中心波长由原子能级决定。半宽度是指在中心波长的地方，最大吸收系数一半处，吸收光谱线轮廓上两点之间的频率差或波长差。半宽度受到很多实验因素的影响。原子吸收光谱的谱线轮廓如图 9-2 所示。

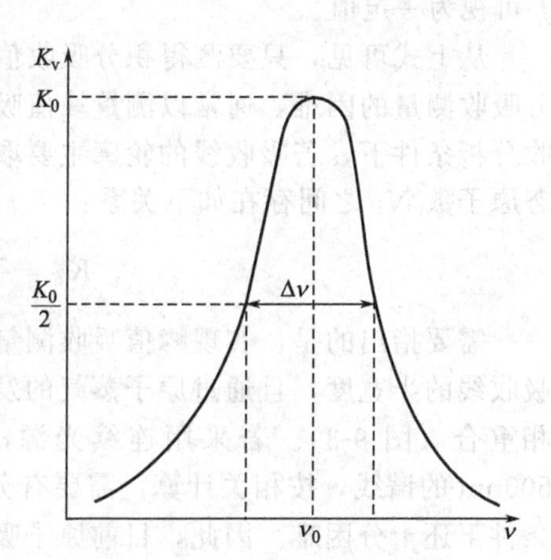

图 9-2　原子吸收光谱谱线轮廓

在通常原子吸收光谱测定的条件下，多普勒变宽是制约原子吸收光谱线宽度的主要因素。多普勒宽度是由原子热运动引起的。从物理学中已知，从一个运动着的原子发出的光，如果原子的运动方向离开观测者，则在观测者看来，其频率较静止原子所发的光的频率低；反之，如原子向着观测者运动，则其频率较静止原子发出的光的频率为高，这就是多普勒效应。原子吸收分析中，对于火焰和石墨炉原子吸收池，气态原子处于无序热运动中，相对于检测器而言，各发光原子有着不同的运动分量，即使每个原子发出的光是频率相同的单色光，但检测器所接受的光则是频率略有不同的光，于是引起谱线的变宽。多普勒变宽与元素的原子量、温度和谱线频率有关。随温度升高和原子量减小，多普勒变宽增加。

当原子吸收区的原子浓度足够高时，碰撞变宽是不可忽略的。因为基态原子是稳定的，其寿命可视为无限长，因此对原子吸收测定所常用的共振吸收线而言，谱线宽度仅与激发态原子的平均寿命有关，平均寿命越长，则谱线宽度越窄。原子之间相互碰撞导致激发态原子平均寿命缩短，引起谱线变宽。被测元素激发态原子与基态原子相互碰撞引起的变宽，称为共振变宽，又称赫鲁兹马克变宽或压力变宽。在通常的原子吸收测定条件下，被测元素的原子蒸气压很少超过 0.1Pa，共振变宽效应可以不予考虑，而当蒸气压力达到 10Pa 时，共振变宽效应则明显地表现出来。被测元素原子与其他元素的原子相互碰撞引起的变宽，称为洛伦茨变宽。洛伦茨变宽随原子区内原子蒸气压力增大和温度升高而增大。

除上述因素外，影响谱线变宽的还有其他一些因素，例如场致变宽、自吸效应等。但在通常的原子吸收分析实验条件下，吸收线的轮廓主要受多普勒变宽和洛伦茨变宽的影响。在2000～3000K的温度范围内，原子吸收线的宽度为10^{-3}～10^{-2}nm。

3. 积分吸收与峰值吸收

原子吸收光谱产生于基态原子对特征谱线的吸收。在一定条件下，基态原子数N_0正比于吸收曲线下面所包括的整个面积。根据经典色散理论，其定量关系式为

$$\int K_\nu \mathrm{d}\nu = \frac{\pi e^2}{mc} N_0 f$$

式中，K_ν为吸收系数；e为电子电荷；m为电子质量；c为光速；N_0为单位体积原子蒸气中吸收辐射的基态原子数，亦即基态原子密度；f为振子强度，代表每个原子中能够吸收或发射特定频率光的平均电子数，在一定条件下对一定元素，f可视为一定值。

从上式可见，只要测得积分吸收值，即可算出待测元素的原子密度。但由于积分吸收测量的困难，通常以测量峰值吸收代替测量积分吸收，因为在通常的原子吸收分析条件下，若吸收线的轮廓主要取决于多普勒变宽，则峰值吸收系数K_0与基态原子数N_0之间存在如下关系：

$$K_0 = \frac{2\pi\ln 2}{\Delta\nu_0} \frac{e^2}{mc} N_0 f$$

需要指出的是，实现峰值吸收测量的条件是光源发射线的半宽度应明显地小于吸收线的半宽度，且通过原子蒸气的发射线的中心频率恰好与吸收线的中心频率ν_0相重合（图9-3）。若采用连续光源，要达到能分辨半宽度为10^{-3}nm，波长为500nm的谱线，按相关计算，需要有分辨率高达50万的单色器，这在目前的技术条件下还十分困难。因此，目前原子吸收采用空心阴极灯等光源来产生锐线发射。

三、原子吸收分光光度法的定量分析

1. 定量基础

当频率为ν，强度为I_0的平行光垂直通过均匀的原子蒸气时（图9-4），根据朗伯定律：

$$I_\nu = I_0 e^{-K_\nu L}$$

式中，I_0和I_ν分别为入射光和透射光的强度；L为原子蒸气的厚度；K_ν为吸收系数。

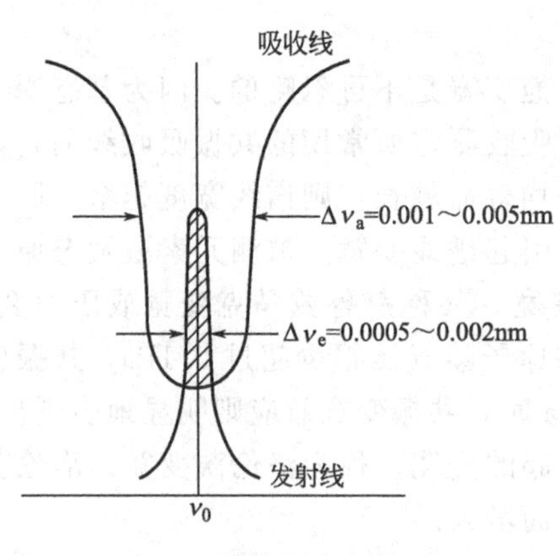

图9-3 峰值吸收测量示意图

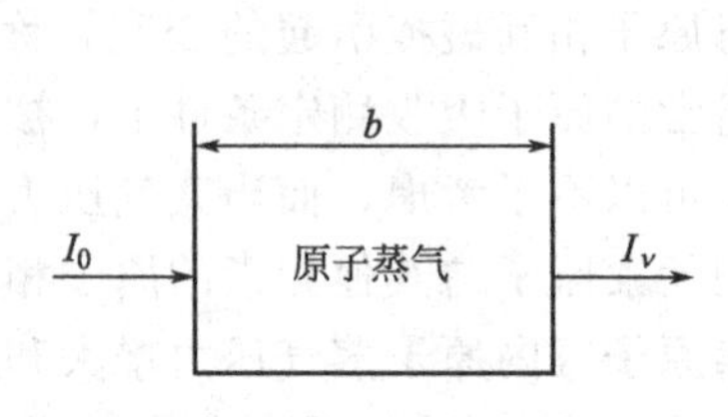

图9-4 原子吸收示意图

实验证明，当原子化条件控制适当并且稳定时，试样中待测元素的浓度 c 和单位体积蒸气中待测原子总数 N 成正比，这样，便能得到原子吸收分析的定量公式：

$$A=k'c$$

式中，k'为在一定条件下的总常数。

此式说明，在一定条件下，待测元素的浓度和其吸光度的关系符合比耳定律，我们只要用仪器测得试样的吸光度 A，就能求出待测定元素的浓度。

如前所述，此定量关系式是以如下假定为基础导出的：

(1) 吸收线的宽度主要取决于多普勒宽度；

(2) 在吸收线变宽的 $\Delta\nu$ 频率范围内，吸收系数不变，并以峰值吸收系数 K_0 来表示；

(3) 基态原子数 N_0 近似等于总原子数 N；

(4) 通过吸收层的辐射强度在整个吸收光程内保持恒定。

实际工作中不可能完全满足上述基本假定。例如，它只能应用于低浓度、低吸光度的场合，如果待测元素浓度过高，通过吸收层的辐射强度将随吸收层厚度的增加而逐渐衰减，不可能在整个吸收光程内基本保持恒定；当碰撞变宽不可忽视，即吸收线宽度同时受多普勒变宽和洛伦茨变宽效应所控制时，将导致吸收中心频率的移动和吸收线轮廓的非对称化；对易电离元素，由于 $N_0 \neq N$，电离效应将引起工作曲线的弯曲等。

2. 定量分析方法

(1) 标准曲线法

标准曲线法（图 9-5）是原子吸收分光光度法定量中最常用的分析方法，实验过程中配制一系列标准溶液，在同样的测量条件下，测定标准溶液和样品溶液的吸光度，绘制吸光度与标准溶液浓度的标准曲线，然后从标准曲线上依据样品的吸光度查得待测元素的浓度或含量（目前原子吸收分光光度计利用操作软件，可以直接显示结果）。该法简单、快速，适用于大批量、组成简单或组成相似样品的分析。

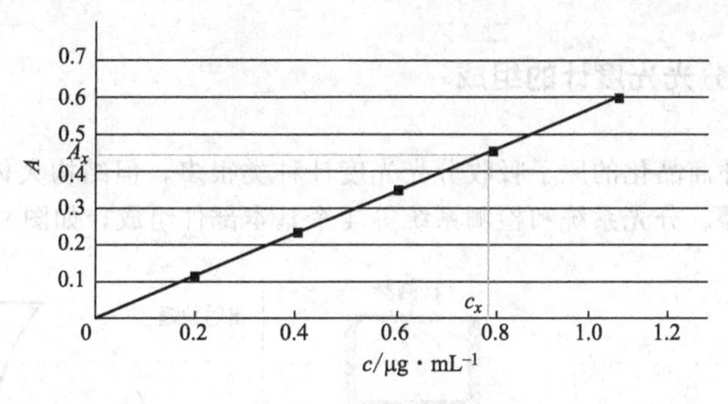

图 9-5 标准曲线法

使用标准曲线法，应注意以下几点：

① 待测元素浓度高时，会出现标准曲线弯曲的现象，因此，所配制标准溶液的浓度最佳分析范围的吸光度应在 0.2～0.8 之间，绘制标准曲线的点应不少于 4 个，一般为 6～8 个。

② 标准溶液与样品溶液应该用相同的试剂处理，且应具有相似的组成。因此，

在配制标准溶液时，应加入与样品组成相同的基体。

③ 使用与样品具有相同基体而不含待测元素的空白溶液将仪器调零，或从样品的吸光度中扣除空白值。

④ 应使操作条件在整个分析过程中保持不变。若进样效率、火焰状态、石墨炉工作参数等稍有改变，都会使标准曲线的斜率发生变化。在大量试样测定过程中，应该经常用标准溶液校正仪器和检查测定条件。

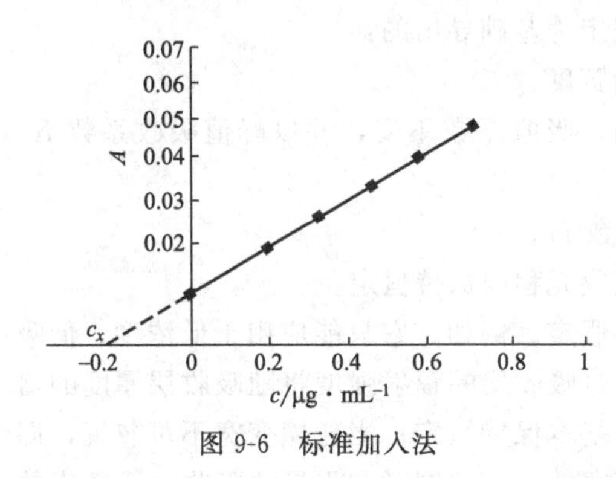

图 9-6　标准加入法

(2) 标准加入法

当配制与待测样品组成相似的标准溶液遇到困难时，可采用标准加入法（图 9-6）。取几份（$n \geqslant 4$）等量的待测样品溶液，分别加入含有不同量待测元素的标准溶液（其中一份不加入待测元素的标准溶液），最后稀释至相同体积，然后在选定的实验条件下，分别测定它们的吸光度。以吸光度 A 为纵坐标，待测元素标准溶液的加入量（浓度或体积）为横坐标作图，得到标准加入法的标准曲线。外延曲线与横坐标相交，交点至原点的距离所对应的浓度 c_x 或体积 V_x，可再计算出样品中待测物质的含量。

使用标准加入法应注意以下几点：

① 标准加入法是建立在待测元素浓度与其吸光度成正比的基础上，因此待测元素的浓度应在此线性范围内，而且当 c_x 不存在时，工作曲线应通过零点。

② 为了得到较为准确的外推结果，最少应采用 4 个点来作外推曲线，一般为 6～8 个。加入标准溶液的量应适当，以保证曲线的斜率适宜，否则太大或太小的斜率，外延后将引入较大误差，为此应使一次加入量 c_0 与未知量 c_x 尽量接近；

③ 标准加入法能消除基体效应带来的影响，但不能消除背景吸收的干扰。如存在背景吸收，必须予以扣除，否则将得到偏高的结果。

四、原子吸收分光光度计的组成

目前国内外商品化的原子吸收分光光度计种类很多，但结构大体相同，都是由光源、原子化器、分光系统和检测系统等 4 个基本部件组成，如图 9-7 所示。

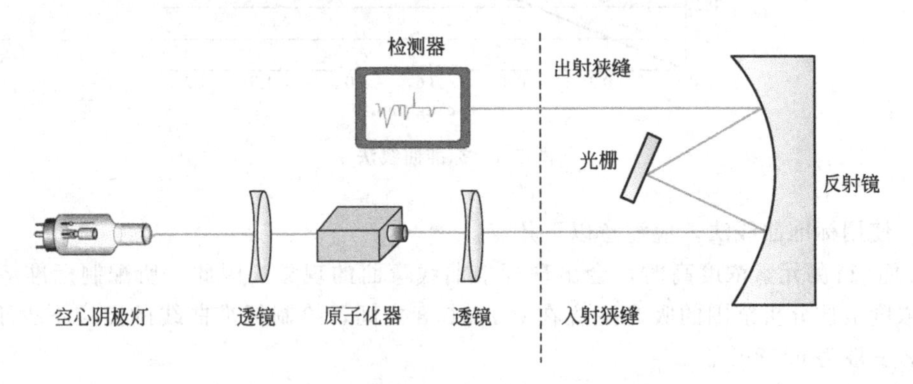

图 9-7　原子吸收分光光度计组成示意图

1. **光源**

原子吸收分光光度计的光源，必须能发射待测元素的特征谱线，且其发射共振线的半宽度要明显小于吸收线半宽度，强度大且稳定，背景信号低。符合以上要求的光源有空心阴极灯、无极放电灯、可调激光器等。目前应用最普遍的是空心阴极灯，它是一种较理想的锐线光源，而且使用方便。

空心阴极灯结构如图 9-8 所示，它有一个由待测元素材料（纯金属或合金）制成的空心阴极和一个由 Ti、Zr、Ta、Ni 或 W 制成的阳极。两电极被密封在带有光学窗口的硬质玻璃管内，管内充有低压的高纯惰性气体（氖或氩）。当在两极间施加适当电压时，在电场作用下，从空心阴极内壁飞向阳极的电子，与惰性气体原子碰撞并使之电离，带正电荷的惰性气体离子从电场获得动能向阴极内壁猛烈轰击。如果其动能足以克服阴极金属表面的晶格能，阴极表面的金属原子则可以从晶格中溅射出来。此外，阴极因通电致热亦会导致表面元素的热蒸发。溅射与蒸发出来的原子再与电子、惰性气体原子或离子发生碰撞而被激发，从而发射出阴极材料相应元素的特征谱线。空心阴极灯发射的光谱，主要是阴极材料元素的光谱，同时杂有内充气体及阴极中杂质的光谱。因此，可用不同元素材料（纯金属或合金）制作阴极，制成各待测元素的单元素空心阴极灯或多元素空心阴极灯。

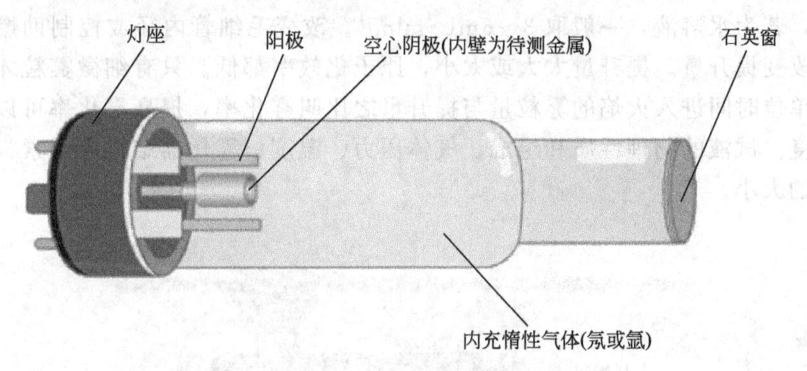

图 9-8　空心阴极灯的结构

2. **原子化器**

原子化器的作用是提供能量，使样品中待测元素转变成气态基态原子，实现原子吸收。样品中待测元素的原子化过程是一个复杂的物理、化学过程。它包括试液的输送和雾化、干燥、蒸发、解离并原子化等过程。对原子化器的基本要求是：必须有足够高的原子化效率、良好的稳定性和重现性以及低的干扰水平等。常用的原子化器有火焰原子化器和非火焰原子化器。

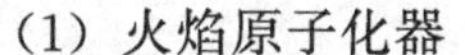

（1）火焰原子化器

火焰原子化器由雾化器、雾化室、供气系统和燃烧器四部分组成。目前应用最广的是预混合型火焰原子化器，如图 9-9 所示。

① 雾化器。雾化器的作用是将试液变成细微的雾粒，以便在火焰中产生更多的待测元素的基态原子。雾化器由同轴喷管、节流管、撞击球、吸液毛细管等组成，它的工作原理是伯努利原理，如图 9-10 所示，当助燃气体（空气或氧化亚氮）以高速通过同轴喷管的外管与内管口构成的环形间隙时，形成了一个压力低于大气压的负压区，同轴喷管的内管与吸液毛细管相连，毛细管的另一端插入试液，这时，

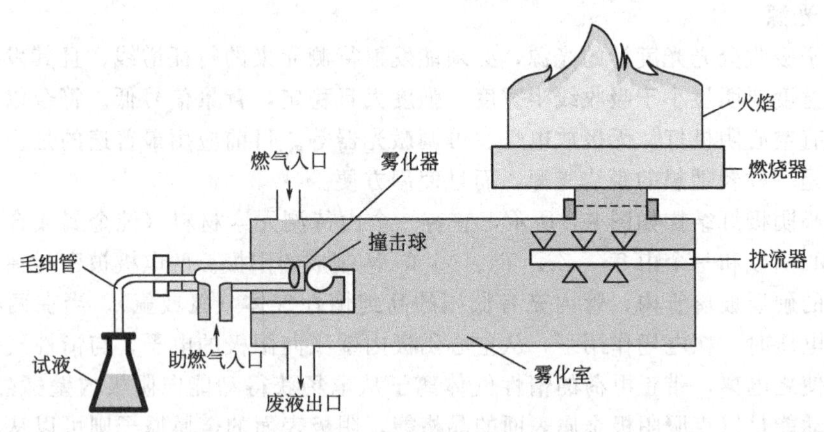

图 9-9　预混合型火焰原子化器

大气压就会将试液压入毛细管，提升至喷管口，并被气流分散成细小液粒喷出，经节流管后，冲撞在撞击球上，被进一步分散成细微雾粒。节流管可限制气流扩散膨胀，减慢流速降低，提高雾化率，同时也能改善雾粒的分布面积。调节节流管和撞击球的相对位置，会明显影响雾化率。雾化器的提升量是指单位时间进入雾化器的试液量，若为水溶液，一般取 $3\sim6mL\cdot min^{-1}$。改变毛细管内径或控制助燃气流速度可以改变提升量。提升量太大或太小，原子化效率都低。只有细微雾粒才能进入火焰，单位时间进入火焰的雾粒量与提升量之比叫雾化率，提高雾化率可以提高分析灵敏度。试液的物理性质和组成、气体压力、温度、雾化器结构等因素都会影响雾化率的大小。

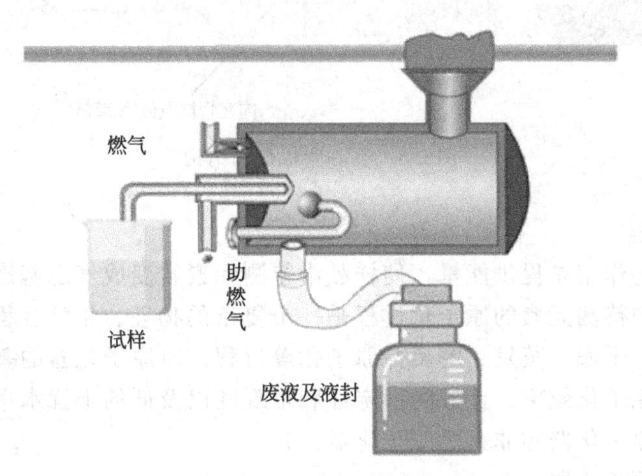

图 9-10　雾化器的结构

② 雾化室。即预混合室，常用不锈钢、玻璃或聚四氟乙烯制成。为圆筒形，内壁有一定锥度，下面有废液出口，上端和燃烧器相插合。雾化室的作用是使细微雾粒与燃气、助燃气混合均匀以减少它们对火焰的扰动；使较大液粒在其内壁凝聚成液体，从废液口排出。这样能提高火焰温度，增大原子化效率。废液出口处应加水封，以防止气体由废液口逸出。废液必须流畅，如果造成堵塞，就会产生很大的记忆效应，严重影响测定结果的准确度。所谓记忆效应，是指前次测量对后次测量

产生的影响。不同元素的记忆效应不同，原子化器设计不合理，或原子化条件不适当，均可能产生较大的记忆效应。

③ 燃烧器。燃烧器的作用是形成稳定的火焰，使待测组分的气溶胶在火焰中原子化。它由不锈钢制成，其上面有细长的缝口，下面呈圆柱形，能紧紧地插入雾化室的上端，混合气溶胶从燃烧器缝口流出，点燃后便形成火焰。根据缝口的不同，燃烧器可分为单缝型和三缝型两类。最常用的单缝型燃烧器又可分为长缝型（100mm×0.5mm）和短缝型（50mm×0.4mm）两种，前者用于空气-乙炔焰，后者用于氧化亚氮-乙炔焰。三缝型燃烧器增加了火焰宽度，使特征谱线更易从其中穿过；同时，两边缝口的火焰对中间缝口的火焰有屏蔽作用，使中间的火焰更稳定，还原气氛更浓，更有利于原子化。但这种燃烧器气体消耗多，装置较复杂。在燃烧器上的火焰的不同部位，产生的原子化效果不同。旋转燃烧器高度旋钮，可以改变燃烧器高度，从而使特征发射线通过火焰中基态原子浓度最高的区域，以提高测定灵敏度。调整燃烧器角度，可以使特征发射线通过火焰的光程最长，吸光度值增加；当测定高浓度组分时，亦可有意使燃烧器偏转一角度来减小吸光度值。

原子吸收测定燃烧器高度的选择

乙炔钢瓶与减压阀的使用

④ 火焰。在预混合型原子化器中，火焰是混合均匀的燃气和助燃气燃烧而产生的，这种火焰叫层流型火焰，其作用是使待测组分分解为基态原子。试液雾粒在火焰中经历水分蒸发、干燥、熔化、挥发、解离、还原、激发、化合等复杂的物理化学过程，产生大量的基态原子、少量的激发原子以及离子和分子等。不同的待测元素对火焰有不同的要求。在选择火焰时，首先应了解火焰的特征。火焰的重要特性是火焰温度和燃烧速度。火焰温度主要取决于火焰类型和燃气、助燃气的流量，温度过高或过低都不利于产生更多的基态原子。一般易挥发或电离电位较低的元素，如碱金属、碱土金属、Sn、Pb、Zn、Cd 等，宜用温度较低的火焰；而易于生成难解离氧化物的元素，如 V、Ta、Ti、Zr、Mo、W、Al 等，可用高温火焰。燃烧速度是指单位时间内燃烧传播的距离（$cm\cdot s^{-1}$），它影响火焰的安全性和稳定性。燃烧速度太大的火焰安全性差。要想获得稳定的火焰，混合气的供气速度一般应大于燃烧速度。但供气速度太大，会使火焰离开燃烧器缝口，甚至熄灭；供气速度太小，则可能使火焰从缝口向供气管内传播，产生“回火”。

原子吸收测定中最常用的火焰是乙炔-空气火焰，此外，应用较多的还有氢-空气火焰和氧化亚氮-乙炔高温火焰。乙炔-空气火焰燃烧稳定，重现性好，噪声低，燃烧速度不是很大，温度足够高，对大多数元素有足够的灵敏度。氢-空气火焰是氧化性火焰，燃烧速度较乙炔-空气火焰高，但温度较低，优点是背景发射较弱，透射性能好。氧化亚氮-乙炔火焰的特点是火焰温度高，而燃烧速度并不快，是目前应用较广泛的一种高温火焰，用它可测定 70 多种元素。

（2）无火焰原子化器

目前最常用的无火焰原子化器为管式石墨炉，该装置实质上是一个电热石墨管，利用电能将石墨管加热至 3000℃左右，使其中的试样原子化。

管式石墨炉原子化器由加热电源、保护气控制系统和石墨管状炉组成。加热电源供给原子化器能量，电流通过石墨管产生高温，最高温度可达到 3000℃。保护气控制系统可控制保护气氩气的流通，仪器启动后，保护气氩气流通，空烧完毕，切断氩气气流。外气路中的氩气沿石墨管外壁流动，以保护石墨管不被烧蚀，内气路中氩气从管两端流向管中心，由管中心孔流出，以有效地除去在干燥和灰化过程中

石墨炉原子化器结构示意图

产生的基体蒸气，同时保护已原子化了的原子不再被氧化。在原子化阶段，停止通气，以延长原子在吸收区内的平均停留时间，避免对原子蒸气的稀释。

石墨炉原子化器的操作分为干燥、灰化、原子化和净化 4 步。图 9-11 为石墨炉原子化过程程序升温过程的示意图。

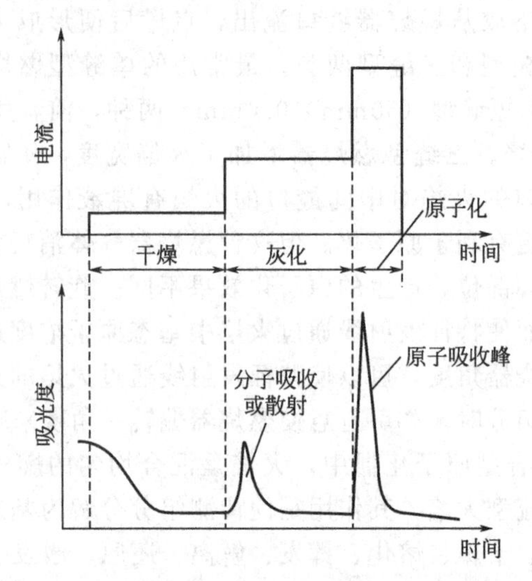

图 9-11 石墨炉原子化过程程序升温示意图

测定过程中，合理选择干燥、灰化、原子化和净化等条件是保证测定准确的前提。

3. 分光系统

原子吸收分光光度计的分光系统可分为两部分，即外光路和单色器。

① 外光路

外光路也称为照明系统，由锐线光源和两个透镜组成，如图 9-12 所示。外光路的作用是使锐线光源的特征谱线能正确地通过或聚焦于原子化区，并把透过光聚焦于单色器的入射狭缝。

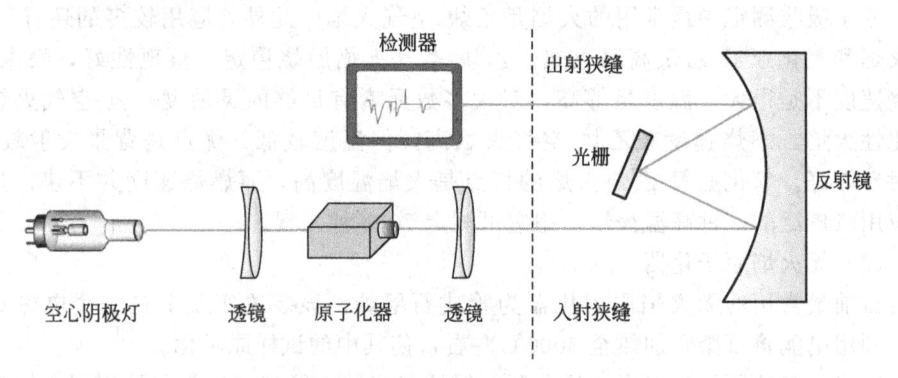

图 9-12 原子吸收分光光度计光路

② 单色器

单色器也称为内光路，它包括入射狭缝、光栅、凹面反射镜和出射狭缝，这些元件均密闭在一个防尘、防潮的金属暗箱内。单色器的作用是将待测元素的吸收线与邻近谱线分开。单色器置于原子化器后边，这样可以防止原子化时产生的辐射干扰进入检测器，避免强烈辐射引起光电倍增管疲劳。

4. 检测系统

检测系统包括光电倍增管、检波放大器和读出装置，作用是将待测光信号转换成电信号，经过检波放大、数据处理后显示结果。光电倍增管具有很高的光电转换效率和信噪比，由仪器的增益调节直流负高压（400～1600V），调节增益可以调节空心阴极灯的示值发射能量和仪器的零吸收。由于光电倍增管的灵敏度很高（增益在 10^6 倍以上），要求供电电压的稳定性应该在 0.01%～0.05%之内。放大器采用和空心阴极灯同频率的脉冲或方波调制电源，组成同步检波放大器，仅放大调频信号，可有效地避免火焰发射产生的直流信号对测定的干扰。原子吸收分光光度计的读出装置可以采用表头式、数字显示器、记录仪或微机处理显示等。现代仪器都有对数转换装置、浓度直读、标尺扩展、自动调零、曲线校直、自动增益、积分记录及数据打印等装置。

任务 1. 茶叶中重金属铅含量的测定

【任务描述】

学习原子吸收分光光度法测定茶叶中重金属铅含量的原理、操作及注意事项，能熟练地使用原子吸收分光光度计进行茶叶中重金属铅含量的测定操作。

【任务目标】

1. 了解原子吸收分光光度计的组成和原理；
2. 掌握原子吸收分光光度法测定茶叶中重金属铅含量的操作要点；
3. 能够正确选择原子吸收分光光度法的测定条件；
4. 能够熟练应用原子吸收分光光度法进行茶叶中重金属铅含量的测定；
5. 能够准确、整齐、简明记录实验原始数据并进行计算。

【知识准备】

一、原子吸收分光光度法火焰的选择

1. 火焰的类型

(1) 化学计量火焰

化学计量火焰又称中性火焰，这种火焰的燃气及助燃气，基本上是按照它们之间的化学反应式提供的。对于空气-乙炔火焰，空气与乙炔之比约为 4∶1。火焰是蓝色透明的，具有温度高、干扰少、背景发射低等特点。

(2) 贫燃火焰

当燃气与助燃气之比小于化学反应所需量时，就产生贫燃火焰。对于空气-乙炔火焰，其空气与乙炔之比为 4∶1 至 6∶1。火焰清晰，呈淡蓝色。由于大量冷的助燃气带走火焰中的热量，所以温度较低。由于燃烧充分，火焰中半分解产物少，还原性气氛低，不利于较难解离元素的原子化，不能用于易生成单氧化物元素的分析，但温度低对易解离元素的测定有利。

(3) 富燃火焰

燃气与助燃气之比大于化学反应所需量时，就产生富燃火焰。对于空气-乙炔

火焰，空气与乙炔之比最大为4：(1.2～2.5)，由于燃烧不充分，半分解物浓度大，具有较强的还原气氛。温度略低于化学计量火焰，中间薄层区域比较大，对易形成单氧化物难解离元素的测定有利，但火焰发射和火焰吸收及背景较强，干扰较多，不如化学计量火焰稳定。

2. 火焰的种类

原子吸收分光光度法中常用的火焰有：空气-乙炔、空气-煤气（丙烷）和氧化亚氮-乙炔等火焰。

(1) 空气-乙炔火焰

空气-乙炔火焰是原子吸收分光光度法中最常用的火焰，火焰温度高（可达2300℃），乙炔在燃烧过程中产生的半分解物 C^*、CO^*、CH^* 等活性基团，构成强还原气氛，特别是富燃火焰，具有较好的原子化能力。

(2) 空气-煤气（丙烷）火焰

空气-煤气（丙烷）火焰燃烧速度慢、安全、温度较低（1840～1925℃），火焰稳定透明。火焰背景低，适用于易解离和干扰较少的元素，但化学干扰多。

(3) 氧化亚氮-乙炔火焰

由于在氧化亚氮中，含氧量比空气高，所以这种火焰有更高的温度（可达3000℃）。在富燃火焰中，除了产生半分解物 C^*、CO^*、CH^* 外，还有更强还原性的成分 CN^* 及 NH^* 等，这些成分能更有效地抢夺金属氧化物中的氧，从而达到原子化的目的。对于空气-乙炔火焰不能测定的硅、铝、钛、铼等特别难解离的元素，可以采用氧化亚氮-乙炔火焰测定。

3. 火焰结构

正常的火焰由预热区、第一反应区、中间薄层区和第二反应区组成。

(1) 预热区（又称干燥区）

预热区的特点是燃烧不完全、温度不高，试液在此区被干燥，呈固态微粒。

(2) 第一反应区（又称蒸发区）

第一反应区是一条清晰的蓝色光带。其特点是燃烧不充分，半分解产物多，温度未达到最高点。干燥的固态微粒在此区被熔化、蒸发或升华。这一区域很少作为吸收区，但对易原子化、干扰少的碱金属可进行测定。

(3) 中间薄层区（又称原子化区）

中间薄层区的特点是燃烧完全、温度高，被蒸发的化合物在此区被原子化。此层是火焰原子吸收分光光度法的主要应用区。

(4) 第二反应区

第二反应区燃烧完全，温度逐渐下降，被解离的基态原子开始重新形成化合物。因此这一区域不能用于实际原子吸收分光光度法分析。

进行原子吸收分光光度法分析时，燃烧器高度的选择，也就是火焰区域的选择。

二、干扰效应及其消除方法

由于原子吸收测量使用待测元素的空心阴极灯发射待测元素的特征谱线，而待测元素基态原子也只选择性地吸收这些特征的锐线，所以原子吸收分析的干扰比有些方法要小得多。但是，如果条件控制不当，也可能产生较大的干扰或严重的干扰，造成很大的分析误差。原子吸收分析的干扰主要有化学干扰和物理干扰。

1. 化学干扰

化学干扰是指待测元素在溶液或蒸气中与其他组分发生化学反应，生成难解离化合物，从而使基态原子数减少、吸收减弱的现象。化学干扰是原子吸收分析中的主要干扰。例如，在火焰中，Al、Si、B、Ti、Be 等元素都容易生成难熔氧化物；Al 和 Mg、Ca 能分别生成难熔化合物 $MgAl_2O_4$ 和 $3CaO \cdot 5Al_2O_3$；Ca 与 PO_4^{3-}、SO_4^{2-} 易生成难解离的 $Ca_2P_2O_7$ 和 $CaSO_4$ 等。这些化合物的生成，会干扰有关元素的测定。可采取相应的方法消除化学干扰，常用的方法如下：

(1) 化学分离。用萃取法、离子交换法、沉淀法等将待测元素和干扰组分分开，这样既能消除干扰，又能富集待测元素，提高分析灵敏度。

(2) 使用高温火焰。当火焰温度高于难溶化合物的沸点时，这些化合物便会气化并分解，释放出待测元素。

(3) 加入释放剂。释放剂能与干扰组分生成更稳定的化合物，从而将待测组分释放出来，释放剂的加入量必须通过实验来确定。

(4) 加入保护剂。保护剂能与待测元素生成稳定的配合物，阻止干扰组分与待测元素的反应，但在火焰中，生成的配合物又极易分解，从而有利于待测元素的原子化。加入保护剂，有时还能提高分析灵敏度。常用的保护剂有 8-羟基喹啉、甘油、葡萄糖、氯化铵、三氯乙酸等。同时使用保护剂和释放剂，可增加消除干扰的效果。

(5) 加入缓冲剂。在待测试样与标样中都加入过量干扰组分，使干扰效应达到“饱和”点而稳定，不再随干扰组分量的变化而明显变化。加入缓冲剂的做法会显著降低灵敏度，故非不得已时，一般都不采用这种方法。

(6) 采用标准加入法。在标准加入法中，由于试样和加标试样的基体基本相同，故在比较测定结果时能够将干扰因素部分扣除。

2. 物理干扰

试样在转移、蒸发和原子化过程中，由于其物理性质（如黏度、表面张力、密度、温度、浓度等）的变化而引起的原子吸收强度改变的现象叫物理干扰。例如，在火焰原子化法中，试样的黏度，助燃气压力，毛细管的管径、管长和弯曲程度，毛细管浸入深度等因素都会影响试液提升量、雾化率和原子化效率；试液表面张力的变化影响雾粒的大小和分布，进而影响雾化率；溶剂的蒸气压影响雾粒蒸发的速度和凝聚损失，进而影响基态原子的数量；试样中高浓度的基体物质在火焰中的蒸发和解离，不仅要消耗火焰能量，降低火焰温度，还可能包裹待测元素，也会降低原子化效率。

物理干扰是非选择性干扰，对试样中各元素的影响基本相似。消除物理干扰的常用方法是配制与待测试样基体类似的标样或采用标准加入法，同时，在测定过程中严格重复每次测定的条件和方式也可以减少干扰。此外，针对不同的干扰起因，还可采用相应办法，例如，若浓度过高，则适当稀释后测定；若有共挥发损失，可采用基体改进剂等。

三、测定条件的选择

原子吸收光谱分析中，分析方法的灵敏度、检出限和准确度，除了与仪器的性能有关外，在很大程度上取决于测定条件的最优化选择。在不同的测定条件下，干扰情况有很大差异，因此，必须重视测定条件的选择。

1. 分析线的选择

每种元素都有几条可供选择使用的吸收线，通常选择元素的最灵敏共振吸收线作为分析线，可以得到最好的灵敏度。在测定高含量元素时，可以选用元素的次灵敏线作为分析线。

2. 单色器光谱通带的选择

光谱通带的选择以排除光谱干扰和具有一定透光强度为原则。对于谱线简单的元素（如碱金属、碱土金属），通带可以大些，以便提高信噪比和测量精密度，降低检出限；对于富线元素（如过渡金属、稀土金属），要求用较小的通带，以便提高仪器的分辨率，改善线性范围，提高灵敏度。

茶叶中铅的测定前处理

3. 灯电流的选择

在保证空心阴极灯有稳定辐射和足够的入射光强条件下，尽量使用最低的灯电流。灯电流过小时，光强不足，信噪比下降，测定的精密度差；灯电流过大时，发射线变宽，灵敏度下降，阴极溅射加剧，灯的寿命缩短。

茶叶中铅的测定

4. 原子化条件的选择

在火焰原子吸收法中，调整喷雾器至最佳雾化状态；改变燃助比，选择最佳火焰类型和状态；调节燃烧器的高度，使入射光束从基态原子密度最大区域通过，这样可以提高分析的灵敏度。

四、测定原理

原子吸收分光光度计原子化系统

茶叶试样经处理后，铅离子在一定 pH 条件下与二乙基二硫代氨基甲酸钠（DDTC）形成配合物，经 4-甲基-2-戊酮（MIBK）萃取分离，导入原子吸收分光光度计中，经火焰原子化，在 283.3nm 处测定吸光度。在一定浓度范围内铅的吸光度值与铅含量成正比，与标准系列比较可定量求得铅含量。

原子吸收分光光度计液封检查

【任务实施】

茶叶中重金属铅含量的测定

一、实验器材

原子吸收分光光度法测定前准备

原子吸收分光光度计（配铅空心阴极灯）、分析天平、可调式电热炉、容量瓶（1000mL、100mL）、吸量管（2mL、10mL）、量筒（10mL、100mL）、分液漏斗（125mL）、漏斗架、刻度管（10mL）、烧杯、玻璃研钵、消化管、电炉、称量纸等。

二、实验试剂

硝酸溶液（5＋95）、硝酸、高氯酸、硫酸铵（300g·L^{-1}）、柠檬酸铵（250g·L^{-1}）、溴百里酚蓝（1g·L^{-1}）、二乙基二硫代氨基甲酸钠溶液（DDTC，1g·L^{-1}）、氨水溶液（1：1）、4-甲基-2-戊酮（MIBK）、铅标准溶液（1000mg·L^{-1}）、茶叶试样等。

三、实验步骤

1. 铅标准溶液的配制

准确吸取 1000mg·L^{-1}铅标准溶液 1.0mL 于 100mL 容量瓶中，加硝酸溶液至刻度，混匀，配制 10mg·L^{-1}铅标准溶液。

2. 试样的制备

茶叶样品去除杂物后，在玻璃研钵中研碎，储于塑料瓶中。称取研碎后的固体试样 0.2～3g（根据铅含量而定，精确至 0.001g）于带刻度消化管中，加入 10mL 硝酸和 0.5mL 高氯酸，在可调式电热炉上消解［参考条件：120℃/(0.5～1) h；升至 180℃/(2～4) h、升至 200～220℃］。若消化液呈棕褐色，再加少量硝酸，消解至冒白烟，消化液呈无色透明或略带黄色，取出消化管，冷却后用水定容至 10mL，混匀备用。同时做试剂空白试验。

3. 仪器操作的条件

空心阴极灯选用铅元素灯，波长为 283.3nm，狭缝为 0.5nm，灯电流为 8～12mA，燃烧头高度为 6nm，空气流量为 8L·min^{-1}。

4. 标准曲线的制作

分别吸取铅标准使用液 0mL、0.2mL、0.5mL、1.0mL、1.5mL 和 2.0mL（相当于 0μg、2.0μg、5.0μg、10.0μg、15.0μg 和 20.0μg 铅）于 125mL 分液漏斗中，补加水至 60mL。加 2mL 柠檬酸铵溶液、3～5 滴溴百里酚蓝水溶液，用氨水溶液（1＋1）调 pH 至溶液由黄变蓝，加 10mL 硫酸铵溶液，10mL DDTC 溶液，摇匀。放置 5min 左右，加入 10mL MIBK，剧烈振摇提取 1min，静置分层后，弃去水层，将 MIBK 层放入 10mL 带塞刻度管中，得到系列标准溶液。

将系列标准溶液按浓度由低到高的顺序分别导入火焰原子化器，原子化后测其吸光度值，以铅的质量为横坐标，吸光度值为纵坐标，制作标准曲线。

5. 试样溶液的测定

将试样消化液及试剂空白溶液分别置于 125mL 分液漏斗中，按工作曲线制作步骤，得到试样溶液和空白溶液。

将试样溶液和空白溶液分别导入火焰原子化器，原子化后测其吸光度值，与标准系列比较，定量求得铅含量。

四、数据处理

试样中铅的含量按下式计算：

$$X=(m_1-m_0)/m_2$$

式中，X 为试样中铅的含量，$\mu g \cdot g^{-1}$；m_1 为试样溶液中铅的质量，μg；m_0 为空白溶液中铅的质量，μg；m_2 为试样质量，g。

【学习延展】

普析 T990 原子吸收分光光度计的操作

一、开机

依次打开稳压器、电脑、打印机，电脑启动完毕后打开主机电源。

二、仪器初始化

1. 在计算机窗口上双击“AAwin”图标，选择“联机”，仪器进行初始化，如果自检各项都“正常”，仪器将自动进入选择工作灯、预热灯界面。

2. 选择正确的工作灯和预热灯，按照提示进行下一步操作。

3. 元素的测定参数一般按默认值就可以，单击下一步。

4. 单击寻峰按钮，仪器开始自动寻找指定的测定波长（需要 2～5min）。

5. 寻峰完毕关闭寻峰窗口，单击“下一步”，再单击“关闭”，仪器进入主界面。

高纯乙炔气瓶的使用

三、仪器调整

1. 选择测量方法：单击“仪器”下“测量方法”选择相应的方法：火焰吸收、火焰发射、石墨炉、氢化物后点确定。

2. 火焰法燃烧器参数设置：单击“仪器”下“燃烧器参数”选择适当的燃烧气流量与高度（一般以仪器默认为准）。反复调整燃烧器位置（－5～＋5），使得元素灯光束从燃烧器缝隙正上方通过。单击“确定”退出。

原子吸收分光光度法测定进样操作

3. 石墨炉法参数设置

(1) 打开石墨炉电源的电源开关，打开氩气总开关，调节出口压力为 0.5MPa。

(2) 单击工具栏里的“加热”，设置相应的参数：干燥温度、灰化温度、原子化温度、净化温度和冷却时间。单击“确定”退出。

(3) 装好石墨管。单击“仪器”下“原子化器位置”，反复调整使原子化器前后位置合适（能量最大）；调整石墨炉原子化器下的白色圆盘使原子化器的高低位置合适（能量最大）。

空气压缩机的使用

(4) 单击“仪器”下“扣背景方式”，选择“氘灯”后点击“确定”。单击“能量”选择“高级调试”，选择“氘灯反射镜电机”，用“正、反”转调整使红色的背景能量值最大。点击“自动能量平衡”后，关闭此窗口。

四、测量参数的设定

单击工具条上的“参数”按钮。

1. 火焰法：测量次数选 3 次；测量方式选“自动”；计算方式选“连续”；积分时间选“0.1～1s”；滤波系数选“0.3”。

2. 石墨炉法：计算方式选“峰高”；积分时间选“3”；滤波系数选“0.1”。

五、样品设置

1. 单击“样品”，按照提示设定：一般校正方法为“标准曲线”；曲线方程为“一次方程”；选择浓度单位后单击“下一步”。

2. 输入标准样品的相应浓度后单击“下一步”。

3. 如果是石墨炉法，选择“空白校正”；如果是火焰法，全不选，单击“下一步”。

4. 如果计算样品的实际含量，则要依次输入“质量系数”“体积系数”“稀释比率”和“校正系数”。点击完成退出。

5. 仪器预热 20～30min。

六、测量

1. 火焰法

(1) 打开空气压缩机，调节出口压力为 0.2～0.25MPa；打开乙炔，调节出口压力为 0.05MPa；点击工具栏中的“点火”按钮点火，待火焰预热 10min 后开始测量。

(2) 首先看状态栏能量值是否在 100%左右，如不在则单击“能量”，再单击“自动能量平衡”。

(3) 单击工具条上的“测量”按钮，出现测量对话框。

(4) 吸入标准空白溶液，等数据稳定后单击“校零”。再单击“开始”读数。

(5) 依次吸入其他标准样品，等数据稳定后单击“开始”按钮读数。

(6) 吸入样品空白溶液，等数据稳定后单击“校零”。

(7) 依次吸入其他未知样品，等数据稳定后单击“开始”按钮读数。

(8) 测定完成后吸喷去离子水 5min。

(9) 依次关闭乙炔、空压机。

2. 石墨炉法

(1) 打开冷却水开关，冷却水流量应大于 $1L\cdot min^{-1}$。

(2) 单击工具条中的“空烧”以除去石墨管中的杂质。要求不加任何样品测量时吸光度值应大于 0.020。

(3) 首先看状态栏能量值是否在 100%左右，如不在则单击“能量”，再单击“自动能量平衡”。

(4) 单击“校零”按钮。

(5) 单击“测量”按钮。

（6）用微量进样器依次加入标准溶液和样品溶液，单击“开始”进行测量、读数。

（7）测定完成后，关闭冷却水和氩气总开关。

七、数据保存及打印

测量完成后按“保存”或“打印”依照提示可保存测量数据或打印相应的数据和曲线。

八、关机

退出”AAwin”操作系统后，依次关掉主机、计算机、打印机电源。

任务 2. 牛奶中微量铜含量的测定

【任务描述】

学习原子吸收分光光度法测定牛奶中微量铜含量的原理、操作及注意事项，能熟练地使用原子吸收分光光度计进行牛奶中微量铜含量测定操作。

【任务目标】

1. 了解原子吸收分光光度计的组成和原理；
2. 掌握标准加入法的测定原理；
3. 掌握原子吸收分光光度法测定牛奶中微量铜含量的操作要点；
4. 能够利用标准加入法进行牛奶中微量铜含量的定量分析；
5. 能够熟练应用原子吸收分光光度法进行牛奶中微量铜含量的测定；
6. 能够准确、整齐、简明记录实验原始数据并进行计算。

【知识准备】

石墨炉法测定铜含量的操作

一、概述

将试样（液体或固体）置于石墨管中，用大电流通过石墨管，石墨管经过干燥、灰化、原子化三个升温程序将试样加热至高温使试样原子化。为了防止试样及石墨管氧化，需要在不断通入惰性气体（氩气）的情况下进行升温。其最大优点是试样的原子化效率高（几乎全部原子化）。特别是对于易形成耐熔氧化物的元素，由于没有大量氧的存在，并有石墨提供了大量的碳，所以能够得到较好的原子化效率。

空心阴极灯的更换

二、测定步骤

实际分析中，样品的原子化程序一般采用四个阶段：

1. 干燥阶段

干燥的目的是在低温下蒸发试样中的溶剂。干燥温度取决于溶剂及样品中液态组分的沸点，一般选取的温度应略高于溶剂的沸点。干燥时间取决于样品体积和其基体组成，一般为 10～40s。

2. 灰化阶段

灰化的目的是破坏样品中的有机物质，尽可能除去基体成分。灰化温度取决于样品的基体和待测元素的性质，最高灰化温度以不使待测元素挥发为准则，一般可通过灰化曲线求得。灰化时间视样品的基体成分确定，一般为 10～40s。

3. 原子化阶段

样品中待测元素在此阶段被解离成气态的基态原子。原子化温度可通过原子化曲线或查手册确定。原子化时间以原子化完全为准，应尽可能选择短些。在原子化阶段，一般采用停气技术，以提高测定灵敏度。

4. 净化阶段

使用更高的温度以完全除去石墨管中的残留样品，消除记忆效应。

三、测定原理

铜作为微量营养元素存在于各种食品中，牛奶中的金属元素含量，不但随牛奶的产地和奶牛饲料不同而异，还受牛奶加工过程的影响。牛奶中的铜含量一般较低，常用石墨炉原子吸收分光光度法测定，但由于牛奶样品的基体复杂，且在通常情况下又很难配制不含铜的基体试样，因此常用标准加入法进行分析。

在实际测定过程中，吸取四份等体积的试液置于四只等容积的容量瓶中，从第二只容量瓶开始，分别按比例递增加入含铜元素的标准溶液，然后用溶剂稀释至刻度线，摇匀，分别测定溶液 c_x，c_x+c_0，c_x+2c_0，c_x+3c_0 的吸光度为 A_x，A_1，A_2，A_3，然后以吸光度 A 对含铜元素标准溶液的加入量作图，其纵坐标上的截距 A_x 为只含试样 c_x 的吸光度，延长直线与横坐标相交于 c_x，即为所要测定的试样中该元素的浓度。

四、测定条件

石墨炉原子吸收分光光度法测定铜元素采用程序升温，可参考表 9-1 所示条件。

表 9-1　石墨炉原子吸收分光光度法测定铜元素程序升温参考条件

阶段	温度/℃	升温时间/s	保持时间/s
干燥	120	10	10
灰化	450	10	20
原子化	2000	0	3
净化	2100	1	1

【任务实施】

牛奶中微量铜含量的测定

一、实验器材

原子吸收分光光度计（配铜空心阴极灯、石墨炉管）、氩气钢瓶、自动控制循环冷却水系统等。

二、实验试剂

铜标准溶液（0.1mg·mL^{-1}）、纯牛奶试样等。

三、实验步骤

1. 配制标准溶液系列

准确吸取 20mL 牛奶于 100mL 容量瓶中，用纯水稀释至刻度，摇匀备用。

在 5 只 50mL 干净而且干燥的烧杯中，各加入 20mL 牛奶使用液，用微量注射器分别加入铜标准溶液 0.0μL、10.0μL、20.0μL、30.0μL、40.0μL（铜标准溶液体积忽略不计），摇匀。该系列的外加铜浓度依次为 0.00ng·mL^{-1}、50.00ng·mL^{-1}、100.00ng·mL^{-1}、150.00ng·mL^{-1}、200.00ng·mL^{-1}。

2. 牛奶中微量铜含量的测定

根据各自仪器性能，调至最佳状态，测定相应溶液的吸光度。

四、实验数据及结果处理

1. 以所测得的吸光度为纵坐标，相应的外加铜浓度为横坐标，绘制标准曲线；

2. 将绘制的标准曲线延长，交横坐标于 c_x，再乘以样品稀释的倍数，即可求得牛奶中铜的含量（浓度）。

即：牛奶中铜的含量$=nc_x$

式中，n 为样品稀释的倍数。

【学习延展】

原子吸收分光光度计的日常维护和保养

一、原子吸收分光光度计的使用环境

保持实验室的卫生及实验室的环境，做到定期打扫实验室，避免各个镜子被尘土覆盖影响光的透过从而降低能量。实验后要将实验用品收拾干净，酸性物品远离仪器并保持仪器室内湿度，以免酸气使光学器件腐蚀、发霉。

二、元素灯的保养

原子吸收分光光度计主机在长时间不使用的情况下，请保持每一至两周为间隔将仪器打开并联机预热 1～2h，以延长使用寿命。元素灯长时间不使用，将会因为漏气、零部件放气等原因不能使用，甚至不能点燃。所以应将不常使用的元素灯每隔 3～4 个月点燃 2～3h，以延长使用寿命，保障元素灯的性能。

三、定期检查

1. 检查废液管并及时倾倒废液，废液管积液到达雾化桶下面后会使测量时极其不稳定，所以要随时检查废液管是否畅通，定时倾倒废液。

2. 定期检查乙炔气路，以免管路老化产生漏气现象，发生危险。每次换乙炔气瓶后一定要全面检漏。用肥皂水等可检验漏气情况的液体，在所有接口处检漏，观察是否有气泡产生，判断其是否漏气。

3. 定期检查空气管路是否存在漏气现象，检查方法与乙炔气路检查方法相同。

四、空压机及空气气路的保养和维护

仪器室内湿度高时，空压机极易积水，严重影响测量的稳定性，应经常放水，避免水进入气路管道。空压机上都有放水按钮，放水时请在有压力的情况下按此按钮即可将积水排除。

五、火焰原子化器的保养和维护

1. 每次样品测定工作结束后，在火焰点燃状态下，用去离子水喷雾 5～10min，清洗残留在雾化室中的样品溶液。然后停止清洗喷雾，等水分烘干后关闭乙炔气。

2. 玻璃雾化器在测试时使用含氢氟酸的样品后，要注意及时清洗，清洗方法即在火焰点燃的状态下，吸喷去离子水 5～10min，以保证雾化器使用寿命。

3. 燃烧器和雾化室应经常检查保持清洁。对粘在燃烧器缝口上的积炭，可用刀片刮除。雾化室清洗时，可取下燃烧器，用去离子水直接倒入清洗即可。

六、石墨炉原子化器的保养

1. 石墨管内部因测试样品的复杂程度不同会产生不同程度的残留物，通过洗耳球将可吹掉的杂质清除，使用酒精棉进行擦拭，将其清理干净，自然风干后加入石墨管空烧即可。

2. 石英窗的清理，石英窗落入灰尘后会使透过率下降，产生能量的损失。清理方法为，将石英窗旋转拧下，用酒精棉擦拭干净后使用擦镜纸将污垢擦净，安装复位即可。

3. 夏天天气比较热的时候冷却循环水水温不宜设置过低（18～19℃），否则会产生水雾凝结在石英窗上影响到光路的顺畅通过。

项目十
气相色谱法

【学习目标】

❖ **知识目标：**

1. 了解气相色谱固定相的组成与性质；
2. 熟悉气相色谱仪的组成与结构；
3. 熟悉气相色谱法的原理、特点；
4. 掌握气相色谱法测定的操作要点。

❖ **能力目标：**

1. 能够正确选择气相色谱实验操作条件；
2. 能够熟练应用气相色谱法进行测定操作；
3. 能够准确、整齐、简明记录实验原始数据并进行计算。

一、概述

1. 气相色谱法的概念

色谱法是一种重要的分离分析方法，利用混合物不同组分在两相中具有不同的分配系数（或吸附系数、渗透性等），当两相作相对运动时，不同组分在两相中进行多次反复分配实现分离后，通过检测器得以检测，进行定性定量分析。其中不动的一相称为固定相，而携带混合物流过此固定相的流体称为流动相。混合物由流动相携带经过固定相时，不同组分因其性质和结构上的差异，与固定相发生作用的大小、强弱有所差异。在同一推动力作用下，不同组分与固定相进行多次反复分配，使其在固定相中的滞留时间有所不同，从而按先后不同次序从固定相中流出。这种在两相间反复分配而使混合物中各组分分离的技术，称为色谱法，又称色层法、层析法。色谱法因其分离效能好、灵敏度高和分析速度快等特点，已成为现代仪器分析方法中应用最广泛的一种方法。

以气体为流动相的色谱法称为气相色谱法（简称 GC）。根据所用固定相的状态不同，又分为气-固色谱和气-液色谱。气相色谱法广泛应用在化工、医药、生物、食品、环境、农业等各个领域。

2. 气相色谱法的特点

由于气体的黏度小，组分扩散速率高，传质快，可供选择的固定液种类比较多，加之采用高灵敏度的通用型检测器，气相色谱法具有下列优点：

（1）选择性好

气相色谱能分离同位素、同分异构体等物理、化学性质十分相近的物质。例如，用其他方法很难测定的二甲苯的三个同分异构体（邻二甲苯、间二甲苯、对二甲苯）用气相色谱法很容易进行分离和测定。

（2）分离效率高

一根1～2m长的色谱柱一般有几千块理论塔板，而毛细管柱的理论塔板数可达10^5～10^6块，可以有效地分离极为复杂的混合物。例如，用毛细管柱能在几十分钟内一次完成含有一百多个组分的油类试样的分离测定。

（3）灵敏度高

气相色谱试样用量少，一次进样量在10^{-3}～10^{-1}mg。由于使用高灵敏度的检测器，气相色谱可以检出10^{-11}～10^{-13}g的物质。因此，在超纯物质所含的痕量杂质分析中，用气相色谱法可测出超纯气体、高分子单体、高纯试剂中质量分数为10^{-6}～10^{-10}数量级的杂质。在大气污染物分析中，可以直接测出质量分数为10^{-9}数量级的痕量毒物。在农药残留量的分析中，可测出农副产品、食品、水质中质量分数为10^{-6}～10^{-9}数量级的卤素、硫、磷化合物。

（4）分析速度快

一般用几分钟到几十分钟就可进行一次复杂样品的分离和分析。

（5）自动化程度高，应用范围广

气相色谱法可以分析各种气体，以及在适当温度下能气化的液体或定量裂解的固体，能分析大多数有机化合物和部分无机化合物。

气相色谱法也存在着一定的局限性，在进行定性分析时，一般要将试样的色谱图与纯物质的色谱图进行对照以确定试样的组成。如果没有已知纯物质的色谱图相对照，或者没有有关物质的色谱数据，就很难判断某一色谱峰代表什么物质。但是，将气相色谱法与质谱、红外光谱、核磁共振谱、激光拉曼光谱等技术联用则能克服这一缺点。尤其是气相色谱法与现代新型检测技术和计算机技术联用，出现了许多自动化新型仪器，检测水平有了很大提高，解决了众多的技术难题。

二、气相色谱法原理

1. 组分在两相间的分配

在气固色谱中，固定相是固体吸附剂，它对样品中的各组分有不同的吸附能力；在气液色谱中，固定相是涂在担体表面的固定液，它对样品中的各组分有不同的溶解能力。当样品气体由载气带入色谱柱与固定相接触时，很快被固体吸附剂吸附或固定液溶解。与此同时，由于组分分子的热运动以及载气的冲洗作用，又使得被吸附或溶解的组分分子从固定相中脱附或挥发出来，并随着载气向前移动，经过固定相时，又再次被固定相吸附或溶解，随着载气的流动，组分在柱内将反复地进行吸附-脱附或溶解-挥发的分配过程。

由于各组分性质的差异，固定相对它们的吸附或溶解能力将有所不同，容易被吸附或溶解的组分，较难脱附或挥发到载气中去。因此，在柱中移动的速度较慢；反之，不易被吸附或溶解的组分，随载气移动的速度较快。各组分在柱内的两相间经过反复多次分配之后，便能彼此分离，并先后从柱内流出。

在一定温度、压力下，组分在两相间达到分配平衡时的浓度比叫作分配系数，用 K 表示，即 $K = c_S / c_M$

式中，c_S 为组分在固定相中的浓度；c_M 为组分在流动相中的浓度。

分配系数是一个重要的色谱参数，它与柱温、柱压有关，也与组分和固定相的性质有关，而与两相的体积和组分的浓度无关。当每次达到分配平衡时，分配系数小的组分在固定相中的浓度小，在流动相中的浓度大，因此随载气移动比较快；反之，分配系数大的组分在固定相中的浓度大，在流动相中的浓度小，因此随载气移动比较慢。各组分在柱内反复多次分配（$10^3 \sim 10^6$ 次）后，分配系数小的组分先出柱，分配系数大的组分后出柱，这样各个组分便被分离。

色谱分离过程

2. 气相色谱分离的基本原理

气相色谱仪主要是利用物质的沸点、极性及吸附的差异来实现混合物分离。用注射器把待测样品注入进样器中，试样会在气室中形成气雾，然后随着载气一起进入色谱柱，之后试样中的各组分与固定相相互作用，在经过色谱柱时，混合物在固定相和流动相之间不断发生吸附、脱附和溶解、挥发，如此反复不断进行，混合物中各组分的溶解和挥发能力、吸附和脱附能力各不相同，渐渐地，各组分就会按它们的溶解和挥发或者吸附和脱附能力的大小，然后以一定的比例分配在固定相和流动相之间。溶解或吸附能力大的所分配的比例就大，反之则小。

试样中各组分经过色谱柱分离之后，再随着载气流出色谱柱，经过检测器时将各组分的浓度信号转换为电信号，再经放大器放大后送去数据记录装置，然后用数据记录装置将各组分的浓度变化记录下来，就可以得到色谱图，色谱图是将组分的浓度变化引起的电信号作为纵坐标，以流出时间作为横坐标所画出的曲线，即色谱流出曲线。

使用色谱仪测出色谱流出曲线，可以利用色谱流出曲线解决以下问题：①可以根据色谱峰的位置进行定性分析；②根据色谱峰的面积或峰高来进行定量测定；③根据色谱峰的位置及其宽度对色谱柱分离情况进行评价；④用色谱峰的间距来判断固定相或流动相选择是否合适。

三、气相色谱固定相

决定气相色谱分析成败的关键是分离问题，气相色谱的分离过程在色谱柱内完成，分离的好坏在很大程度上又取决于固定相的选择是否恰当。气相色谱固定相种类繁多，但大致可将其分为固体固定相、液体固定相和特殊固定相三类，下面简单介绍前两种。

1. 固体固定相

固体固定相包括固体吸附剂和聚合物固定相两类。

（1）固体吸附剂

气固色谱填充柱中的固体吸附剂由于对各种气体吸附能力不同，能使气体得到很好的分离。所以在分离和分析永久性气体及气态烃类时，多选用固体吸附剂作为固定相。用于气固色谱的固体吸附剂通常是一些多孔性的具有一定吸附活性的细小的固体颗粒，比如非极性的活性炭、弱极性的氧化铝、强极性的硅胶以及人工合成的特殊吸附剂分子筛等。固体吸附剂主要用于分析惰性气体、H_2、N_2、O_2、CO、CO_2 等永久性气体、气态烃类和一些低沸点的有机化合物。其特点是比表面积大，吸附容量大，热稳定性好，价格便宜，制柱方便；但柱效较低，制备重现性差；在高温条件下的催化活性会干扰分析；不适宜分析高沸点组分和活性组分；吸附线性范围小，当进样量大时会出现不对称峰；对某些组分会产生永久性吸附而影响柱的分离效能；由于其微孔多而长，且不均匀，在分离时易出现拖尾峰。固体吸附剂在使用之前通常要进行活化处理，有时也可在其表面涂少量固定液、表面活性剂、某些无机化合物等，堵塞微孔、覆盖活性中心，以改善其吸附性能。

(2) 聚合物固定相

聚合物固定相是一种性能优良的新型固定相。常用的高分子多孔微球（GDX系列）是由苯乙烯单体加二乙烯苯作为交链剂，在稀释剂存在下，用悬浮聚合法合成的聚合物。若交联共聚时引入带有特种官能团的单体，就能控制其表面化学性质，达到对不同特性的分离对象进行高效分离的效果。GDX 系列固定相的比表面积大（$100\sim800m^2\cdot g^{-1}$），表面性质均匀，为颗粒大小均一的球体，它既可作为固体固定相直接使用，又可作为担体，在其表面涂渍固定液后使用。

2. 液体固定相

可作为气液色谱用的固定液种类繁多，主要是高沸点有机物。由于组成、性质不同，对不同的样品分离性能不同，有着极为广泛的应用。

(1) 载体

① 载体要求

载体是一种化学惰性、多孔性的固体颗粒，起支持固定液的作用。首先，要求载体的表面呈化学惰性，即表面没有吸附性或吸附很弱，更不能与被测物质起化学反应；其次，具有足够大的表面积和良好的孔穴结构，使固定液与样品的接触面较大；再次，热稳定性好，有一定的机械强度，不易破碎；最后，粒度细小均匀，有利于提高柱效，但颗粒过细时阻力过大，使柱压降增大，对操作不利，一般选用40～60 目、60～80 目或 80～100 目等。

② 载体类型

载体大致可分为硅藻土和非硅藻土两类。硅藻土类载体由天然硅藻土煅烧而成，它又分为红色载体和白色载体。

一般硅藻土类型的载体在使用前需进行预处理，使其表面钝化。常用的处理方法有酸洗（除去碱性作用基团）、碱洗（除去酸性作用基团）和硅烷化（消除氢键结合力）等。目前已有经过预处理的载体出售，可以直接使用。非硅藻土类型载体有氟载体、玻璃微球载体、高分子多孔微球，多在特殊情况下使用。

(2) 固定液

① 固定液的要求

固定液和被分离组分分子之间的作用力不像化学键那么强，它包括色散力、诱导力、定向力、氢键作用力。有时固定液与被分离组分分子间生成松散的化学加成物或形成配合物。

固定液是气液色谱的固定相，当组分在两相间的分配等温线为线性时，能得到对称的色谱峰，且组分保留值的再现性好。理想的固定液应满足以下要求：热稳定性好，在操作温度下不热解，呈液态，蒸气压低，不易流失；化学稳定性好，不与组分、担体、柱材料发生不可逆反应；对组分有适当的溶解度和高的选择性；黏度低，能在担体表面形成均匀液膜，以增加柱效。固定液通常是高沸点的有机化合物，现在已有上千种固定液，必须针对被测试样的性质选择合适的固定液。试样中各组分在固定液中溶解度或分配系数的大小与各组分和固定液分子间相互作用力的大小有关。

② 固定液的选择

一般可按“相似相溶”原则来选择固定液，即固定液的性质和被测组分性质相似时，其溶解度较大，因为这时分子间作用力强，选择性高，分离效果好。

分离非极性样品选用非极性固定液，样品中各组分按沸点从低到高依次流出。分离极性样品选极性固定液，样品中的各组分按极性次序分离，极性小的先流出，极性大的后流出。分离非极性和极性混合样品，选用极性固定液，非极性组分先流出，极性组分后流出。分离能形成氢键的样品，一般选用极性或氢键型固定液，样品中各组分按与固定液分子间形成氢键能力的大小先后流出，不易形成氢键的先流出，易形成氢键的后流出。复杂难分离样品，可选两种或两种以上混合固定液，也可以串联两根不同固定液色谱柱进行分离。

四、气相色谱仪的组成

气相色谱仪是实现气相色谱分析过程的仪器，仪器型号繁多，但总体说来，其基本结构是相似的，主要由载气系统、进样系统、分离系统（色谱柱）、检测系统以及数据处理系统构成，如图 10-1 所示。

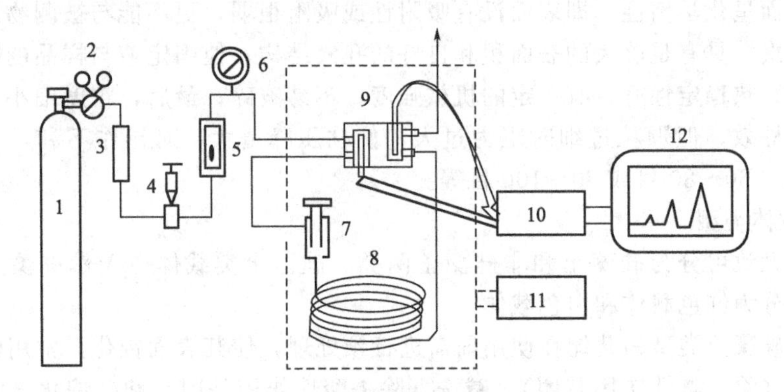

图 10-1　气相色谱仪组成示意图

1—载气钢瓶；2—减压阀；3—净化干燥器；4—针形阀；5—流量计；6—压力表；
7—气化室；8—毛细管柱；9—热导池检测器；10—放大器；11—温度控制器；12—记录仪

1. 载气系统

载气系统包括气源、气体净化器、气路控制系统。载气是气相色谱的流动相，原则上说只要没有腐蚀性，且不干扰样品分析的气体都可以作载气。常用的有 H_2、He、N_2、Ar 等。在实际应用中载气的选择主要根据检测器的特性来决定，同时考虑色谱柱的分离效能和分析时间。载气的纯度、流速对色谱柱的分离效能、检测器的灵敏度均有很大影响。气路控制系统的作用就是将载气及辅助气进行稳压、稳流及净化，以满足气相色谱分析的要求。

进样操作和气化过程

气体纯度的选择主要取决于分析对象、色谱柱中填充物以及检测器。在满足分析要求的前提下，尽可能选用纯度较高的气体。这样不但会提高（保持）仪器的高灵敏度，而且会延长色谱柱和整台仪器（气路控制部件、气体过滤器）的寿命。实践证明，作为中高档仪器，长期使用较低纯度的气体气源，一旦要求分析低浓度的样品时，要想恢复仪器的高灵敏度有时十分困难。对于低档仪器，作常量或半微量分析，若选用高纯度的气体，不但增加运行成本，有时还增加气路的复杂性，更容易出现漏气或其他的问题，从而影响仪器的正常操作。

2. 进样系统

微量注射器的使用

进样系统包括进样器和气化室，它的功能是引入试样，并使试样瞬间气化。气体样品可以用六通阀进样，进样量由定量管控制，可以按需要更换，进样量的重复性可达 0.5%。液体样品可用微量注射器进样，重复性比较差。在使用时，注意进样量与所选用的注射器相匹配，最好是在注射器最大容量下使用。工业流程色谱分析和大批量样品的常规分析上常用自动进样器，重复性很好。在毛细管柱气相色谱中，由于毛细管柱样品容量很小，一般采用分流进样器，进样量比较多，样品气化后只有一小部分被载气带入色谱柱，大部分被放空。气化室的作用是把液体样品瞬间加热变成蒸气，然后由载气带入色谱柱。

3. 分离系统

毛细管色谱柱原理

分离系统主要由色谱柱组成，是气相色谱仪的心脏。它的功能是使试样在柱内运行的同时得到分离。色谱柱基本有两类：填充柱和毛细管柱（图 10-2）。填充柱是将固定相填充在金属或玻璃管中（常用柱内径 4mm）。毛细管柱是用熔融二氧化硅拉制的空心管，也叫弹性石英毛细管。柱内径通常为 0.1～0.5mm，柱长 30～50m，绕成直径 20cm 左右的环状。用这样的毛细管作为分离柱的气相色谱称为毛细管气相色谱或开管柱气相色谱，其分离效率比填充柱要高得多，可分为开管毛细管柱和填充毛细管柱等。填充毛细管柱是在毛细管中填充固定相而成，也可先在较粗的厚壁玻璃管中装入松散的载体或吸附剂，然后拉制成毛细管。如果装入的是载体，使用前在载体上涂渍固定液成为填充毛细管柱气液色谱。如果装入的是吸附剂，就是填充毛细管柱气固色谱。这种毛细管柱近年已不多用。开管毛细管柱又分以下四种：①壁涂毛细管柱，在内径为 0.1～0.3mm 的中空石英毛细管的内壁涂渍固定液，这是目前使用最多的毛细管柱；②载体涂层毛细管柱，先在毛细管内壁附着一层硅藻土载体，然后再在载体上涂渍固定液；③小内径毛细管柱，内径小于 0.1mm 的毛细管柱，主要用于快速分析；④大内径毛细管柱，内径在 0.3～0.5mm 的毛细管，往往在其内壁涂渍 5～8μm 的厚液膜。

填充柱与毛细管柱

4. 检测器

检测器的功能是将柱后已被分离的组分的信息转变为便于记录的电信号，然后对各组分的组成和含量进行鉴定和测量，是色谱仪的眼睛。原则上，被测组分和载气在性质上的任何差异都可以作为设计检测器的依据，但在实际中常用的检测器只有几种，它们结构简单，使用方便，具有通用性或选择性。检测器要依据分析对象和目的来确定。

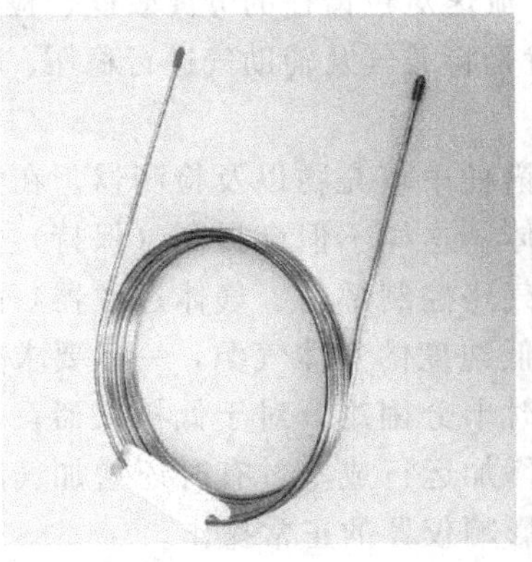
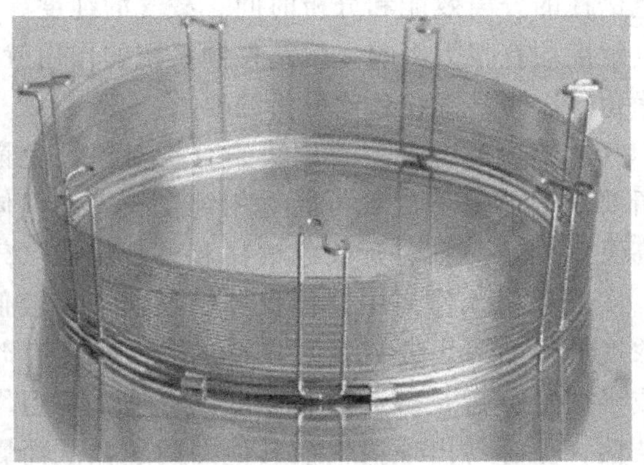

图 10-2　填充柱与毛细管柱

5. 温控系统

温控系统是指对气相色谱的气化室、色谱柱和检测器进行温度控制的系统。在气相色谱测定中，温度直接影响色谱柱的选择分离、检测器的灵敏度和稳定性。

色谱柱的温度控制方式有恒温和程序升温两种。对于沸点范围很宽的混合物，往往采用程序升温法进行分析。程序升温是指在一个分析周期内，炉温连续地随时间由低温到高温线性或非线性地变化，使沸点不同的组分在其最佳柱温时流出，从而改善分离效果并缩短分析时间。程序升温方式具有改进分离、使峰变窄、检测限下降及省时等优点。

通常情况下，气化室温度比柱温高 30～70℃，以保证试样能瞬间气化而不分解。检测器温度与柱温相同或略高于柱温，以防止样品在检测器冷凝。检测器的温度控制精度要求在±0.1℃以内，色谱柱的温度也要求能精确控制。

6. 数据处理系统

数据处理系统目前多采用配备操作软件包的工作站，用计算机控制，既可以对色谱数据进行自动处理，又可对色谱系统的参数进行自动控制。

气相色谱分析法
(定性与定量)

五、定性分析

气相色谱法是一种高效、快速的分离分析技术，它可以在很短的时间内分离含几十种甚至上百种组分的混合物，这是其他方法所不能比拟的。但是，由于色谱法定性分析主要依据每个组分的保留值，所以需要标准样品。而且，单靠色谱法对每个组分进行鉴定是比较困难的。只能在一定程度上给出定性结果，或配合其他仪器进行定性分析。

1. 纯物质对照法

如果有适当的纯物质，可采用下述两种简单实用的纯物质与待测组分对照的方法定性。

(1) 比较保留值定性法

在固定相和操作条件严格不变的情况下，每种组分都有一定的保留值，通常用保留时间 t_R 和保留体积 V_R 两种形式表示，如果待测组分的 t_R 或 V_R 与纯物质在相同条件下测得的相同，则可初步确定它们为同一物质；若不同，则可认为待测组分不是该纯物质。

(2) 加入纯物质法

若样品比较复杂，流出曲线中色谱峰多而密，用上述方法确定保留值不太准确，这时可在样品中加入一定量的纯物质，然后将在同样条件下所得到的谱图与原样品的谱图相对照，若发现某组分的峰高增加，表示样品中可能有这种纯物质存在，若谱图中产生了新峰，则说明样品中无此纯物质。

由于有时两种不同组分在同一柱上可能产生相似或相同的保留值，因此上述两种定性方法所得结果不太可靠。采用“双柱定性法”能较好地克服这一缺点，“双柱定性法”是取两根不同极性的柱子，分别用上述方法测定样品和纯物质的保留值，若在两根柱上测得的二者的保留值都相等，则说明二者为同一物质，否则就不是同一物质。这是因为两种不同物质很难在两根极性不同的柱子上都具有相同的保留值。

2. 用文献保留数据定性法

(1) 相对保留值 (r_{21}) 定性法

相对保留值 r_{21} 是两种物质的调整保留值之比，它仅仅与柱温和固定相的性质有关，许多物质的相对保留值已被测出并记载在文献资料上。在作定性分析时，可在样品中加入文献规定的标准物质，然后在文献规定的柱温下通过规定的固定相，测得组分对标准物质的相对保留值，再与文献上的数据相对照，若二者相同或非常接近，便可初步确定该组分即是文献上的对应物质。

(2) 保留指数 (I) 定性法

利用纯物质对照法定性有时要受到纯物质来源的限制，并且必须在固定相和所有操作条件严格不变的情况下分析，而要做到这一点是比较困难的。利用相对保留值定性的主要缺点是同一个标准物质不可能兼顾到样品中的各个组分，如果标准物质与待测组分的调整保留值相差较大，则求出的相对保留值的准确度较差，定性分析的可靠性减小。然而保留指数却没有这些缺点，它能很客观地反映出物质在固定液上的保留行为，具有重现性好、标准统一、温度系数小的特点，加之它只与固定相和柱温有关，与其他操作条件无关，分析条件比较宽松，所以是国际公认的最好的定性分析指标，并被广泛地采用。

色谱文献上记载了大量物质的保留指数值，在分析样品时，可按文献的固定相和柱温条件测出待测组分的保留指数，然后与文献值相比较，若二者相同或非常接近，则它们为同一种物质。

3. 结合化学反应定性

这种方法适用于官能团定性，因为带有某些官能团的化合物通常能与一些特征试剂反应，导致该化合物的色谱峰从原来的位置上消失、提前或延后出峰。比较反应前后的谱图，便可初步确定样品中的官能团。例如，羟基化合物能与乙酸酐反应，生成相应的乙酸酯，挥发性增加，提前出峰。卤代烷与乙酸-硝酸银反应生成白色沉淀，原来的峰完全消失等。

4. 利用检测器的选择性帮助定性

有的检测器具有很高的选择性，这有助于对样品进行定性分析。例如，火焰光度检测器只对含硫、磷的化合物有响应，电子捕获检测器只对含电负性强的元素的化合物有很高的灵敏度，火焰离子化检测器对有机物响应明显，而对无机气体、水分等基本上不产生响应信号等。利用检测器的选择性可以粗略地估计出试样中组分的类别，对进一步准确定性有一定帮助。

5. 与其他仪器联用定性

色谱的分离能力很强，但定性鉴定能力受到多种因素制约，效果欠佳。而质谱、红外光谱、紫外光谱、核磁共振波谱等仪器对纯物质的定性鉴定能力很强，却无法对复杂混合物进行直接定性鉴定。如果将色谱仪与这些仪器联用，就能取长补短，达到很好的分析效果。目前比较成功的联用仪器有色谱-质谱联用、色谱-傅里叶变换红外光谱联用。这些仪器与计算机联用，能方便地设置操作条件，快速处理数据和对样品中各组分的结构进行快速自动检索。

六、定量分析

1. 基本公式

在一定操作条件下，被分析物质的质量 m_i 与色谱峰面积 A_i 成正比，即：

$$m_i = f_i A_i$$

式中，A_i 为 i 组分色谱峰的面积；f_i 为定量校正因子。

因此要进行定量分析，必须要测定峰面积和定量校正因子。

2. 峰面积的测量

测量峰面积的方法有手工测量和自动测量两种。目前气相色谱仪大多装有数据处理机或配备了色谱工作站系统，可以自动地准确测量各类峰形的峰面积，并自动打印出各个峰的保留时间和峰面积等数据。

3. 校正因子

(1) 绝对校正因子

绝对校正因子是单位峰面积所代表的物质的量。由于同一检测器对不同的物质具有不同的响应值，所以即便对两种等量的物质，得到的峰面积也不一定相等。为使峰面积能够准确地反映待测组分的含量，就必须事先用已知量的待测组分测定在所用色谱条件下的峰面积。

(2) 相对校正因子

由于测定绝对校正因子需准确知道进样量，这有时是困难的，而且易受操作条件的影响，所以实际不易准确测定。定量分析中经常使用的是相对校正因子，即待测物质和标准物的绝对校正因子之比。校正因子可从文献查到，也可自行测定。

4. 定量方法

目前比较广泛应用的定量方法有归一化法、内标法和外标法。

(1) 归一化法

如果试样中所有组分均能流出色谱柱并显示色谱峰，则可用此法计算组分含量。设试样中共有 n 个组分，各组分的量分别为 m_1，m_2，…，m_n，则 i 种组分的百分含量为：

$$W_i\% = \frac{m_i}{m_1 + m_2 + \cdots + m_n} \times 100\% = \frac{f_i A_i}{\sum_{i=1}^{n} f_i A_i} \times 100\%$$

归一化法的优点是简便、准确，进样量的多少不影响定量的准确性，操作条件的变动对结果的影响也较小，对多组分的同时测定尤其显得方便。缺点是试样中所有的组分必须全部出峰，某些不需定量的组分也需测出其校正因子和峰面积，因此应用受到一些限制。

（2）内标法

当试样中所有组分不能全部出峰，或只要求测定试样中某个或某几个组分时，可用此法。准确称取 m(g) 试样，加入某种纯物质 m_s(g) 作为内标物，根据试样和内标物的质量比 m_s/m 及相应的色谱峰面积之比，可求得组分的百分含量 W_i%。

内标物的选择条件是内标物与试样互溶且是试样中不存在的纯物质；内标物的色谱峰既处于待测组分峰附近，彼此又能很好地分开且不受其他峰干扰；加入量宜与待测组分量相近。

内标法的优点是定量准确，操作条件不必严格控制，且不像归一化法那样要求所有组分必须全部出峰。缺点是必须对试样和内标物准确称重，比较费时。

（3）外标法

外标法是在一定色谱操作条件下，用纯物质配制一系列不同浓度的标准样，定量进样，按测得的峰面积对标准系列的浓度作图绘制标准曲线。进行试样分析时，在与标准系列严格相同的条件下定量进样，由所得峰面积即可从标准曲线上查得待测组分的含量。

外标法的优点是操作和计算简便，不需要知道所有组分的相对校正因子。其准确度主要取决于进样量的准确和重现性，以及操作条件的稳定性。

任务1. 白酒中甲醇含量的测定

【任务描述】

白酒中甲醇的测定

学习气相色谱法测定白酒中甲醇含量的原理、操作及注意事项，能熟练地使用气相色谱仪进行白酒中甲醇含量的测定操作。

【任务目标】

1. 熟悉内标法定量的原理、特点；
2. 掌握气相色谱法测定白酒中甲醇含量的操作要点；
3. 能够熟练应用气相色谱法进行白酒中甲醇含量的测定；
4. 能够准确、整齐、简明记录实验原始数据并进行计算。

【知识准备】

气相色谱仪的结构简介

一、实验操作条件

1. 色谱柱的选择

一个样品分离是否完全，主要取决于色谱柱。选择色谱柱首先是选择固定液。其次是柱长和内径。由于分离度与柱长成正比，因此增加柱长可以提高分离度。但增加柱长会使各组分保留时间增加，拖长分析时间。因此，在满足一定分离度的情况下，应尽可能使用短柱子。一般填充柱为2～6m，毛细管柱12～30m。遇到难分离物质或多组分混合物，应选用50～100m长毛细管柱，而分析时间的长短则成为次要矛盾，不必过多考虑。减小柱内径，柱效提高，分离能力强；增加柱内径，会使柱效下降，但可以增加柱容量，增大进样量，可减小相对误差。填充柱一般用3～6mm内径；毛细管柱常用内径0.1～0.5mm。

2. 柱温的选择

柱温是气相色谱分析中最重要的操作条件之一，对分离效果和分析速度有明显影响。柱温不能高于固定液最高使用温度，否则会造成固定液流失，柱效降低，直至失效。升温可以增加气相和液相的传质速率，提高柱效能，缩短分析时间，但使各组分靠拢，不利于分离；降低柱温可使选择性增大，但过低会使被分离组分在两相间的扩散速率大大减小，不能迅速达到平衡，峰形变宽，并延长分析时间。因此，应综合考虑在最难分离的组分能分开的前提下，采取适当低的柱温，但应以保留时间适宜、峰形不拖尾为度。

在色谱实验中，一般根据样品的沸点选择柱温，同时也要考虑固定液的用量（表 10-1）。

表 10-1　根据沸点选择柱温及固定液用量

样品沸程	柱温	固定液用量(膜厚)
300～400℃	200～300℃	1%～3%
200～300℃	100～200℃	5%～10%
100～200℃	70～140℃	10%～15%
气体烃	−50℃～室温	15%～25%

对于宽沸程的多组分混合物，如果柱子恒定在一个温度上，则会出现低沸点组分出峰拥挤以至不易辨认，高沸点组分拖延时间很长甚至停在柱中不能出峰的缺陷。为此，可采用程序升温法。即在分析过程中，按一定速度随时间程序地提高柱温。在程序升温开始时，柱温是低的，低沸点的组分得到分离，沸点中等的组分移动得很慢，高沸点的组分可能还被冷捕集于柱的入口端。温度上升时，低沸点组分到达检测器，沸点中等组分正在分离。再升温，高沸点组分才开始分离。由于温度不断提高，高沸点组分在到达检测器时，分配系数已大大降低，因此，它们在气相中的浓度也随着提高，检测器可以在短时间内接收到高浓度的组分（也就是说，可以得到锐而窄的峰）。图 10-3 是正构烷烃恒温和程序升温色谱图的比较。

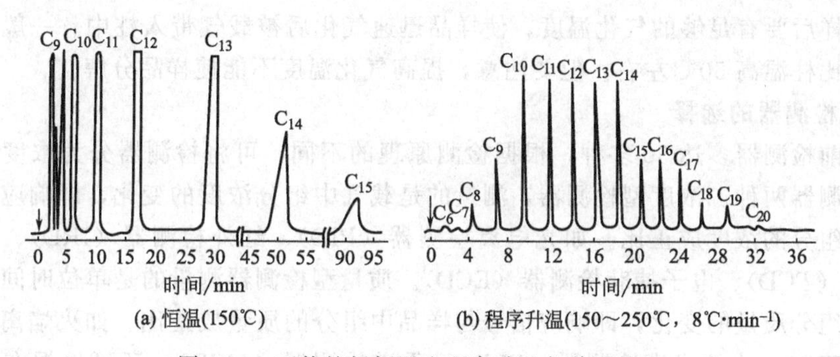

图 10-3　正构烷烃恒温和程序升温色谱图对比

程序升温的条件，包括起始温度、维持起始温度的时间、升温速率、最终温度、维持最终温度的时间，通常都要反复实验加以选择。起始温度要足够低，以使混合物中低沸点组分达到所需要的分离程度。如果含有一组低沸点组分，则需将起始温度维持一定时间。峰和峰之间很近的复杂混合物要使用低的升温速率。如果先出一簇峰，然后是一段基线，再出一簇峰，则基线段可以用较高的升温速率，以减少两簇峰间基线区域的长度，节省分析时间。总之，采用程序升温后，不仅可以改善分离效果，而且可以缩短分析时间，得到的峰形也比较好。

3. 载气及其流速的选择

(1) 载气的选择

载气种类的选择首先考虑与所用检测器匹配，例如热导池检测器选用 H_2 或 He 作载气能提高灵敏度。其次要考虑载气对柱效能和分析速度的影响。当载气流速较低时，可采用相对分子质量较大的 N_2 或 Ar 作为载体。在载体流速较高时，应采用相对分子质量小的 H_2 或 He。比如用热导池检测器时选用 H_2 比 N_2 灵敏度高很多，氢火焰离子化检测器最好用 N_2 作为载气。

(2) 载气流速的选择

目前，新型气相色谱仪多配置电子气路控制，通过计算机来实现压力和流量的自动控制。这种技术用于气相色谱法的主要优点是：流量控制准确，重现性好；可以实现载气的多模式操作；有利于优化分离条件；仪器自动化程度更高等。

在实际工作中，为加快测定速度，在满足柱效能要求的前提下，一般采用稍高于（比最佳流速约高 10%）最佳流速的载气流速。一般色谱柱（内径 3～4mm）常采用的流量为 20～10mL·min^{-1}，而毛细管柱（内径 0.25mm）通常用的载气流量为 1～2mL·min^{-1}。

4. 进样量和进样时间

气相色谱仪的使用--进样

进样量不宜太大，应控制在峰高或峰面积与进样量呈线性关系的范围内。若进样量太大，会出现重叠峰、平顶峰，无法进行正常分析；若进样量太小，则有的组分不能出峰。进样量通常由实际操作效果来确定，液体样品一般取 0.1～10μL，气体样品一般取 0.1～10mL。

进样时间必须很短，应在 1s 内完成，形成浓度集中的样品“塞子”。如果进样速度慢，试样的起始宽度增大，峰形会严重展宽，影响分离效果，甚至还会产生不出峰的现象。

5. 气化温度的选择

进样后要有足够的气化温度，使样品迅速气化后被载气带入柱中。一般选择气化温度比柱温高 50℃左右。但要注意，提高气化温度不能使样品分解。

6. 检测器的选择

目前检测器多达 50 多种，根据检测原理的不同，可将检测器分为浓度型和质量型检测器两种。浓度型检测器，测量的是载气中组分浓度的变化，即响应信号与样品中组分的浓度成正比。如光电离检测器（PID）、红外检测器（IRD）、热导池检测器（TCD）、电子捕获检测器（ECD）。质量型检测器测量的是单位时间进入检测器的组分质量的变化，即响应信号与样品中组分的质量成正比。如火焰离子化检测器（FID）、火焰光度检测器（FPD）、质谱检测器（MSD）。还可根据在检测过程中组分的分子形式是否被破坏，分为破坏型检测器（如 FID、FPD、MSD）和非破坏型检测器（如 TCD、PID、IRD）。

二、测定原理

在酿造白酒的过程中，不可避免地有甲醇产生。利用气相色谱可分离、检测白酒中的甲醇含量。

测定过程中取一定量的白酒样品，加入叔戊醇内标物，经气相色谱分离，氢火焰离子化检测器检测，以保留时间定性，外标法定量。

GC9870气相的操作

【任务实施】

白酒中甲醇含量的测定

一、实验器材

气相色谱仪（配火焰离子化检测器）、1μL 微量注射器、聚乙二醇石英毛细管柱（柱长 60m、内径 0.25mm、膜厚 0.25μm 或等效柱）、容量瓶（50mL、100mL、1000mL）、吸量管（1mL、10mL）、分析天平、吸水纸等。

GC9870气相色谱仪的组成

二、实验试剂

白酒样品、无甲醇的乙醇（取 0.5mL 进样，无甲醇峰即可）、乙醇溶液（40%）、甲醇（标准品）、叔戊醇（标准品）等。

三、实验步骤

1. 标准溶液的制备

（1）甲醇标准储备液（$5000mg \cdot L^{-1}$）

准确称取 0.5g（精确至 0.001g）甲醇至 100mL 容量瓶中，用乙醇溶液定容，混匀，0～4℃低温冰箱密封保存。

（2）叔戊醇标准溶液（$20000mg \cdot L^{-1}$）

准确称取 2.0g（精确至 0.001g）叔戊醇至 100mL 容量瓶中，用乙醇溶液定容，混匀，0～4℃低温冰箱密封保存。

（3）甲醇系列标准工作液

分别吸取 1.0mL、2.0mL、4.0mL、8.0mL、10.0mL 甲醇标准储备液，于 5 个 50mL 容量瓶中，用乙醇溶液定容，依次配制成甲醇含量为 $100mg \cdot L^{-1}$、$200mg \cdot L^{-1}$、$400mg \cdot L^{-1}$、$800mg \cdot L^{-1}$、$1000mg \cdot L^{-1}$ 系列标准溶液，现配现用。

2. 色谱操作的条件

色谱柱温度：初温 40℃，保持 1min，以 $4.0℃ \cdot min^{-1}$ 升温到 130℃，以 $20℃ \cdot min^{-1}$ 升温到 200℃，保持 5min；检测器温度：250℃；进样口温度：250℃；载气流量：$1.0mL \cdot min^{-1}$；进样量：1.0μL；分流比：20∶1。

3. 标准曲线的制作

分别吸取 10mL 甲醇系列标准工作液于 5 个 10mL 试管中，然后加入 0.10mL 叔戊醇标准溶液，混匀，测定甲醇和内标叔戊醇色谱峰面积。以甲醇系列标准工作液的浓度为横坐标，以甲醇和叔戊醇色谱峰面积的比值为纵坐标，绘制标准曲线。

4. 试样溶液的测定

（1）吸取白酒试样 10.0mL 于试管中，加入 0.10mL 叔戊醇标准溶液，混匀，备用。

（2）将制备的试样溶液注入气相色谱仪中，以保留时间定性，同时记录甲醇和叔戊醇色谱峰面积的比值，根据标准曲线得到待测液中甲醇的浓度。

四、结果计算

试样中甲醇的含量

$$X=\rho$$

式中，X 为试样中甲醇的含量，$mg \cdot L^{-1}$；ρ 为从标准曲线得到的试样溶液中甲醇的浓度，$mg \cdot L^{-1}$。

五、注意事项

1. 必须先通入载气，再开电源，实验结束时应先关掉电源，待温度降至仪器要求的温度以下后再关载气。

2. 注意气瓶温度不要超过40℃，在2m以内不得有明火。使用完毕，立即关闭氢气钢瓶的气阀。

【学习延展】

色谱分析法

一、色谱分析法的起源

色谱分离方法的研究始于1901年，当时从事植物色素提纯与分离工作的俄国植物学家茨维特（Tswett），首先认识到色谱法在分离分析方面的重要性。1903年，他首次应用色谱法分离植物叶片中的各种色素。他采用的方法是将植物叶片的石油醚提取液注入装填有碳酸钙吸附剂的直立玻璃管内，然后加入纯石油醚自上而下地淋洗，从而使植物叶片中各种色素彼此分离，在管内形成了具有不同颜色的谱带。根据此分离现象把这种方法称为色谱法。后来色谱法不断发展，不仅可用于分离有色物质，而且大量用于分离无色物质，但仍沿用了色谱法这一名词。进入21世纪的今天，色谱技术、色谱仪器仍然在不断发展，几乎所有厂家生产的高级色谱仪，都带有专门的色谱数据工作站。

二、色谱法的分类

色谱法是包括多种分离类型、检测手段和操作方式的分离分析技术，按不同角度有多种分类方法。如按流动相的物态，色谱法可分为气相色谱法（流动相为气体）、液相色谱法（流动相为液体）和超临界色谱法（流动相为超临界流体）。按固定相的物态，则可分为气固色谱（固定相为固体吸附剂）、气液色谱（固定相为涂在固体担体上或毛细管壁上的液体)、液固色谱和液液色谱法等。

三、色谱流出曲线及有关术语

1. 色谱流出曲线

在色谱分析中，样品流经色谱柱和检测器，所得到的信号-时间曲线，称为色谱流出曲线，又称色谱图，理想的色谱流出曲线应该是正态分布曲线。色谱流出曲线如图 10-4 所示，色谱曲线上各个色谱峰，相当于试样中的各种组分，根据各个色谱峰，可以对试样中的各组分进行定性分析和定量分析。

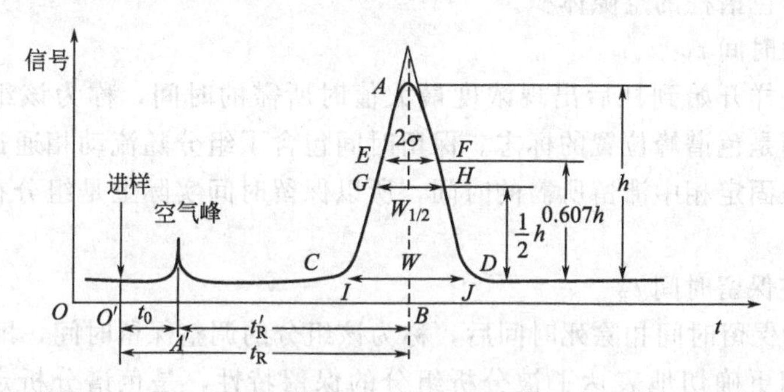

图 10-4　色谱流出曲线

2. 基线

在操作条件下，没有组分流出、仅有流动相通过检测器系统时所形成的流出曲线。稳定的基线应是一条平行于横轴的直线，如图 10-4 中线段 OO′所示。基线反映仪器（主要是检测器）的噪声随时间的变化。基线的平直与否，可反映出仪器及实验条件的稳定情况。基线会出现上下偏离或波动。基线噪声是指由各种因素所引起的基线起伏，基线漂移是指基线随时间定向的缓慢变化。

3. 色谱峰

当某组分从色谱柱流出时，检测器对该组分的响应信号随时间变化所形成的峰形曲线称为该组分的色谱峰，即流出曲线上的突起部分，正常的色谱峰为正态分布曲线，曲线有最高点，以此点的横坐标为中心，曲线对称地向两侧快速、单调下降。实际上一般情况下的色谱峰都是非对称的，如前伸峰、拖尾峰、平顶峰、馒头峰等。

4. 峰高和峰面积

峰高是指峰顶到基线的距离，在色谱流出曲线上以 h 表示。峰面积是指每个组分的流出曲线与基线间所包围的面积。峰高或峰面积的大小与每个组分在样品中的含量有关，因此色谱流出曲线上，峰高和峰面积是色谱进行定量分析的主要依据。

5. 峰宽和半峰宽

峰宽是指色谱峰两侧拐点所作的切线与基线两交点之间的距离，如图 10-4 中线段 IJ 所示，在色谱流出曲线上以 W 表示。半峰宽是指在峰高的一半处的峰宽，如图 10-4 中线段 GH 所示，在色谱流出曲线上以 $W_{1/2}$ 表示。标准偏差是 0.607 峰高处（即 0.607h 处）峰宽度的一半，如图 10-4 中线段 EF 的一半。

6. 保留值

保留值表示试样中各组分在色谱柱中的滞留时间的数值，反映组分与固定相之间作用力的大小，通常用时间或将组分带出色谱柱所需流动相的体积表示。在一定的固定相和操作条件下，任何一种物质都有确定的保留值，这也是色谱分析定性的依据。

(1) 死时间 t_0

死时间是不被固定相吸附或溶解的组分（如气-液色谱的空气峰等）的保留时间，即不与固定相相互作用的组分，从进样开始到柱后出现浓度最大值时所需的时间，称为死时间，反映了流动相流过色谱系统所需的时间，因此也称为流动相保留时间，正比于色谱柱的空隙体积。

(2) 保留时间 t_R

组分从进样开始到柱后出现浓度最大值时所需的时间，称为该组分的保留时间。保留时间是色谱峰位置的标志。保留时间包含了组分随流动相通过柱子所需的时间和组分在固定相中滞留所需的时间，所以保留时间实际上是组分在固定相中保留的总时间。

(3) 调整保留时间 t'_R

某组分的保留时间扣除死时间后，称为该组分的调整保留时间，即 $t'_R=t_R-t_0$。调整保留时间更确切地表达了被分析组分的保留特性，是色谱分析定性的基本参数。保留时间是色谱法定性的基本依据，但同一组分的保留时间常受到流动相流速的影响，因此色谱工作者有时用保留体积来表示保留值。

(4) 死体积 V_0

死体积是从进样器到检测器之间空隙体积的总和，包括色谱柱在填充后柱管内固定相颗粒间所剩留的空间、色谱仪中管路和连接头间的空间以及检测器的空间。当后两项很小且可以忽略不计，只考虑色谱柱中固定相颗粒间的空隙体积时，死体积可由死时间与色谱柱出口的载气体积流速来计算。

$$V_0=t_0F_0$$

式中，F_0 为在柱温为 T_c（K）、柱出口压力为 p_0（MPa）时的体积流量，$mL \cdot min^{-1}$。

死体积反映了色谱柱和仪器系统的几何特性，与被测物质的性质无关。

(5) 保留体积 V_R

保留体积指从进样开始到柱后被测组分出现浓度最大值时所消耗流动相的体积。可由保留时间与色谱柱出口流动相体积流量来计算。

$$V_R=t_RF_0$$

当流动相流速 F_0 加大时，保留时间 t_R 相应降低，两者乘积仍为常数，因此 V_R 与流动相速率无关。

(6) 调整保留体积 V'_R

某组分的保留体积扣除死体积后，称为该组分的调整保留体积，即 $V'_R=V_R-V_0$。调整保留体积同样与流动相速率无关。调整保留体积扣除死体积后将更合理地反映被测组分的保留特性。

(7) 相对保留值 r_{is}

一定实验条件下某组分 i 的调整保留值与组分 s 的调整保留值之比，称为相对保留值。

$$r_{is}=t'_{R_i}/t'_{R_s}=V'_{R_i}/V'_{R_s}$$

由于相对保留值只与柱温及固定相性质有关，而与柱径、柱长、填充情况及流动相速率无关，因此，它在色谱法中，特别是在气相色谱法中，广泛用作定性的依据。

(8) 选择性因子 α

选择性因子指相邻两组分的调整保留值之比。

$$\alpha=t'_{R_1}/t'_{R_2}$$

选择性因子表示色谱柱的选择性，即色谱柱中固定相的选择性，当选择性因子的值越大时，相邻两组分的调整保留值相差越大，两组分的色谱峰相距越远，分离得越好，说明色谱柱的分离选择性越高。当选择性因子等于 1 或接近 1 时，两组分的色谱峰重叠，不能被分离。

(9) 分配系数 K 和分配比 k

分配色谱的分离是基于样品组分在固定相和流动相之间反复多次的分配过程，而吸附色谱的分离是基于反复多次的吸附-脱附过程。这种分离过程经常用样品分子在两相间的分配来描述，而描述这种分配的参数称为分配系数 K。

分配系数是指在一定温度和压力下，组分在固定相和流动相之间分配达平衡时的浓度之比，即

$$K=\text{组分在固定相中的浓度}/\text{组分在流动相中的浓度}=c_s/c_m$$

分配系数是由组分和固定相的热力学性质决定的，它是每一个组分的特征值，它仅与两个变量有关，即固定相和温度。与两相体积、柱管的特性以及所使用的仪器无关。

分配比又称容量因子，它是指在一定温度和压力下，组分在两相间分配达平衡时，分配在固定相和流动相中的质量比。即

$$k=\text{组分在固定相中的质量}/\text{组分在流动相中的质量}=m_s/m_m$$

分配比的值越大，说明组分在固定相中的量越多，相当于柱的容量大，因此又称分配容量或容量因子。它是衡量色谱柱对被分离组分保留能力的重要参数。分配比的值也取决于组分及固定相热力学性质。它不仅随柱温、柱压的变化而变化，而且还与流动相及固定相的体积有关。

$$k=m_s/m_m=c_sV_s/c_mV_m$$

式中，c_s、c_m 分别为组分在固定相和流动相的浓度；V_m 为柱中流动相的体积，近似等于死体积；V_s 为柱中固定相的体积，在各种不同的类型的色谱中有不同的含义。

任务 2 蔬菜中有机磷类农药多残留的测定

【任务描述】

学习气相色谱法测定蔬菜中有机磷类农药的原理、操作及注意事项，能熟练地使用气相色谱仪进行蔬菜中有机磷类农药多残留的测定操作。

蔬菜中农药残留的测定--试样处理

【任务目标】

1. 熟悉外标法定量的原理、特点；
2. 掌握气相色谱法测定蔬菜中有机磷类农药多残留的操作要点；
3. 能够熟练应用气相色谱法进行蔬菜中有机磷类农药多残留的测定；
4. 能够准确、整齐、简明记录实验原始数据并进行计算。

蔬菜中农药残留的测定--试样制备

【知识准备】

一、有机磷农药

有机磷农药是指含磷元素的有机化合物农药，主要用于防治植物病、虫、草害，多为油状液体，有大蒜味，挥发性强，微溶于水，遇碱破坏，其在农业生产中的广泛使用，导致农作物中发生不同程度的残留。有机磷农药对人体的危害以急性毒性为主，多发生于大剂量或反复接触之后，会出现一系列神经中毒症状，如出汗、震颤、精神错乱、语言失常，严重者会出现呼吸麻痹，甚至死亡。

蔬菜中农药残留的测定--测定前处理

二、农药多残留分析

农药多残留分析方法是分析食品、土壤和水中多种农药残留的检测分析方法。使农药残留分析从一种或几种农药发展到可同时测定多种不同种类的多种农药，实现了对多种类农药的高灵敏度定性、定量测定。

蔬菜中农药残留的测定

农药的多残留检测一直是分析化学工作者追求的目标，是农药残留分析的研究重点和发展趋势。现代农残分析主要针对多残留分析，需要同时满足特异性强、灵敏度高、重现性好和线性范围广等方面的要求。现代化的农药残留分析要在准确分析的基础上，进行快速高效的分析。与常规检测分析一样，多残留检测也包括样品的前处理和仪器测定两方面。在技术要点方面，各国的多残留分析方法与单一成分的方法基本相同，不同之处在于根据基质的不同选择不同的前处理操作。由于食品基质成分复杂，不同农药的理化性质存在较大差异，而且同一种农药有同系物、异构体、降解产物、代谢产物以及共轭物的存在，使得目前没有哪一种多残留分析方法能同时涵盖所有的农药种类。

三、蔬菜和农药中多残留检测方法

目前常用的蔬菜中农药多残留检测方法有快速检测法和气相色谱法。

1. 快速检测法

快速检测法操作简便、快速、灵敏、经济、检测时间短，适合市场农药残毒批量检测，可及时对市场上含农药残毒的蔬菜进行监控，净化蔬菜市场，避免因食用含高残毒农药的蔬菜而引起中毒事故。其基本原理是依据胆碱酯酶可催化靛酚乙酸酯（红色）水解为乙酸与靛酚（蓝色），有机磷或氨基甲酸酯类农药对胆碱酯酶有抑制作用，使催化、水解、变色过程发生改变，由此可判断出样品中是否有高剂量的有机磷或氨基甲酸酯类农药的存在。

2. 气相色谱法

气相色谱法是一种较为准确的定性定量检测方法，尤其对蔬菜、水果中低含量的农药能够进行较准确的定性定量分析。相对而言，气相色谱法操作步骤较多，实验室操作要求高，检测过程主要包括提取、浓缩、净化、仪器测定等步骤。

四、测定原理

含有机磷的试样在富氢焰上燃烧，以 HPO 碎片的形式，放射出波长 526nm 的特性光。这种光通过滤光片选择后，由光电倍增管接收，转换成电信号，经微电流放大器放大后被记录下来。试样的峰面积或峰高与标准品的峰面积或峰高进行比较定量。

试样中有机磷类农药用乙腈提取，提取溶液经过滤、浓缩后，用丙酮定容，注入气相色谱仪，农药组分经毛细管柱分离，用火焰光度检测器（FPD 磷滤光片）检测，保留时间定性、外标法定量。

【任务实施】

蔬菜中有机磷类农药多残留的测定

一、实验器材

气相色谱仪（配火焰光度检测器）、分析天平、食品加工器、旋涡混合器、氮吹仪、离心管（50mL）、吸量管（10mL、20mL）、刻度试管（10mL）、漏斗、玻璃棒、具塞量筒（50mL）、微孔滤膜等。

二、实验试剂

乙腈、丙酮、氯化钠、农药混合标准溶液、黄瓜等。

三、实验步骤

1. 制样

黄瓜两根，切小块，放入食品加工器中，打浆。

2. 样品提取

准确称取 10.00g±0.1g 黄瓜匀浆于离心管中，准确移入 20.0mL 乙腈，于旋涡混合器上混匀 2min 后用滤纸过滤，滤液收集到装有 2～3g 氯化钠的具塞量筒中，收集滤液 20mL 左右，盖上塞子，剧烈振荡 1min，在室温下静置 30min，使乙腈相和水相分层。

3. 净化

从具塞量筒中移取 4.0mL 乙腈相溶液于刻度试管中，将其置于氮吹仪中，温度设为 75℃，缓缓通入氮气，蒸发近干，用移液管移入 2.0mL 丙酮，在旋涡混合器上混匀，用 0.2μm 滤膜过滤后，分别移至自动进样器进样瓶中，做好标记，供色谱测定。

4. 测定

(1) 色谱条件

① 色谱柱

预柱：1.0m（0.53mm 内径、脱活石英毛细管柱）；色谱柱：50%聚苯基甲基硅氧烷（DB-17 或 HP-50+）柱，30m×0.53mm×1.0μm。

② 温度

进样口温度：220℃；检测器温度：250℃。

柱温：150℃（保持 2min），8℃·min^{-1}的速度升温至 250℃（保持 12min）。

③ 气体及流量

载气：氮气，流速为 10mL·min^{-1}；

燃气：氢气，流速为 75mL·min^{-1}；

助燃气：空气，流速为 100mL·min^{-1}。

④ 进样方式

不分流进样。

(2) 色谱分析

由自动进样器分别吸取 1.0μL 标准混合溶液和净化后的样品溶液注入色谱仪中，以保留时间定性，以样品溶液峰面积与标准溶液峰面积比较定量。

四、结果计算

$$X = \frac{V_1 A V_3}{V_2 A_s m} \times \rho$$

式中，X 为试样中被测农药残留量，$mg \cdot kg^{-1}$；ρ 为标准溶液中农药的质量浓度，$mg \cdot L^{-1}$；A 为样品溶液中被测农药的峰面积；A_s 为农药标准溶液中被测农药的峰面积；m 为试样质量，g；V_1 为提取溶剂的总体积，mL；V_2 为吸取出用于检测的提取溶液的体积，mL；V_3 为样品溶液的定容体积，mL。

五、注意事项

1. 实验室温度应保持在 25℃以下，以免样品中溶剂挥发，影响定量。
2. 氮吹时，流量不要太大，以免溶液飞溅，也不能完全吹干。

【学习延展】

气相色谱检测器

一、概述

气相色谱检测器根据其测定范围可分为通用型检测器和选择型检测器。通用型检测器对绝大多数物质都有响应，选择型检测器只对某些物质有响应，对其他物质无响应或响应很小。

根据检测器的输出信号与组分含量间的关系不同，可分为浓度型检测器和质量型检测器。浓度型检测器测量载气中组分浓度的瞬间变化，检测器的响应值与组分在载气中的浓度成正比，与单位时间内组分进入检测器的质量无关。质量型检测器测量载气中某组分进入检测器的质量流速变化，即检测器的响应值与单位时间内进入检测器某组分的质量成正比。

目前气相色谱检测器已有几十种，其中最常用的有火焰离子化检测器、电子捕获检测器、火焰光度检测器和热导池检测器等。

二、火焰离子化检测器（FID）

火焰离子化检测器是根据气体的电导率与该气体中所含带电离子的浓度成正比这一事实而设计的。一般情况下，组分蒸气不导电，但在高温作用下，组分蒸气可被电离，生成带电离子而导电。

1. 火焰离子化检测器的结构

火焰离子化检测器主要由离子室、离子头和气体供应三部分组成。结构如图 10-5 所示。

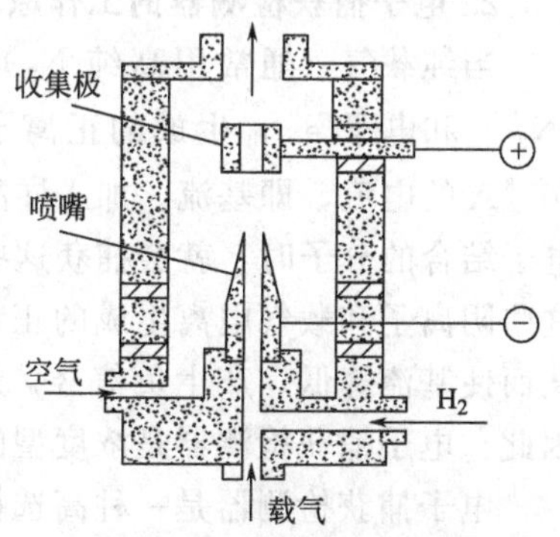

图 10-5 火焰离子化检测器

离子室是一个金属圆筒，气体入口在离子室的底部，氢气和载气按一定的比例混合后，由喷嘴喷出，再与助燃气空气混合，点燃形成氢火焰。靠近火焰喷嘴处有一个圆环状的发射极（通常由铂丝做成），喷嘴的上方有一个加有恒定电压（+300V）的圆筒形收集极（不锈钢制成），形成静电场，从而使火焰中生成的带电离子能被对应的电极所吸引而产生电流。

2. 火焰离子化检测器的工作原理

由色谱柱流出的载气（样品）流经温度高达2100℃的氢火焰时，待测有机物组分在火焰中发生离子化作用，使两个电极之间出现一定量的正、负离子，在电场的作用下，正、负离子各被相应电极所收集。当载气中不含待测物质时，火焰中离子很少，即基流很小，约10^{-14}A。当待测有机物通过检测器时，火焰中电离的离子增多，电流增大（但很微弱，约10^{-8}～10^{-12}A）。需经高电阻（10^{8}～10^{11}）后得到较大的电压信号，再由放大器放大，才能在记录仪上显示出足够大的色谱峰。该电流的大小，在一定范围内与单位时间内进入检测器的待测组分的质量成正比，所以火焰离子化检测器是质量型检测器。

火焰离子化检测器对电离势低于H_2的有机物产生响应，而对无机物、永久性气体和水基本上无响应，所以火焰离子化检测器只能分析有机物（含碳化合物）。

三、电子捕获检测器（ECD）

1. 电子捕获检测器的结构

早期电子捕获检测器由两个平行电极制成，现多用放射性同轴电极。如图10-6所示，在检测器池体内，装有一个不锈钢棒作为正极，一个圆筒状放射源作为负极，两极间施加电流或脉冲电压。

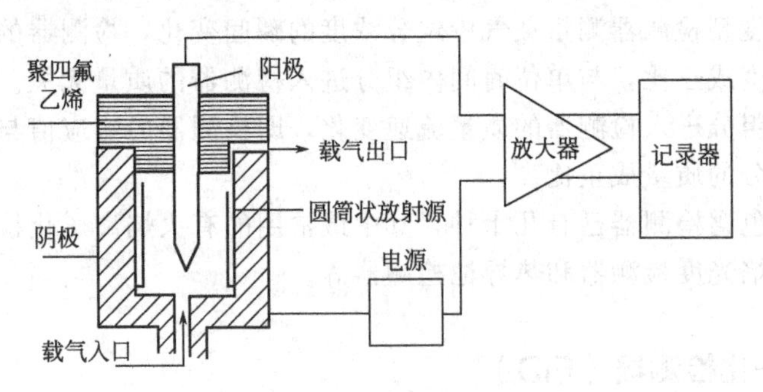

图10-6 电子捕获检测器

2. 电子捕获检测器的工作原理

当纯载气（通常用高纯N_2）进入检测室时，受射线照射，电离产生正离子（N_2^+）和电子e^-，生成的正离子和电子在电场作用下分别向两极运动，形成约10^{-8}A的电流，即基流。加入样品后，若样品中含有某种电负性强的元素即易于与电子结合的分子时，就会捕获这些低能电子，产生带负电荷的阴离子（电子捕获），这些阴离子和载气电离生成的正离子结合生成中性化合物，被载气带出检测室外，从而使基流降低，产生负信号，形成倒峰。倒峰大小（高低）与组分浓度成正比，因此，电子捕获检测器是浓度型的检测器，其最小检测浓度可达10^{-14}g·mL^{-1}。

电子捕获检测器是一种高选择性检测器。高选择性是指只对含有电负性强的元素的物质，如含有卤素、S、P、N等的化合物有响应，物质的电负性越强，检测的灵敏度越高。

四、火焰光度检测器（FPD）

火焰光度检测器是利用在一定外界条件下（即在富氢条件下燃烧）促使一些物质产生化学发光，通过波长选择、光信号接收，经放大把物质及其含量和特征的信号联系起来的一个装置。

1. 火焰光度检测器的结构

火焰光度检测器由燃烧室、单色器、光电倍增管、石英片（保护滤光片）及电源和放大器等组成，如图 10-7 所示。

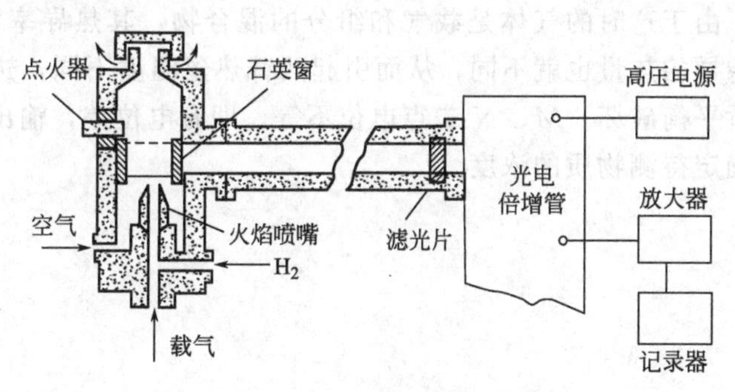

图 10-7　火焰光度检测器

2. 火焰光度检测器的工作原理

当含 S、P 化合物进入氢焰离子室时，在富氢焰中燃烧，有机含硫化合物首先氧化成 SO_2，被氢还原成 S 原子后生成激发态的 S_2^* 分子，当其回到基态时，发射出 350～430nm 的特征分子光谱，最大吸收波长为 394nm。通过相应的滤光片，由光电倍增管接收，经放大后由记录仪记录其色谱峰。此检测器对含 S 化合物不呈线性关系而呈对数关系（与含 S 化合物浓度的平方根成正比）。

当含磷化合物氧化成磷的氧化物时，被富氢焰中的 H 还原成 HPO 裂片，此裂片被激发后发射出 480～600nm 的特征分子光谱，最大吸收波长为 526nm，发射光的强度（响应信号）正比于 HPO 浓度。

五、热导池检测器（TCD）

热导池检测器是利用被测组分和载气的热导率不同而响应的浓度型检测器，主要由热敏元件和池体组成。热敏元件是热导池检测器的感应元件，其阻值随温度变化而改变，可以是热敏电阻或热丝。池体是一个内部加工成池腔和孔道的金属体。

热导池检测器与进样器及色谱柱的连接如图 10-8 所示，图中上部为惠斯顿电桥检测电路图。

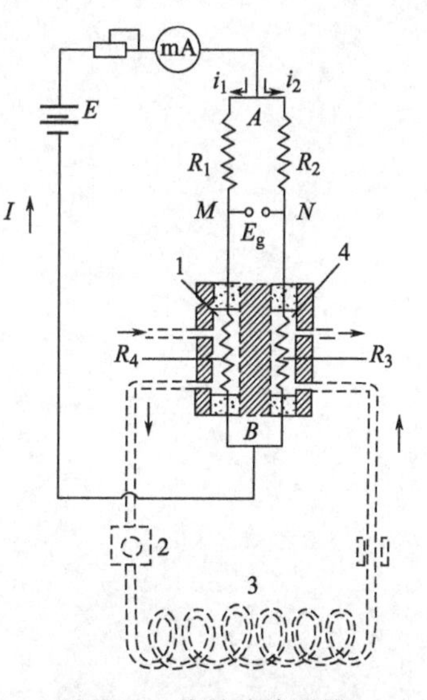

图 10-8　热导池检测器

载气流经参考池腔、进样器、色谱柱，从测量池腔排出。R_1、R_2 为固定电阻；R_3、R_4 分别为测量臂和参考臂热丝。

当调节载气流速、桥电流及热导池检测器温度至一定值后，热导池检测器处于工作状态。从电源 E 流出的电流 I 在 A 点分成二路 i_1、i_2 至 B 点汇合，而后回到电源。这时，两个热丝均处于被加热状态，维持一定的丝温 T_f，池体处于一定的池温 T_w。一般要求 T_f 与 T_w 之差应大于 100℃以上，以保证热丝向池壁传导热量。当只有载气通过测量臂和参考臂时，由于二臂气体组成相同，从热丝向池壁传导的热量相等，故热丝温度保持恒定；热丝的阻值是温度的函数，温度不变，阻值也不变；这时电桥处于平衡状态：$R_1R_3=R_2R_4$，或写成 $R_1/R_4=R_2/R_3$。M、N 二点电位相等，电位差为零，无信号输出。当从 2 进样，经柱分离，从柱后流出的组分进入测量臂时，由于这时的气体是载气和组分的混合物，其热导率不同于纯载气，从热丝向池壁传导的热量也就不同，从而引起两臂热丝温度不同，进而使两臂热丝阻值不同，电桥平衡破坏。M、N 二点电位不等，即有电位差，输出信号。可以通过信号的变化确定待测物质的浓度。

项目十一 高效液相色谱法

【学习目标】

❖ **知识目标：**

1. 了解高效液相色谱仪的组成和结构；
2. 熟悉高效液相色谱法的原理、特点；
3. 掌握高效液相色谱法的操作要点。

❖ **能力目标：**

1. 能够正确选择高效液相色谱分析测定条件；
2. 能够熟练应用高效液相色谱法进行测定操作；
3. 能够准确、整齐、简明记录实验原始数据并进行计算。

一、概述

高效液相色谱法

1. 高效液相色谱法的概念

高效液相色谱法（简称 HPLC）又称高压液相色谱、高速液相色谱、高分离度液相色谱，是 20 世纪 60 年代末 70 年代初期发展起来的一种新型分离分析技术。它是在经典色谱法的基础上，流动相改为高压输送，色谱柱以特殊的方法用小粒径的填料填充而成，从而使柱效大大高于经典液相色谱，同时柱后连有高灵敏度的检测器，可对流出物进行连续检测。由于高效液相色谱法具有高柱效、高选择性、分析速度快、灵敏度高、重复性好、应用范围广等优点，该法已成为现代分析技术的重要手段之一，目前在化学、化工、医药、食品、生化、环保、农业等科学领域获得广泛的应用。

2. 高效液相色谱的特点

高效液相色谱具有以下特点：

（1）高压：最高输送压力可达 4.9×10^{7} Pa，这是因为液相色谱法是以液体作为流动相（称为载液），液体流经色谱柱时，受到的阻力较大，为了能迅速地通过色谱柱，必须对载液施加高压。

(2) 高速：载液流速一般可达 1～10mL·min^{-1}。例如，分离苯的羟基化合物七个组分，只需要 1min 就可完成。

(3) 高效：色谱柱是以特殊的方法用小粒径的填料填充而成的，柱效大大高于经典液相色谱，每米塔板数可达几万到几十万。

(4) 高灵敏度：高效液相色谱广泛采用高灵敏度的检测器，可对流出物进行连续检测。如紫外检测器的最小检测量可达 10^{-9}g；荧光检测器的灵敏度可达 10^{-11}g。

气相色谱只适合分析较易挥发、且化学性质稳定的有机化合物，而高效液相色谱则适合于分析那些用气相色谱难以分析的物质，如挥发性差、极性强、具有生物活性、热稳定性差的物质。

液相色谱原理

二、高效液相色谱法原理

液相色谱的分离系统由固定相和流动相两相组成。固定相可以是吸附剂、化学键合固定相（或在惰性载体表面涂一层液膜）、离子交换树脂或多孔性凝胶；流动相是各种溶剂。它是根据各组分在固定相及流动相中的吸附能力、分配系数、离子交换作用或分子尺寸大小的差异进行分离的。

1. 高效液相色谱分析的流程

由泵将储液瓶中的溶剂吸入色谱系统，经流量与压力测量之后，导入进样器。被测物由进样器注入，并随流动相通过色谱柱，在柱上进行分离后进入检测器，检测信号由数据处理设备采集与处理，并记录色谱图。废液流入废液瓶。遇到复杂的混合物分离（极性范围比较宽），还可用梯度控制器作梯度洗脱。这种方法和气相色谱的程序升温类似，不同的是气相色谱改变温度，而高效液相色谱改变的是流动相极性，使样品各组分在最佳条件下得以分离。

2. 高效液相色谱的分离过程

样品随流动相一起进入色谱柱，开始在固定相和流动相之间进行分配。分配系数小的组分不易被固定相阻留，较早地流出色谱柱。分配系数大的组分在固定相上滞留时间长，较晚流出色谱柱。若一个含有多个组分的混合物进入系统，则混合物中各组分按其在两相间分配系数的不同先后流出色谱柱，达到分离的目的。

高效液相色谱法分类与特点

三、高效液相色谱法分类

根据分离机制的不同，高效液相色谱法可分为以下几种类型：

1. 液-液分配色谱法

流动相和固定相都是液体。作为固定相的液体，是涂在很细的惰性载体上，流动相与固定相之间应互不相溶（极性不同，避免固定液流失），有一个明显的分界面。当试样进入色谱柱，溶质在两相间进行分配。液-液分配色谱法尽管流动相与固定相的极性要求完全不同，但固定液在流动相中仍有微量溶解；流动相通过色谱柱时的机械冲击力，会造成固定液流失。

2. 液-固吸附色谱法

流动相为液体，固定相为固体吸附剂（如硅胶、氧化铝等）。液-固吸附色谱法是根据物质吸附作用的不同来进行分离的，其作用机制是当试样进入色谱柱时，溶质分子（X）和溶剂分子（S）对吸附剂表面活性中心发生竞争吸附（未进样时，所有的吸附剂活性中心吸附的是S）。

3. 离子交换色谱法

离子交换色谱法以离子交换剂作为固定相，离子交换树脂上可电离的离子与流动相中具有相同电荷的溶质离子进行可逆交换，依据这些离子与交换剂具有不同的亲和力而将它们分离。

4. 空间排阻色谱法

空间排阻色谱法以凝胶为固定相。它类似于分子筛的作用，但凝胶的孔径比分子筛要大得多，一般为数纳米到数百纳米。溶质在两相之间不是靠其相互作用力的不同来进行分离，而是按分子大小进行分离。分离只与凝胶的孔径分布和溶质的流动力学体积或分子大小有关。试样进入色谱柱后，随流动相在凝胶外部间隙以及孔穴旁流过。在试样中一些太大的分子不能进入胶孔而受到排阻，因此就直接通过柱子，首先在色谱图上出现，一些很小的分子可以进入所有胶孔并渗透到颗粒中，这些组分在柱上的保留值最大，在色谱图上最后出现。

四、高效液相色谱仪的组成

高效液相色谱仪的组成

高效液相色谱法的出现不过几十年的时间，但这种分离分析技术的发展十分迅猛，目前应用也十分广泛。其仪器结构和流程也多种多样。高效液相色谱仪一般都具备贮液器、高压泵、梯度洗脱装置（用双泵）、进样器、色谱柱、检测器、恒温器、记录仪等主要部件。

高效液相色谱仪

1. 高压泵

高效液相色谱法使用的色谱柱是很细的柱子（1～6mm），所用固定相的粒度也非常小（几微米到几十微米），所以流动相在柱中流动受到的阻力很大。在常压下，流动相流速十分缓慢，柱效低且费时。为了达到快速、高效分离，必须给流动相施加很大的压力，以加快其在柱中的流动速度。为此，须用高压泵进行高压输液。高压、高速是高效液相色谱的特点之一。

高效液相色谱法使用的高压泵应满足下列条件：

（1）流量恒定，无脉动，并有较大的调节范围（一般为 $1\sim10mL\cdot min^{-1}$）；

（2）能抗溶剂腐蚀；

（3）有较高的输液压力；对一般分离，60×10^5Pa 的压力就满足了，对高效分离，要求达到 $(150\sim300)\times10^5$Pa。

2. 梯度洗脱装置

梯度洗脱技术

梯度洗脱，就是载液中含有两种（或更多）不同极性的溶剂，在分离过程中按一定的程序连续改变载液中溶剂的配比和极性，通过载液中极性的变化来改变被分离组分的分离因素，以提高分离效果。梯度洗脱可以分为两种：

（1）低压梯度（也叫外梯度）：在常压下，预先按一定程序将两种或多种不同极性的溶剂混合后，再用一台高压泵输入色谱柱。

（2）高压梯度（或称内梯度系统）：利用两台高压输液泵，将两种不同极性的溶剂按设定的比例送入梯度混合室，混合后，进入色谱柱。

六通阀工作原理

3. 进样装置

高效液相色谱法进样装置与气相色谱法相同，有注射器进样和高压定量进样阀进样两种方式。

4. 色谱柱

色谱柱是色谱仪最重要的部件。通常用厚壁玻璃管或内壁抛光的不锈钢管制作而成，对于一些有腐蚀性的样品且要求耐高压时，可用铜管、铝管或聚四氟乙烯管。

柱子内径一般为1～6mm。常用的标准柱型是内径为4.6mm或3.9mm，长度为15～30cm的直形不锈钢柱，填料颗粒度为5～10μm。

5. 检测器

高效液相色谱仪的检测器主要有以下几种类型：

(1) 紫外光度检测器

紫外光度检测器（简称紫外检测器）是高效液相色谱法中最常用的检测器，对大部分有机化合物有响应。它的作用原理是被分析试样组分对特定波长紫外光的选择性吸收，组分浓度与吸光度的关系遵守比尔定律。

紫外光度检测器的特点主要有以下几个：

① 灵敏度高：其最小检测量达 $10^{-9}g \cdot mL^{-1}$，故即使对紫外光吸收很弱的物质，也可以检测；

② 线性范围宽；

③ 流通池可做得很小（1mm×10mm，容积8μL）；

④ 对流动相的流速和温度变化不敏感，可用于梯度洗脱；

⑤ 波长可选，易于操作。

缺点是不能检测对紫外光完全不吸收的试样；同时溶剂的选择受到限制。

(2) 示差折光检测器

示差折光检测器为除紫外光度检测器之外应用最多的检测器。示差折光检测器是借连续测定流通池中溶液折射率的方法来测定试样浓度的检测器。溶液的折射率是纯溶剂（流动相）和纯溶质（试样）折射率乘以各物质的浓度之和。因此溶有试样的流动相和纯流动相之间折射率之差表示试样在流动相中的浓度。

(3) 荧光检测器

荧光检测器是一种高灵敏度、高选择性检测器。许多化合物，特别是具有共轭结构的芳香族化合物被入射的紫外光照射后，能吸收一定波长的光使原子中某些电子从基态跃迁到较高电子能态，之后，辐射出比紫外波长更长的光，即荧光，荧光强度与入射光强度、量子效率和样品浓度成正比。

荧光检测器对多环芳烃、维生素B、黄曲霉素、卟啉类化合物、氨基酸、甾类化合物等有响应。

(4) 电导检测器

电导检测器是根据物质在某些介质中电离后所产生电导变化来测定电离物质含量的。

五、定性分析

1. 利用已知标准样品定性

利用标准样品对未知化合物定性是最常用的高效液相色谱定性方法。由于每一种化合物在特定的色谱条件下（流动相组成、色谱柱、柱温等测定条件相同），其保留值具有特征性，因此可以利用保留值进行定性。该方法简单快速，但其使用范围窄，测试时必须有标准物质。

2. 利用检测器的选择性定性

同一种检测器对不同种类的化合物的响应值是不同的，而不同的检测器对同一种化合物的响应也是不同的。所以当某一被测化合物同时被两种或两种以上检测器检测时，两个或几个检测器对被测化合物的检测灵敏度比值是与被测化合物的性质密切相关的，可以用来对被测化合物进行定性分析，这就是双检测器定性体系的基本原理。

3. 利用紫外检测器全波长扫描功能定性

紫外检测器是液相色谱中使用最广泛的一种检测器。全波长扫描紫外检测器可以根据被检测化合物的紫外光谱图提供一些有价值的定性信息。

4. 与其他仪器联用定性

混合物经色谱分离后，将各组分直接由接口导入其他仪器中进行定性。常用的联用方法有：液相-傅里叶变换红外光谱（LC-FTIR）、液相-质谱（LC-MS）等，其他仪器相当于色谱仪的检测器。

六、定量分析

色谱定量分析是基于被测物质的量与峰面积成正比。高效液相色谱定量分析分为峰高法和峰面积法，两种方法的选择取决于检测器线性范围内峰高和峰面积的准确性和重复性，高效液相定量分析与气相色谱定量方法基本相同。

1. 归一化法

归一化法是将所有出峰组分之和按照100%计算的定量方法。当试样中各组分都能流出色谱柱，且在检测器上均有响应，各组分峰没有重叠时，可用此法。

归一化法简便、准确，当操作条件如进样量等变化时，对定量结果影响很小，适合于常量物质的定量。归一化法要求所有组分都能分离并有响应。由于液相色谱所用检测器为选择性检测器，对很多组分没有响应，因此液相色谱法较少使用归一化法。

2. 外标法

外标法是以待测组分纯品配制标准试样和待测试样同时作色谱分析来进行比较而定量的，可分为标准曲线法和直接比较法。

3. 内标法

内标法是比较精确的一种定量方法。它是将已知量的参比物（内标物）加到已知量的试样中，则试样中参比物的浓度已知；在进行色谱测定之后，待测组分峰面积和参比物峰面积之比应该等于待测组分的质量与参比物质量之比，求出待测组分的质量，进而求出待测组分的含量。

任务1. 咖啡中咖啡因含量的测定

【任务描述】

学习高效液相色谱法测定咖啡中咖啡因含量的原理、操作及注意事项，能熟练地使用高效液相色谱仪进行咖啡中咖啡因含量测定操作。

【任务目标】

1. 了解高效液相色谱仪的组成和原理；
2. 熟悉高效液相色谱仪的操作要点及注意事项；
3. 能够熟练应用高效液相色谱法进行咖啡中咖啡因含量的测定；
4. 能够准确、整齐、简明记录实验原始数据并进行计算。

【知识准备】

一、概述

色谱柱在使用前，最好进行柱的性能测试，并将结果保存起来，作为今后评价柱性能变化的参考。但要注意：柱性能可能由于所使用的样品、流动相、柱温等条件的差异而有所不同；另外，在做柱性能测试时要按照色谱柱出厂报告中的条件进行（出厂测试所使用的条件是最佳条件），只有这样，测得的结果才有可比性。

1. 样品的前处理

（1）最好使用流动相溶解样品。

（2）使用预处理柱除去样品中的强极性或与柱填料产生不可逆吸附的杂质。

（3）使用 0.45μm 的过滤膜（图 11-1）过滤除去微粒杂质。

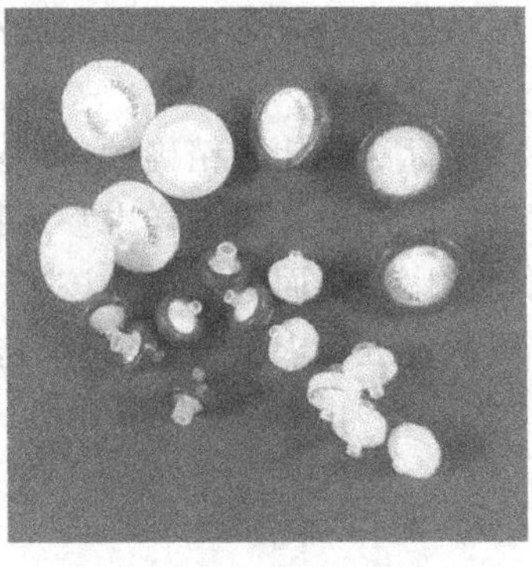

图 11-1　一次性针头过滤膜

2. 流动相的配制

液相色谱中样品组分在柱填料与流动相之间交换而达到分离的目的，因此要求流动相具备以下特点：

（1）流动相对样品具有一定的溶解能力，保证样品组分不会沉淀在柱中（或长时间保留在柱中）。

（2）流动相具有一定惰性，与样品不产生化学反应。

（3）流动相的黏度要尽量小，以便在使用较长的分析柱时能得到好的分离效果；同时降低柱压降，延长液体泵的使用寿命（可运用提高温度的方法降低流动相的黏度）。

（4）流动相的物化性质要与使用的检测器相适应。如使用紫外检测器，最好使用对紫外吸收较低的溶剂配制。

（5）流动相沸点不要太低，否则容易产生气泡，导致实验无法进行。

（6）在流动相配制好后，一定要进行脱气。除去溶解在流动相中的微量气体，既有利于检测，还可以防止流动相中的微量氧与样品发生作用。

溶剂脱气技术

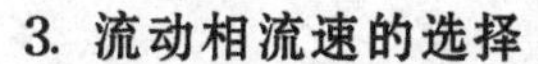

3. 流动相流速的选择

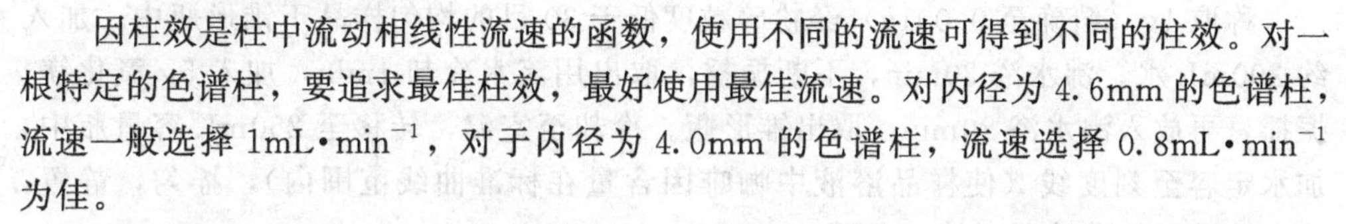

因柱效是柱中流动相线性流速的函数，使用不同的流速可得到不同的柱效。对一根特定的色谱柱，要追求最佳柱效，最好使用最佳流速。对内径为 4.6mm 的色谱柱，流速一般选择 $1mL \cdot min^{-1}$，对于内径为 4.0mm 的色谱柱，流速选择 $0.8mL \cdot min^{-1}$ 为佳。

当选用最佳流速时，分析时间可能延长。可采用改变流动相的洗涤强度的方法以缩短分析时间（如使用反相柱时，可适当增加甲醇或乙腈的含量）。

二、测定原理

咖啡用水提取、氧化镁净化；然后经 C_{18} 色谱柱分离，用紫外检测器检测。咖啡因的甲醇溶液在 286nm 波长下有最大吸收，其吸收值与咖啡因浓度成正比，样品通过高效液相色谱仪分离后，以保留值定性、峰面积定量。

【任务实施】

咖啡中咖啡因含量的测定

一、实验器材

高效液相色谱仪（带紫外检测器）、分析天平、水浴锅、吸量管（10mL）、刻度管（10mL）、锥形瓶（250mL）、容量瓶（50mL、250mL）、超声波清洗器、0.45μm 微孔水相滤膜等。

1260高效液相色谱仪

二、实验试剂

氧化镁、三氯乙酸、甲醇（色谱纯）、三氯乙酸溶液（$10g \cdot L^{-1}$）、咖啡因标准品（纯度≥99%）、待测固体样品等。

三、实验步骤

1. 咖啡因标准曲线工作液

咖啡因标准储备液（2.0mg·mL^{-1}）：准确称取咖啡因标准品 100mg（精确至 0.1mg）于 50mL 容量瓶中，用甲醇溶解定容。放置于 4℃冰箱，有效期为六个月。

咖啡因标准中间液（200μg·mL^{-1}）：准确吸取 5.0mL 咖啡因标准储备液于 50mL 容量瓶中，用水定容。放置于 4℃冰箱，有效期为一个月。

咖啡因标准曲线工作液：分别吸取咖啡因标准中间液 0.5mL、1.0mL、2.0mL、5.0mL、10.0mL 至 10mL 刻度管中，用水定容。该系列标准溶液浓度分别为 10.0μg·mL^{-1}、20.0μg·mL^{-1}、40.0μg·mL^{-1}、100μg·mL^{-1}、200μg·mL^{-1}。临用时配制。

2. 咖啡制品处理

称取 1g（精确至 0.001g）经粉碎粒度低于 30 目的均匀样品于锥形瓶中，加入约 200mL 水，沸水浴 30min，不断振摇，取出用流水冷却 1min，加入 5g 氧化镁，振摇，再放入沸水浴 20min，取出锥形瓶。冷却至室温，转移至 250mL 容量瓶中，加水定容至刻度线（使样品溶液中咖啡因含量在标准曲线范围内），摇匀，静置，取上清液经微孔滤膜过滤，备用。

3. 测定参考条件

色谱柱：C_{18} 柱（粒径 5μm，柱长 150mm×直径 3.9mm）或同等性能的色谱柱。

流动相：甲醇＋水＝24＋76。

流速：1.0mL·min^{-1}。

检测波长：286nm。

柱温：25℃。

进样量：10μL。

4. 标准曲线的制作

将标准系列工作液分别注入高效液相色谱仪中，进样量为 10μL，于 286nm 处测定相应的峰面积，以标准工作液的浓度为横坐标，以峰面积为纵坐标，绘制标准曲线。

5. 试样溶液的测定

将试样溶液注入高效液相色谱仪中，以保留时间定性，同时记录峰面积，根据标准曲线得到待测液中咖啡因的浓度，平行测定次数不少于两次。

四、数据处理

试样中咖啡因含量计算公式

$$X=\frac{cV}{m}\times\frac{1000}{1000}$$

式中，X 为试样中咖啡因的含量，mg·kg^{-1}；c 为试样溶液中咖啡因的质量浓度，μg·mL^{-1}；V 为被测试样总体积，mL；m 为称取试样的质量，g；1000 为换算系数。

五、注意事项

1. 色谱柱条件应根据所用色谱柱实际情况作适当调整。

2. 由于测定试样成分复杂，在进样前必须进行预处理并使用保护柱，以防止污染色谱柱。

【学习延展】

高效液相色谱仪日常保养

一、每日保养

1. 在泵运行前检查溶剂是否脱气和抽滤。

2. 检查管道中是否存在气泡，管路是否有泄漏（观察开泵后的压力）。

3. 在使用缓冲盐流动相后应使用高水相溶剂彻底脱盐冲洗系统，再将整个系统保存在纯有机相的系统中。

4. 每天使用后，必须将水相倒掉，水相溶剂瓶尽量空瓶过夜，避免微生物生长。

5. 密封清洗液尽量保证新鲜。

二、定期保养

1. 溶剂瓶过滤头尽量 3 个月更换，如果不能更换，3 个月需要超声清洗一次，清洗时需要将整个过滤头拔出来，注意过滤片方向。

2. 定期检查泵模块混合器出口的在线过滤片的压力，当压力大于 100Pa 时需要清洗，尽量更换。

3. 当长期使用含有缓冲盐体系的流动相时，定期检查泵的后密封泄漏情况。

4. 定期检查自动进样器，确定进样针扎瓶盖位置的正确性。

5. 定期检查自动进样器针座，进样阀转子密封使用次数，一般仪器进样超过 10000 次需要更换自动进样器的消耗品。

三、维护保养方法

1. 判断仪器脱气机是否正常。

2. 有的溶剂过滤头不可超声清洗，可用 35%硝酸浸泡 1h 后再用溶剂清洗。

3. 判断清洗阀的滤芯是否需要更换。

4. 泵的保养。使用流动相尽量要清洁；进液处的砂芯过滤头要经常清洗；流动相交换时要防止沉淀；避免泵内堵塞或有气泡。

5. 进样器的保养。每次分析结束后，要反复冲洗进样口，防止样品的交叉污染；每隔一段时间要更换进样口隔垫。

6. 柱的保养。柱子在任何情况下不能碰撞、弯曲或强烈震动；当柱子和色谱仪联结时，阀件或管路一定要清洗干净；要注意流动相的脱气；避免使用高黏度的溶剂作为流动相；进样样品要提纯；严格控制进样量；每天分析工作结束后，要清洗进样阀中残留的样品；每天分析测定结束后，都要用适当的溶剂来清洗色谱柱；若分析柱长期不使用，应用适当有机溶剂保存并封闭。

7. 检测器的保养。紫外灯的保养为在分析前、柱平衡得差不多时，打开检测器；在分析完成后，马上关闭检测器。样品池也需要经常保养。

任务 2. 畜禽肉中兽药残留量的测定

【任务描述】

学习高效液相色谱法测定畜禽肉中土霉素、四环素、金霉素含量的原理、操作及注意事项，能熟练地使用高效液相色谱仪进行畜禽肉中土霉素、四环素、金霉素含量测定操作。

肉中兽药残留检测--测定样品制备

【任务目标】

1. 熟悉高效液相色谱仪的组成和原理；

2. 掌握高效液相色谱法测定畜禽肉中土霉素、四环素、金霉素残留量的操作要点；

肉中兽药残留检测--测定样品处理

3. 能够对畜禽肉样品进行前处理；

4. 能够熟练应用高效液相色谱法进行畜禽肉中土霉素、四环素、金霉素含量的测定；

5. 能够准确、整齐、简明记录实验原始数据并进行计算。

【知识准备】

一、测定原理

肉中兽药残留检测--测定样品溶液处理

试样经提取、微孔滤膜过滤后直接进样，用反相色谱分离，紫外检测器检测，出峰顺序为土霉素、四环素、金霉素。采用标准加入法定量。

二、色谱条件

肉中兽药残留检测--测定样品溶液制备

色谱柱：C_{18}(粒径 5μm，柱长 6.2mm×直径 15cm)，或同等性能的色谱柱。

检测波长：355nm。

色谱柱温度：室温。

流速：1.0mL·min^{-1}。

进样量：10μL。

流动相：乙腈+0.01mol·L^{-1}磷酸二氢钠溶液（用30%硝酸溶液调节pH2.5）=35+65，使用前用超声波脱气10min。

【任务实施】

畜禽肉中兽药残留量的测定

一、实验器材

高效液相色谱仪（带紫外检测器）、分析天平、容量瓶（10mL）、微量移液器（250μL）、移液管（25mL）、振荡器、离心管、锥形瓶（50mL）、0.45μm滤膜等。

二、实验试剂

乙腈、磷酸二氢钠溶液（0.01mol·L^{-1}）、土霉素标准溶液（1mg·mL^{-1}）、四环素标准溶液（1mg·mL^{-1}）、金霉素标准溶液（1mg·mL^{-1}）、高氯酸溶液（5%）等。

土霉素标准溶液、四环素标准溶液、金霉素标准溶液应于4℃以下保存，可使用1周。

混合标准溶液：取土霉素标准溶液、四环素标准溶液各1.0mL，取金霉素标准溶液2.0mL，置于10mL容量瓶中，加水至刻度。此溶液每毫升含土霉素、四环素各0.1mg，金霉素0.2mg，临用时现配。

三、实验步骤

1. 工作曲线的制作

分别称取7份切碎的肉样，每份5.00g（准确至0.01g），加入混合标准溶液0μL、25μL、50μL、100μL、150μL、200μL、250μL（含土霉素、四环素各为0μg、2.5μg、5.0μg、10.0μg、15.0μg、20.0μg、25.0μg；含金霉素0μg、5.0μg、10.0μg、20.0μg、30.0μg、40.0μg、50.0μg），加入高氯酸25.0mL，于振荡器上振荡提取10min，移入到离心管中，以2000r·min^{-1}离心3min，取上清液经0.45μm滤膜过滤，取溶液10μL进样，以峰高为纵坐标，以抗生素含量为横坐标，绘制工作曲线。

2. 试样测定

称取5.00g（准确至0.01g）切碎的肉样（粒径<5mm），置于锥形瓶中，按工作曲线测定步骤测定，记录峰高，从工作曲线上查得含量。

四、数据处理

结果按下式计算：

$$X=\frac{A\times 1000}{m\times 1000}$$

式中，X 为试样中抗生素含量，$mg \cdot kg^{-1}$；A 为试样溶液测得抗生素质量，μg；m 为试样质量，g；1000 为换算系数。

【学习延展】

色谱柱的再生

当色谱柱被污染后，它的色谱行为和没被污染的柱子会有些不同。被污染的柱子能产生反压问题。被污染的反相柱子必须清洗和再生才能恢复原来的操作条件。

通常，样品中含有盐、脂质、含脂物质、腐殖酸、疏水蛋白质和其他一些生物物质，是一些可能在使用时与高效液相色谱柱发生相互作用的物质。这些物质有比分析的目标物或少或大的保留值。保留值较小的物质（如盐类）一般在空体积时就被冲出色谱柱。这些非目标产物的干扰能被检测器检测到而且能形成色谱峰、气泡、基线上移或者是负峰。如果样品成分在柱子中有很强的保留而且流动相溶液成分不足以把这些物质洗脱下来，多次上样后，这些吸附在柱子表面的物质通常就会积累在柱头。这些行为通常只有通过平行实验才能发现。有着中等保留值的样品能被缓慢洗出而且表现为宽峰，基线扰动，或者基线漂移。

有时候这些被吸附的样品成分累积到一定程度足以使他们开始形成新的固定相。分析物能与这些杂质作用形成一定的分离机理。保留时间会波动，拖尾会出现。如果足够的污染产生，柱子的反压能超过泵所能承受的最大压力，使柱子无法工作以及在堵塞处产生空体积。

1. 清洗硅胶键合柱子

再生被污染柱子的关键是知道污染物的性质并且能找到适当的溶剂来去除。如果污染是因为重复进样时强保留物质的累积引起的，利用简单的步骤来除去这些污染物往往能恢复其色谱行为。有时候，经过多次操作以后的色谱柱用 90%～100% 的溶剂 B（双溶剂反相系统中较强的溶剂）冲洗 20 个体积可以清除污染物。例如，柱子中残留的脂质就能用非水溶剂如甲醇、乙腈、四氢呋喃冲洗。如果使用的是缓冲液系统，不要直接切换到强溶剂，突然转换到高浓度有机溶剂可能会使流动体系中的缓冲液沉淀，这样会导致更大的问题如柱头堵塞、管道堵塞、泵泄漏、活塞损伤或进样阀转轴失灵。应该先用无缓冲流动相（即把缓冲液换成水），冲洗 5～10 个体积以后再更换强溶剂。

一般来说，所有的清洗方法都有类似的形式。所用的溶剂都是随溶剂强度增加，经常最后一个溶剂是非常疏水的（如醋酸乙酯甚至是烃），可以用来溶解非极性物质如脂质和油类。必须保证一系列溶剂中每个溶剂都能与下一个溶剂互混。清洗过程要结束时，必须借助一个中等强度能互混的溶剂而回到原始溶剂系统。例如，异丙醇是一个非常好的作为中间步骤的溶剂，因为它既能与正己烷或二氯甲烷互溶，又能与水相溶剂互溶。但是异丙醇黏度非常大，必须确保较低的流速以免使泵压过高。当然，如果使用紫外检测器，必须避免溶剂在紫外区域有吸收，否则需使用大量的溶剂冲洗才能使基线平稳。

清洗色谱柱的频率主要看有多少强保留物质被打入色谱柱。因为反相柱有时候在分辨率消失或者假峰出现前能承受很大的污染，使用者经常会等到出现了异常情况才开始注意。然而，污染物过多的累积会导致清洗柱子的难度加大。

2. 清洗硅胶键合反相柱的蛋白质残余

如果是生物物质如血浆或血清等积累在反相色谱柱上，必须采用不同的清洗程序。大部分情况下，纯有机溶剂如乙腈或甲醇不溶解多肽和蛋白质，因此不能有效地清洗柱子。然而，有机溶剂和缓冲液、酸、离子对试剂等的混合物则能有效地溶解。对每个溶剂系统至少要冲洗 20 个体积，由于有些溶剂系统黏性很大，冲洗的流速应该相应调整以确保不会超过泵压。

对于反相柱子，不建议用表面活性剂如十二烷基磺酸钠（SDS）和三硝基甲苯，因为这些化合物会牢固吸附在硅胶键合相柱子上很难除去。用表面活性剂会影响装填表面而改变其性质。

3. 清洗反相柱的特殊技巧

有时候，用有机溶剂清洗污染柱子并不能成功。如果金属离子吸附在硅胶或键合相上，这种情况更有可能发生。用螯合剂如乙二胺四乙酸（EDTA）通过色谱柱时，含有很多金属离子的 EDTA 复合物能溶解他们。用完 EDTA 溶液后，一定要用水完全冲洗柱子。如果样品含有离子化合物，变化 pH 可以使他们转为非离子状态，这样他们就可以被水-有机溶剂混合物洗脱下来。

要避免缓冲液或用缓冲液保存的柱子长菌，可以用普通家用漂白剂 1∶10 或 1∶20 来冲洗。在这之间至少要打入 50 体积色谱纯的水。不能让漂白水通过检测器，因为漂白水会腐蚀检测池。

4. 聚合柱子的再生

用来分离生物分子的聚合柱也会被污染而需要清洁。聚合材料的化学稳定性通常以作用力来衡量。事实上，建议用 $1.0mol \cdot L^{-1}$ 的硝酸或 $1.0mol \cdot L^{-1}$ 的氢氧化钠来清洗。

含有甲基丙烯酸酯类的整体柱要清洗，沉淀的蛋白质可以通过按顺序反向冲洗 10 个柱体积的 $1.0mol \cdot L^{-1}$ 氢氧化钠、水、20%乙醇溶液和工作缓冲液来清除。如果有很多疏水蛋白质，应该在水以后插入一个 30%异丙醇或 70%乙醇清洗的步骤。

用传统聚合基质装填的柱子来分离一些溶解度很小的蛋白质如膜蛋白、结构蛋白和病毒外壳蛋白等，需要用较强的清洗条件。例如含 $3mol \cdot L^{-1}$ 盐酸胍的 50%异丙醇溶液在 60℃才能把这些蛋白质除去。

在固相树脂中去除合成肽能产生重新激活被苯甲醚和苯硫基甲烷清除的正离子。清除正离子反应产生芳香族分子，这些芳香族分子会在肽纯化时污染柱子。这种污染物在 C_{18} 柱子上有非常高的保留，无法被 100%的甲醇或乙腈洗出。要清洗这类柱子，必须把柱子反向用 5 体积 100%异丙醇，3～5 个体积二氯甲烷，然后 3～5 体积异丙醇，最后到初始溶剂系统来清洗。芳香族不纯物的洗脱可以通过 260nm 紫外检测。

参考书目

[1] 高职高专化学教材编写组．分析化学．第5版．北京：高等教育出版社，2019.
[2] 高职高专化学教材编写组．分析化学实验．第5版．北京：高等教育出版社，2019.
[3] 武汉大学．分析化学．第5版．北京：高等教育出版社，2010.
[4] 武汉大学．分析化学实验．第5版．北京：高等教育出版社，2011.
[5] 华东理工大学，四川大学．分析化学．第7版．北京：高等教育出版社，2018.
[6] 叶芬霞．无机及分析化学．第2版．北京：高等教育出版社，2014.
[7] 王水丽，李忠军，伍伟态．无机及分析化学．第2版．北京：化学工业出版社，2014.
[8] 陈瑛，傅春华．分析化学．北京：中国中医药出版社，2018.
[9] 张春逢．分析化学．北京：中国石化出版社，2013.
[10] 黄一石，吴朝华，杨小林．仪器分析技术．第3版．北京：化学工业出版社，2013.
[11] 干宁．现代仪器分析．北京：化学工业出版社，2015.
[12] 黄沛力．仪器分析实验．北京：人民卫生出版社，2015.
[13] 魏培海，曹国庆．仪器分析．第2版．北京：高等教育出版社，2012.
[14] 郭旭明．仪器分析．第2版．北京：化学工业出版社，2014.
[15] 李志富，颜军，干宁．仪器分析实验．第2版．武汉：华中科技大学出版社，2019.
[16] 唐仕荣．仪器分析实验．第2版．北京：化学工业出版社，2016.
[17] 王炳强．仪器分析光谱与电化学分析技术．北京：化学工业出版社，2010.
[18] 王炳强．仪器分析色谱分析技术．北京：化学工业出版社，2011.
[19] 魏福祥，韩菊、刘宝友．仪器分析．北京：中国石化出版社，2018.
[20] 王炳强，曾玉香．中国化工教育协会．全国职业院校技能竞赛“工业分析检验”赛项指导书．北京：化学工业出版社，2015.
[21] 王炳强，谢茹胜．世界技能大赛化学实验室技术培训教材．北京：化学工业出版社，2020.
[22] 邢梅霞，光谱分析．北京：中国石化出版社，2012.
[23] 王秀彦，马凤霞．无机及分析化学．第2版．北京：化学工业出版社，2016.
[24] 赵艳霞，王大红．仪器分析．北京：化学工业出版社，2017.
[25] 苏立强．色谱分析法．北京：清华大学出版社．2017.